U0522208

图书在版编目（CIP）数据

情绪 /（美）莉莎·费德曼·巴瑞特著；周芳芳译. -- 北京：中信出版社，2019.2（2025.4重印）
书名原文：How Emotions Are Made
ISBN 978-7-5086-9785-7

I.①情… II.①莉…②周… III.①情绪－心理学－通俗读物 IV.① B842.6-49

中国版本图书馆 CIP 数据核字（2018）第 258793 号

How Emotions Are Made
Copyright © 2017 by Lisa Feldman Barrett.
All rights reserved.
Simplified Chinese translation copyright © 2019 by China CITIC Press
本书仅限中国大陆地区发行销售

情绪

著　　者：［美］莉莎·费德曼·巴瑞特
译　　者：周芳芳
校　　译：黄扬名
出版发行：中信出版集团股份有限公司
　　　　　（北京市朝阳区东三环北路27号嘉铭中心 邮编 100020）
承　印　者：北京通州皇家印刷厂

开　　本：880mm×1230mm　1/32　印　张：13.75　字　数：350千字
版　　次：2019年2月第1版　　　　　印　次：2025年4月第12次印刷
京权图字：01-2018-6475
书　　号：ISBN 978-7-5086-9785-7
定　　价：68.00元

版权所有·侵权必究
如有印刷、装订问题，本公司负责调换。
服务热线：400-600-8099
投稿邮箱：author@citicpub.com

谨以此书献给我的女儿索菲亚

目 录

推荐序一 你真的了解情绪吗？/ 黄扬名 // III
推荐序二 成为情绪专家 / 魏坤琳 // VII
推荐序三 请注意，升级你的情绪系统 / 阳志平 // XI
前　言 情绪是与生俱来的吗？// XIX

第 1 章 情绪"指纹"是否存在？// 001
第 2 章 情绪是怎样炼成的？// 031
第 3 章 情绪具有普遍性吗？// 053
第 4 章 情绪的源头在哪里？// 071
第 5 章 如何成为一个情绪专家？// 107
第 6 章 如何利用情绪进行预测？// 143

第 7 章　社会文化对情绪有什么影响？// 163

第 8 章　所有情绪的本质是什么？// 193

第 9 章　如何掌控情绪？// 221

第 10 章　情绪波动会导致疾病吗？// 251

第 11 章　情绪失控，就可以激情杀人？// 277

第 12 章　动物也有情绪吗？// 319

第 13 章　关于情绪的新探索 // 353

致　谢 // 371

附录 1　有关大脑的基本知识 // 383

附录 2　第 2 章补充说明 // 389

附录 3　第 3 章补充说明 // 391

附录 4　概念级联的证据 // 393

推荐序一
你真的了解情绪吗？

莉莎·费德曼·巴瑞特教授是我博士后研究生涯导师中的一位，在应征工作前，我其实没有特别注意过巴瑞特教授的研究，还因此被她调侃了一下，她说："你那个'Emotion Rules'的博客上面列了很多国际上知名情绪实验室的链接，怎么没有把我实验室的链接附上呢？"我当然是马上加上去，也很庆幸她并没有因此而不录用我。

情绪一直是我很感兴趣的研究主题，虽然研究没少做，但每次我都会被问一个问题："请问你怎么确定这个效果是由情绪造成的呢？"面对这个问题，我有一个标准答案："确实，我们研究中所定义的'情绪'和生活中大家所体验到的喜怒哀乐有些不同。但是，在我们的研究中，情绪和非情绪性的刺激物，唯一的差别就在情绪属性上。所以，我们观察到的所有差异性，应该是情绪属性造成的。"

但是，在学习了巴瑞特教授的情绪理论后，我实在是非常汗颜，我甚至不太敢随便说我的研究是所谓的"情绪研究"了。事实上，巴瑞特教授对于到底什么是"情绪"相当坚持，比如她从不认为观察一张看起来在笑的脸对人们的影响就是情绪研究。她甚至不认为我们该称那些脸为"情绪脸"（emotional faces），我们充其量只能说这是"描绘情绪的脸"（faces that depict emotion）。也因为这样的坚持，我们在论文发表中必须用很多字来描述这样的刺激材料。

有些人，包括当时的我会觉得这实在是小题大做了，不过一个名称罢了，有那么严重的差别吗？有的！特别是在读完这本书之后，我非常认同她对这个用法的坚持。诚如巴瑞特在书中一直强调的，我们都是本质主义（essentialism）的奴隶，我们太习惯用本质主义的逻辑来看待这个世界。举个例子来说，当你看到一个朋友没有笑，你就会问他"你是不是不开心"。在这个例子中，我们就是把"笑"当作"开心"的本质；当缺乏"笑"这个本质的时候，我们就会认为"开心"是不存在的。但是，我们都知道，一个人就算没有笑，他也可能是开心的；相反，一个人即使开怀大笑，他也有可能是不开心的。

如果本质主义是不对的，那么，什么是对的？建构论是巴瑞特教授的答案。她认为，我们在和这个世界互动的时候并不是被动的，而是有十足的主动性。虽然我们常常觉得自己是因为外界的事物而有了某些反应，但这样的想法漏洞实在太多了。不然，为什么你去同一家餐厅点同一份餐点，有时候吃起来无比美味，有时候却味同嚼蜡呢？

当然，让你相信所有念头都是自己建构出来的，也有点儿难。以情绪领域的经典例子来说，当你在森林中看到一只熊而逃跑的时候，这到底是怎么回事呢？传统的情绪理论有好几种不同的说法，大多数人都会觉得我们是因为看到熊所以产生了害怕的情绪，于是才逃跑；也有人认为，我们是因为逃跑之后生理上的变化才产生了害怕的情绪。那么，巴瑞特教授的建构论又会怎样看待这件事情呢？

持建构论的人会认为这件事受到三个要素——情感现实主义、概念的形成以及社会现实的影响。所谓的情感现实主义，就是你相信你所体验到的事物，这种现实感或许大多在意识下运作，但它却是最真实的。比如大家通常说的"第六感"，就可以算是某种形式的情感现实主义。概念的形成，是我们根据察觉到的线索、过往的经验累积而成的一个产物。最后一个社会现实则是，人类自有生命状态以来，就不停地影响着我们的社会文化。

综合这三个要素，每个人在森林中看到一只熊而逃跑的时候，他们建构出来的经验都会不一样。重要的是，这个经验不是因为"恐惧回路"被打开了，而是因为建构论三元素交织在一起。例如，在有些文化中，人们看到熊会跑是因为想要逗熊，所以，他们看到一只熊而逃跑其实是一种愉快的经验！

建构论带来的震撼、颠覆性，绝对不仅限于情绪这个范畴。其实从这本书的书名 *How Emotions are Made* 也可以看出巴瑞特教授并不是只想告诉大家情绪是什么，而是希望通过思考情绪到底是什么，从而窥探大脑运作的秘密。我非常诚心地希望你能够放下自己既有的成见，跟随巴瑞特教授的步伐，重新思考情绪究竟是什么，思维究竟是什么。

当你参透了情绪是什么，思维是什么，你的人生也就豁达了，你会充满力量来面对生活中的不如意，甚至会用崭新的视角来看待这个世界。事实上，我在读到这本书最后的部分时，也突然有种醍醐灌顶的奇妙感受，这本书你也不应该错过！

黄扬名

台湾辅仁大学心理系副教授

莉莎·费德曼·巴瑞特教授实验室研究员

推荐序二
成为情绪专家

很多人都会受到情绪失控的困扰,而且,因情绪失控导致的社会案件也越来越多。如何控制情绪、管理情绪,这个问题已受到全社会的广泛关注。

在解决这个问题之前,我们需要先问问自己:

情绪是怎样产生的?
情绪为何会失控?
情绪能否被管理?

全球权威情绪专家、美国心理科学协会(APS)主席、美国东北大学知名教授,担任美国艺术与科学学院院士和加拿大皇家学会两院院士的莉莎·费德曼·巴瑞特教授在情绪方面已进行了数十年的深入研究,今天,她为我们带来了这本通俗且专业的《情绪》。

巴瑞特教授告诉我们,在过去的2 000年间,人类一直采用"传统情绪观"看待一切与情绪有关的事情。这种观点认为情绪是人类天生就有的。当发生某件事时,我们的情绪便会自动出现,并且可以通过面部表情、声音或动作展现出来。根据传统情绪观,我们的大脑中似乎也有很多"情绪回路",每一个回路都会导致一组特定的变化,即"情绪指纹"。

那么,事实果真如此吗?

巴瑞特教授通过研究发现,尽管传统情绪观历史悠久,广为人知,但科学实证表明,这种观点有可能是错误的。同时,她提出了另一种具有颠覆性的情绪观——"情绪建构理论"。作者认为,情绪是由我们的大脑构建出来的。当有事件发生时,大脑便会预测出身体会做出何种反应。当身体感觉和外界事件产生共鸣时,情绪就发生了。如果预测不同,那么身体反应也会不同。

但是,即便如此,你仍会时不时处于情绪的掌控之下。为了保持情绪健康,你就要成为一个情绪专家。从情绪建构理论的角度来看,那些情绪能力强的人是指在特定的情境中,让大脑构建一个最有用的情绪概念,然后从中选出一个最佳实例。

谈到情绪专家时,我们还要提及一个概念,那就是"情绪粒度",即一种比其他人构建更细致的情绪体验的能力。情绪粒度高的人,能够用丰富的词汇来描述自己的情绪或是感知他人的情绪,比如"棒极了"——快乐,满意,激动,放松,喜悦,充满希望,备受鼓舞,骄傲,崇拜,感激,欣喜若狂……还有"糟透了"——生气,愤怒,惊恐,憎恶,暴躁,懊悔,阴郁,窘迫,焦虑,不满,恐惧,害怕,忌妒,悲伤,惆怅…… 一个人的情绪粒度越高,其情绪能力也会越高,而且越不容易生病,拥有幸福生活的概率也更大。相较而言,情绪粒度低的人容易患上各种疾病,比如抑郁症、焦虑症、饮食失调症、自闭症、边缘型人格障碍等。

那么，如何提高自己的情绪粒度呢？巴瑞特教授建议我们积极学习新词汇，多读书，甚至自己发明一些情绪方面的新词，从而让大脑在预测时能够更精准地调整身体的应对状态。此外，你还可以每天记录自己的积极体验，或者偶尔故意构建一些消极情绪。比如，在重大比赛前，你可以通过喊叫、蹦跳、在空中挥拳，制造出愤怒的情绪，从而激发自己的斗志。

我自己最感兴趣的部分，是巴瑞特教授对提高孩子情绪能力方面的建议。巴瑞特教授告诉我们，如果你已为人父母，那么你就可以帮助孩子从小培养这些技巧，让他们的情绪脑发育得更好。实际上，婴儿很早就形成了有关情绪的概念，这个时间比我们想象的要更早。比如，你可以注视宝宝的眼睛，再睁大你的眼睛，以吸引他的注意力，然后引导他："看到那个小男孩了吗？他在哭。他刚刚摔倒了，很疼，所以很伤心。他想让妈妈抱着他。"你可以用这种方式为孩子解读所有人的情绪，包括你的情绪、孩子的情绪、故事人物的情绪。这种详细解释的方式也有助于孩子建立完整的情绪概念系统。

此外，你还要和孩子进行充分交流，即便你的宝宝还不会说话，你也要保证这种交流是双向的。你可以用完整的句子和他说话，每说一句就停顿一下，给孩子时间反应，并且运用恰当的方法帮助孩子学会控制情绪。比如，巴瑞特教授为女儿索菲亚发明了一个"坏脾气妖精"的概念，每当索菲亚发脾气时，她就会说："让我们一起把坏脾气妖精赶走吧！"然后，她把索菲亚领到一张特定的椅子前，告诉她这是"冷静椅"。一开始，索菲亚会踢椅子，宣泄不愉快的情绪；后来，索菲亚会自己主动坐到冷静椅上去"冷静"；再后来，索菲亚会告诉大家"坏脾气妖精要来了",然后奔向冷静椅。这些方法和工具让索菲亚成长为一个高情商的女孩,相信这些方法也能够给你启发和借鉴。

了解情绪,掌控情绪——这的确是一项大任务,也是很多人都要面对和解决的问题。对于情绪,还有很多未解之谜有待巴瑞特教授这样的顶级专家慢慢解开,但我们仍然可以站在巨人的肩膀上,拿起已有的"工具",认识自己,完善自己,做一个更好的人。

魏坤琳

北京大学心理与认知科学学院教授,博士生导师

推荐序三
请注意，升级你的情绪系统

二十年前，我在一所大学的心理系就读本科时，恰逢心理学家郭德俊先生退休后，被学校返聘，担任情绪心理学课程导师。她生于20世纪30年代，与其丈夫同为知名心理学家，在学术界德高望重，被后辈们尊称为"先生"。郭老师有大师风范，授课举重若轻，深深吸引了我们这些年轻学子。

郭老师授课与国外同步，那时，莉莎·费德曼·巴瑞特教授主编的《情绪手册》(Handbook of Emotions)第二版出版不久，郭老师即将其引入，让大家翻译。我认领的是第一章——"情绪与认知的哲学基础"。

《情绪手册》是情绪科学领域研究的经典读物，从1993年的第一版到2016年的第四版，见证了情绪研究的突飞猛进。遗憾的是，它是一本大部头的学术著作。幸运的是，巴瑞特教授撰写本书，用通俗的笔法，向各位读者介绍情绪科学研究领域的重大突破：情绪建构论。而她，正是该理论的创立者。

如果说传统情绪理论是"情绪1.0",那么,情绪建构论正是"情绪2.0"。两者之间有何区别?请尝试完成以下题目。不要翻阅任何参考资料,快速回答以下问题。

Q1. 情绪是一种独特的心理状态吗?

Q2. 情绪是由特定的机制产生的吗?

Q3. 情绪是由特定的脑结构产生的吗?

Q4. 每种情绪都有其独特的表现,比如面部、声音、身体状态吗?

Q5. 每种情绪都会有其独特的反应倾向吗?

Q6. 主观体验是情绪必不可少的特征吗?

Q7. 情绪是全人类共通的吗?比如不同种族都拥有某些普遍情绪?

Q8. 情绪的变异重要吗?

Q9. 非人类动物是否有情绪?

Q10. 因为进化的不同,所以我们的大脑会复现人类演化的历史,最终在大脑中呈现为爬虫脑、哺乳脑和皮质脑三重脑?

如果你是心理学家保罗·艾克曼的粉丝,看过美国电视剧《别对我撒谎》,你在Q1、Q2上会回答"是"。如果你是神经科学家安东尼奥·达马西奥的粉丝,读过《笛卡儿的错误》,那么你会学到一个名词:躯体标记论,在Q3上回答"是"。如果你是情绪识别爱好者,你会在Q4、Q5上回答"是"。如果你是斯蒂芬·平克的粉丝,深受《语言本能》影响,那么,你会在Q7上回答"是"。如果你是小动物关爱协会成员,你会认为动物也有情绪,在Q9上回答"是"。

如果你爱读商业畅销书,你准会接触到三重脑这些内容,在Q10上回答"是"。反之,你会认为主观体验并非情绪必不可少的特征,我们能客观地识别出某种情绪;你也会认为情绪的变异不重要,所有人的情绪都是一样的,白日放歌须纵酒,悲欢离合总无情。

但是,巴瑞特教授却告诉你,这些观点统统都是错误的。她将这些错误的但构成流行文化与心理学教材的理论称之为"传统情绪观":

> 传统情绪观的表现形式多样,已存在了数千年,最早的代表人物包括柏拉图、希波克拉底、亚里士多德、勒内·笛卡儿、西格蒙德·弗洛伊德和查尔斯·达尔文,以及佛教圣僧。当今,一些著名思想家,如斯蒂芬·平克、保罗·艾克曼,他们对情绪的阐述都源于这种传统情绪观。几乎在每本大学心理学入门书籍中都可以发现传统情绪观,绝大多数讨论情绪的杂志或者报刊文章也多以这种观点为本。在全美所有的幼儿园里,都张贴着带有微笑、伤心以及生气等面部表情的海报,这些面部表情全球通用,人们可以通过它们判断他人的情绪变化……传统情绪观深深扎根于我们的文化中。美国电视剧《别对我撒谎》也据此提出了假设:你的心率或者面部动作会暴露你的内心情感。儿童教育节目《芝麻街》告诉孩子们,情绪是我们内心独特的属性,它们可以通过面部表情和肢体语言表达出来,就像皮克斯动画工作室出品的电影《头脑特工队》里描述的那样。

巴瑞特教授的情绪建构论与传统情绪理论究竟有何不同?2011年,她与斯坦福大学科学家詹姆斯·格罗斯在《情绪评论》上合作发表了一篇论文。在文中，两人沿着上述问题，将情绪理论整理成一个光谱。他们发现，情绪科学家采取了四种典型的取向：基本情绪论，情绪评价论，心理建构论，社会建构论。

基本情绪论，以艾克曼为代表；情绪评价论，以理查德·拉扎勒斯为代表；心理建构论，以巴瑞特与詹姆斯·拉塞尔为代表；社会建构论，以巴塔·梅斯基塔和布赖恩·帕金森为代表。

我们拿恐惧情绪举一个例子。有三个人走在郊外，走在最前面的男生突然发现路中间有一条蛇。蛇的形象经过视网膜-视神经-视皮层的传输，出现在他的脑海中。此时，他大脑中的情绪是怎样形成的？

基本情绪论：脑干负责产生恐惧，皮层负责调节脑干产生的情绪，具有情绪的决定权。情绪产生和调节是两个独立的过程。

情绪评价论：脑干和皮层的责任界限开始模糊，它们对男生脑中的恐惧情绪都有相对平等的发言权，互相投射，共同决定情绪的最终状态。

心理建构论：恐惧情绪产生是一个由分布式的不同脑区多次建构的心理过程。男生的认知会对情绪进行加工，比如男生如果是一名动物专家，他能识别出这是一种没有毒性的蛇，那么他可能会表现得很平静。

社会建构论：情绪受社会因素制约，是一种自我调节的行为倾向。"如果我表现得很害怕，是不是会被朋友嘲笑啊，所以我一定要淡定。"于是，这个在意朋友评价的男孩会表现得情绪平静。

巴瑞特教授在本书中，博采众家之长，将基本情绪论、情绪评价论称为传统情绪理论；而将心理建构论、社会建构理论以及近些年发展起来的神经建构论称为情绪建构论。我们会发现，传统情绪理论与情绪建构论截然不同。

如下图所示：

情绪 1.0 vs 情绪 2.0

		传统情绪理论	情绪建构论
Q1.	情绪是特殊的心理状态吗？	是	不是
Q2.	情绪是由特定的机制产生的吗？	是	不是
Q3.	情绪是由特定的脑结构产生的吗？	是	不是
Q4.	情绪有特定的外部表现吗？	是	不是
Q5.	每种情绪都有特定的反应倾向吗？	是	不是
Q6.	主观体验是情绪必不可少的特征吗？	不是	是
Q7.	什么是全人类共通的？	情绪	心理成分与社会影响
Q8.	变异性在情绪中重要吗？	不重要	重要
Q9.	非人类动物是否有情绪？	有	存疑
Q10.	进化如何塑造情绪？	特定的情绪得以进化	基本的心理成分得以进化

什么是情绪？情绪如何产生？

情绪不是进化而来的，而是大脑构建出的体验。人类大脑好比一位厨师，不断地将各种原料，如触觉、嗅觉这些感觉输入，与头脑中已有的知识混合在一起，最终形成概念。大脑得先理解情绪概念，才能构建出情绪实例。就像巴瑞特教授所言：

> 在每个清醒时刻，你的大脑都会根据过往的体验形成概念，从而指导你的行动，赋予你的感觉以意义。当涉及的概念是情绪概念时，你的大脑就会构建情绪的实例。

在构建情绪时，大脑依据的原料并非只来自特定大脑区域，而是来自大脑网络的协同。巴瑞特教授的突出贡献是发现了内感受大脑网络对情绪生成的重要性。什么是内感受？你的任何身体运动，都伴随着体内运动。甚至当你处于睡眠中，你的体内运动依然在不断进行。那些体内运动产生的感觉，巴瑞特教授将其称为内感受。当你看到蛇，你会血压升高、心跳加速。你的大脑对血压、心跳的感受，就是一种内感受。

内感受网络存在一些非常重要的网络，其中一组被称为"身体预算分配区域"，它是指我们加快心跳、放缓血压这些对身体内部的操作，主要由大脑凸显网络与大脑默认模式网络构成；另一组被称为初级内感受皮质，即后脑岛。

我们与其问情绪是在哪里被激发的，不同情绪对应大脑哪个特定结构，还不如问问情绪是如何炼成的。人类这台计算机正是在内感受网络与执行控制网络等不同大脑网络的交互下，将感官输入大脑中的情绪概念，解码为某种情绪实例。在解码时，大脑不断进行各种预测，当大脑的预测和感官输入相匹配时，情绪实例从此诞生。当大脑的预测和感官输入不匹配时，我们的大脑则会体验失明。

那么，什么是情绪？情绪是如何炼成的？

事实上，无论是预测情绪还是掌控情绪，你都要重视内感受网络及预测回路。如何提高内感受网络？比如休息、放松、睡眠都有益于大脑默认模式网络。只有当我们给予内感受网络足够多的身体预算分配资源，大脑与情绪相关的算力才会改善。同样，当你试图提高大脑对情绪的预测准确度时，你需要提高情绪粒度。什么是情绪粒度？就好比一个优秀的作家，其词汇量远远大于普通人；同样，情绪粒度足够高的人，往往拥有数千个情绪词汇来描述情绪；情绪粒度低下的人，往往只有数个词汇描述情绪。巴瑞特教授建议，你可以通过阅读小说、旅游等手段，不断提高自己的情绪粒度。

在 21 世纪，体力劳动减少，脑力劳动剧增，心理疾病高发。其中，多数心理疾病都与情绪疾病相关，比如抑郁、焦虑、恐惧。以前种种心理疗法都尝试正面突破马其诺防线。巴瑞特教授的研究却告诉我们，你越将情绪看作一种在大脑中存在的特定结构，你越可能难以改变。巧妙的情绪调节，都与内感受网络和情绪粒度相关。巴瑞特教授将其总结为情感现实主义、概念与社会现实三者。人生的意义在于建构，建构来自你相信你的经验，这不仅包括外在的感受，也包括内感觉。你的学习，尤其是增加情绪粒度，会让你更好地描绘情绪光谱，而人类与环境的互动就构成了我们的社会现实。

巴瑞特教授的研究，正在带领我们迎接情绪观念的变革。就像她在书中所说的："我认为，在对情绪、思维和大脑的理解上，我们正经历一场变革——一场可能会迫使我们从根本上重新思考我们社会的核心原则，如心理和生理疾病的治疗、对人际关系的理解、抚养孩子的方法，以及我们对自己的看法的变革。"

2018 年，巴瑞特教授连获殊荣，先后当选美国艺术与科学院院士、美国心理科学协会（APS）主席，这也许是科学界对巴瑞特教授情绪研究成果的肯定吧。我们正在从一个"情绪1.0"的时代步入一个"情绪2.0"的时代。在这个时代，我们是一台在不断进行学习、运动、计算的碳基机器人；我们也是在不断与他人交换意义、情绪同频、构建社会现实的人类，我们拥有只属于人类的喜怒哀乐。

阳志平

安人心智集团董事长

前　言
情绪是与生俱来的吗？

2012年12月14日，美国发生了史上最惨痛的校园枪击事件——一名枪手闯入了美国康涅狄格州新镇的桑迪·胡克小学，开枪打死了26人，其中包括20名儿童。惨案发生几周之后，我观看了康涅狄格州州长丹尼尔·马罗伊发表的题为"州情咨文"的年度演讲。在演讲的前3分钟，他感谢了每一个人过去的努力和付出，他的声音洪亮且充满活力。随后，他讲到了新镇的校园惨案：

> 我们一起走过了漫长而又黑暗的一段路。我们无法想象在康涅狄格州任何一个美丽的小镇或者城市发生新镇这样的惨案。但是，在我们有史以来最黑暗的这段日子里，我们也看到了康涅狄格州最美好的一面——胡克小学的数位老师和一名校心理医生为了保护学生，献出了他们的生命。

马罗伊州长说到最后几个词时，他哽咽了，声音轻了很多。如果你没有特别留心的话，很可能会忽视这一点。但这个细微的变化一下子击中了我，让我的心紧紧揪在一起，瞬间热泪盈眶。当电视摄像头对准在场的观众时，我发现所有人都在哭泣。马罗伊州长这时也停止了演讲，低头注视着下方。

马罗伊州长和我此时的情绪似乎是非常原始的——这是一种人类共有的、与生俱来的、本能释放的情绪。当我们受到触动时，这种情绪就会释放出来，而且释放的方式大致相同。这场惨案的发生让我、马罗伊州长和其他人都悲痛欲绝。

在过去的2 000多年间，人们一直通过这种方法理解悲痛和其他情绪。但是，过去几个世纪的研究告诉我们，事情并非总是它们显现出来的样子。

关于情绪，人们由来已久的认知是：情绪是天生的，是与生俱来的。情绪是我们内心独有的、可辨识的现象。当世界上发生某件事时，不管是枪击事件，还是挑逗性的一瞥，我们的情绪都会迅速自动出现，就好像有人按了开关一样。我们的情绪可以通过我们的面部表情——展现，如微笑、皱眉、怒视，或通过其他特定的、易辨识的表情显现出来；情绪也可以通过我们的声音显现出来，如大笑、喊叫或者哭泣。我们身体的姿势同样会泄露我们的情绪，如每一个手势和无精打采的站姿。

现代科学家对此提出了一个观点，我称之为"传统情绪观"。根据这个观点，马罗伊州长颤抖的声音在我的大脑中引发了连锁反应。一组特定的神经元——可以称之为"悲痛回路"——被激活，导致了我的面部和身体以特定的方式做出反应。我眉头紧锁，双肩下垂，泪流满面。这个回路也引起了我身体的生理变化，导致我的心率和呼吸加速，汗腺分泌活跃，血管收缩。① 我身体内外的动作集合据说就像一个"指纹"，它是独一无二的，能够识别悲痛情绪，就像你自己的指纹能识别你一样。

根据传统情绪观，在我们的大脑里有很多这样的情绪回路，据说每一个回路都会导致一组独特变化，即一个情绪"指纹"。也许某个讨厌的同事会触发你的"愤怒神经元"，于是你就会血压升高、皱眉、大喊、愤怒异常。而一条令人惊恐的消息则有可能触发你的"恐惧神经元"，然后你会心跳加速，浑身僵硬，瑟瑟发抖。我们能非常清楚地感受到愤怒、高兴、惊喜以及其他情绪反应，而且这些情绪状态很容易识别。由此看来，这样假设似乎非常合理：在我们的大脑和身体里，每一种情绪都有一个起决定作用的基本模式。

根据传统情绪观，我们的情绪是进化的产物。情绪在以前帮助我们生存，现在则成了我们生物特性的固定要素。情绪具有普遍性：在世界各地的每一种文化中，每个年龄段的人都会体验到和你差不多的悲伤的情绪——即使是100万年前，在非洲大草原上，居无定所的原始人也会体验到和你现在差不多的悲伤。我之所以说"差不多"，是因为在感受悲伤的情绪时，没有人的面部表情、身体姿态或者大脑活动会完全相同。而且，你的心率、呼吸和血流也不会每次都一样，你皱眉的深度也可能因为意外或者个人习惯而有深有浅。

由此，情绪被认为是一种非理性反射，一般和我们的理性无关。大脑的这种原始功能让你想对你的老板说"你是一个傻瓜"，但是你理性的一面知道，这样做你就会被解雇，因此你会克制住自己的冲动。这种情感和理性的内在斗争一直是西方文明的重要内容，

---

① 在本书中，当我提到"身体"一词时，并不包括大脑，如在"你的大脑会告诉你的身体如何行动"一句中。

因为这种斗争，我们才是人类；没有理性，我们就只能是情绪化的野兽。

传统情绪观表现形式多样，已存在了数千年，最早的代表人物包括柏拉图、希波克拉底、亚里士多德、勒内·笛卡儿、西格蒙德·弗洛伊德和查尔斯·达尔文，以及佛教圣僧。当今，一些著名思想家，如斯蒂芬·平克、保罗·艾克曼，他们对情绪的阐述都源于这种传统情绪观。几乎在每本大学心理学入门书籍中都可以发现传统情绪观，绝大多数讨论情绪的杂志或者报刊文章也多以这种观点为本。在全美所有的幼儿园里，都张贴着带有微笑、伤心以及生气等面部表情的海报，这些面部表情全球通用，人们可以通过它们判断他人的情绪变化。脸书网（Facebook）受达尔文著作的启发，甚至委托他人制作了一组情绪符号。

传统情绪观深深扎根于我们的文化。电视剧《别对我撒谎》（*Lie to Me*）和《超胆侠》（*Daredevil*）也据此提出了假设：你的心率或者面目动作会暴露你的内心情感。儿童教育节目《芝麻街》（*Sesame Street*）告诉孩子们，情绪是我们内心独特的属性，它们可以通过面部表情和肢体语言表达出来，就像皮克斯动画工作室出品的电影《头脑特工队》（*Inside Out*）里描述的那样。情绪识别分析公司Affectiva 和 Realeyes 能够通过"情绪分析"帮助各个企业监测客户的情感反应。在NBA（美国职业篮球联赛）选拔赛中，密尔沃基雄鹿队通过运动员的面部表情评估其"心理、性格、品质问题"以及"团队配合能力"。几十年来，美国联邦调查局（FBI）先遣特工的培训都是基于这种情绪的传统认知进行的。

显然，传统情绪观已经与我们的社会秩序融合在了一起。美国司法体系认为情绪是人类固有的动物本性的一部分，如果我们无法用理性思维控制情绪，我们就会做傻事，甚至产生暴力行为。在医学领域，科学家研究了愤怒对健康的影响，他们认为愤怒在人体内具有单一的变化模式。人类面临的精神疾病有很多，其中一种叫作自闭症谱系障碍，无论成人还是小孩都有可能患此病。一旦得了这种病，医生就会叫病人识别他人的面部特征以辨认特定情绪，通过识别面部表情帮助他们与其他人交流并建立联系。

尽管传统情绪观的知识谱系历史悠久，广为人知，尽管传统情绪观对我们的文化和社会影响巨大，但大量科学实证表明，这种观点可能是错误的。为了验证每个情绪都拥有其对应的唯一的生理指纹，研究人员花了一个世纪也没有找到答案。在研究中，科学家把电极的一端贴在一个人的脸上，监测产生某个情绪体验时其面部肌肉的运动情况。他们发现，即使是同一个情绪，受试者的面部肌肉运动也大不相同，并且没有呈现出一致性。在研究的过程中，他们确定了一件事——情绪没有"指纹"。当你愤怒时，你的血压可能会迅速飙升，也可能不会。当你感到恐惧时，你的大脑中负责恐惧的杏仁核可能会变得活跃，也可能不会。

诚然，数以百计的实验为传统情绪观的合理性提供了某些证据，但也有数以百计的实验对这个证据提出了质疑。在我看来，唯一合理的科学结论是，情绪和我们通常所想的不一样。

那么，情绪到底是什么呢？当科学家摆脱传统情绪观的束缚，只看研究数据，就会发现一个完全不同以往的情绪解释。总之，我们发现，你的情绪不是与生俱来的，而是由一些更基本的部分构成的。情绪不具有普遍性，而是会因为一个人所处的文化背景的不同而不同。情绪不是被激发的，而是由你创造出来的。情绪的出现是你身体各个部分协调作用的结果，包括你的各种生理特征、一个受环境影响的灵活的大脑、你的文化背景和成长环境。情绪是真实存在的，但从客观上来讲，其真实性与分子或神经元的真实性不同，情绪的真实性和金钱的真实性一样，即情绪是人类共识的产物。

　　对于这种情绪观，我称之为"情绪建构论"。根据这个理论，我们对马罗伊州长演讲中听众的反应就有了完全不同的解释。当马罗伊州长在演讲中哽咽时，这并没有激发我大脑内的悲伤回路，相反，我在那一刻感到了悲伤，那是因为我自小就受某种特定文化的熏陶——我很早就知道，当某些身体感觉和巨大损失产生共鸣时，"悲伤"就有可能发生。基于过去一些零散的体验经历，比如我对枪击事件的了解，发生类似事件时产生的悲伤情绪，再面对类似的悲剧时，我的大脑便能快速预测出我的身体应该有什么反应。这种预测导致了我心跳加速，面部潮红，胃紧紧地揪在一起。是这些预测让悲伤情绪的实例有了意义。

　　通过这种方式，我的大脑构建了我的情绪体验。我特定的身体活动和情感并不是悲伤的指纹。如果预测不同，我的身体反应也会不同，我可能不会面部潮红，反而会浑身发凉，我的胃也不会揪紧，但我的大脑最后依然会把情感引向悲伤。不仅如此，就算我出现了心跳加速、面部潮红、胃紧紧揪在一起、热泪盈眶等反应，也不一定意味着我就是悲痛伤心，也有可能是愤怒或者恐惧。或者在一个非常特殊的情境中，如一个婚礼庆典上，同样的反应可能代表的是快乐或者感激。

　　到这里，如果你对这种解释还是不太理解，或者认为它与你的认知完全相反，那么，不要着急，我会努力解释清楚。听完马罗伊州长的演讲，当我擦干眼泪、恢复平静后，作为一个科学家，我想起了不管我对情绪了解多少，我的情绪体验都和传统情绪观阐述的内容别无二致。这种能够辨认出来的身体变化和感觉似乎就是我的悲伤体验,悲剧的发生和巨大的损失让我悲伤、痛苦。如果我不是一个科学家,没有在实验中发现情绪是构建的,而不是激发的,我也会相信自己的直接经验。

尽管有很多证据否定了传统情绪观,但它依然受众广泛,因为它和我们的直觉反应一致。同时,面对一些根本问题,传统情绪观也提供了令人安心的答案,如:从进化的角度来讲,你来自哪里?当你变得情绪化时,需要为自己的行为负责任吗?你的体验是否如实反映了你周围的环境?

情绪建构论用不同的方法回答了这些问题。实际上,情绪建构论是一种完全不同的人性理论,有助于你从科学角度,以一种全新的、更加合理的视角看清自己和他人。情绪建构论可能和你的典型情绪体验不相符,实际上,它很可能会颠覆你一些根深蒂固的信念,如大脑是如何工作的,以及我们为什么会有这样的行为和情绪。但是,这个理论从科学的角度为人们对情绪的预测和解释提供了证据,这其中也包括大量传统情绪观试图弄清楚的一些证据。

为什么你要关心哪一个情绪理论是正确的?因为传统情绪观会影响到你的生活,而你可能并没有意识到。想一想,你通过机场安检时,美国运输安全管理局(TSA)的安检员会用X射线扫描你的鞋,检查你是不是恐怖分子。不久前,在一个名为"通过观察技术筛查乘客"(SPOT)的培训活动中,这些安检员被告知可以通过乘客的面部表情和身体动作检测他们是否有违法行为,其理论依据就是一个人的面部或者身体活动会泄露他的内心情绪。但这个花费了纳税人9亿美元的项目并没有发挥作用。我们需要从科学的角度了解情绪,这样即使政府官员坚持了错误的情绪理论,他们也不会扣押我们,或者忽视那些真正有威胁的坏人。

现在想象一下,你正在医生的办公室,抱怨自己胸闷气短,这很可能是心脏病的症状。但如果你是一位女性,你更有可能被诊断为焦虑症,然后医生让你直接回家;如果你是一位男性,那么你很可能被确诊为心脏病,然后你需要接受预防性治疗。这种差别对待导致的结果就是,65岁以上的女性死于心脏病的比例远高于同龄男性。医生、护士,甚至女性患者自己之所以会有这样的认知,都是基于传统情绪观,他们认为自己能够辨识出诸如焦虑这样的情绪,他们认为女性天生就比男性情绪化……这带来致命的后果。

坚信传统情绪观可能会引发战争。伊拉克海湾战争爆发的部分原因是萨达姆·侯赛因同父异母的兄弟认为他读懂了美国谈判员的情绪,他告诉萨达姆美国不可能发动袭击。结果,随后的战争夺去了17.5万伊拉克人的生命和数百名联军士兵的生命。

我认为,在对情绪、思维和大脑的理解上,我们正经历一场变革——一场可能会迫使我们从根本上重新思考我们社会的核心原则,如心理和生理疾病的治疗、对人际关系的理解、抚养孩子的方法,以及我们对自己的看法的变革。其他科学学科也经历过类似的变革,每项变革都极大地颠覆了我们对存在数百年的生活常识的认知。在物理学方面,艾萨克·牛顿建立在直觉理论之上的绝对时空观被阿尔伯特·爱因斯坦的相对时空观颠覆,最终有了量子力学的出现。在生物学方面,过去,科学家认为自然界各物种都是固定的,每个物种都有自己的理想形态,直到查尔斯·达尔文提出了现在我们众所周知的自然选择理念。

科学革命的出现通常并非源于某个突然的发现,而是通过提出更好的问题产生的。如果情绪不是被简单激发的反应,那么情绪又是如何炼成的？为什么情绪如此多变？为什么长久以来我们都坚信情绪有自己独特的"指纹"？这些问题本身就十分有趣，值得思考。但探索未知的快乐不仅仅源于我们对科学的热爱，人类独有的探险精神也起到了部分作用。

在这里，我邀请你和我一起开启本书的探险之旅。本书的前3章介绍了情绪新科学：心理学、神经系统科学以及相关学科是如何否决了情绪指纹的存在，并提出了情绪是如何炼成的，等等。4至7章解释了情绪到底是如何炼成的。8至12章从健康、情绪能力、孩子抚养、人际交往、法律体系以及人类本性等方面探讨了情绪建构论在现实世界的意义。在本书的最后，第13章主要是通过情绪科学解开了一个古老谜团：人类大脑是如何创造人类心智的。

第1章 情绪"指纹"是否存在？

20世纪80年代，我一度想成为一名临床心理学家，于是我考入了加拿大滑铁卢大学攻读医学博士学位，期望学习成为一个心理治疗师所需的专业知识和技能，将来能够在现代化的办公室为病人提供服务。我希望科学为我所用，但我从没想过进行科学创造，也从来没有想过要颠覆从柏拉图时代就存在的关于情绪的基本理念。但是，生活总会时不时地带给你一些小惊喜。

当我在研究生院学习的时候，第一次对长久以来存在的情绪理念产生了怀疑。当时，我正在做一个研究，研究自卑心理产生的根源，以及自卑是如何导致焦虑或者抑郁情绪的。此前，已经有无数实验证明，当人们无法实现自己的理想时，往往会感到抑郁；而当人们无法满足他人的期望时，则会感到焦虑。我读博时做的第一个实验就是重复这个实验，再次验证这个众所周知的结论。当时，关于抑郁和焦虑的症状已经有非常全面的观点。在实验的过程中，我根据症状列表询问众多受试者，询问他们是感到抑郁还是焦虑。

我在本科期间做过很多更加复杂的实验，因此觉得这个实验再寻常不过了。而实际情况却是，这个实验彻底失败了。参与实验的受试者并没有如我预期的那样，报告自己感觉抑郁或者焦虑。于是我重复了这个实验，但依然失败了。我重复了一次又一次，都以失败告终。每次实验都需要几个月的时间，3年中，我连续做了8次这个实验，也失败了8次。在科学领域，实验很难复制。但像我这样，一个实验复制了8次，8次都得到同样失败的结果，实在令人印象深刻。我安慰自己：并不是每一个人都适合当科学家。

然而，当我认真研究了收集到的所有数据后，我发现，8个实验中都存在一个奇怪的现象：在我的实验中，很多受试者似乎并不愿意，或者无法区分焦虑和抑郁情绪。大多数人要么说自己既焦虑又抑郁，要么说自己并没有感觉到这两种情绪，很少有人说自己只感觉焦虑，或者只感觉抑郁。这完全讲不通。在进行情绪评估时，所有受试者都知道焦虑和抑郁是两种完全不同的情绪。一个人在焦虑时会感到紧张、易怒，总是担心有不好的事情发生；而一个人在抑郁时经常会感觉痛苦，浑身没劲，对任何事都提不起兴趣，觉得生活就是一场战斗。而且任何人在出现这两种情绪时，他的身体也会呈现出完全相反的状态。他应该可以感觉出差异，区分抑郁和焦虑并不难。但是，在我的实验中，大多数受试者都没有做到。这是为什么呢？

事实证明，我的实验没有失败。我第一个"搞砸了"的实验实际上揭露出，很多人无法区分焦虑和抑郁两种情绪。我随后的7个实验也没有失败；它们重复了第一个实验。我发现，其他科学家的实验数据中也潜藏着同样的结果。我在拿到博士学位，成为一名大学教授后，继续探索这个谜团。在我的实验室里，我让几百个受试者在生活中记录他们的情绪体验，并持续数周甚至数月。为了验证这个发现是否具有普遍性，除了焦虑和抑郁情感，我和我的学生就各种各样的情绪进行了调查。

通过记录某件以前从来未被记录过的事情，每个受试者都使用了相同的情绪词汇，如"生气""悲伤""害怕"等来表达他们的情感，但他们说的并不一定是同一件事。其中一些受试者对他们使用的词汇进行了细微区分，比如他们体验的悲伤和恐惧在性质上是不同的。但另一些受试者则把"悲伤""恐惧""焦虑""抑郁"混为一谈，他们认为这些词都意味着"我感觉很糟糕"（更合乎科学的说法是"我感觉不快乐"）。他们也会用"幸福""冷静""骄傲"等词汇来表达愉悦。通过对700多名美国受试者的测试，我们发现在辨别情绪体验时，人与人之间存在着巨大差异。

一名优秀的室内设计师能够识别5种不同深浅的蓝色，他可以认出天蓝色、钴蓝色、海蓝色、品蓝以及蓝绿色。而我的丈夫则把它们统称为"蓝色"。我和我的学生在情绪上发现了同样的现象，我把它叫作"情绪粒度"。

这时，就不得不再次提到传统情绪观了。根据这个观点，"情绪粒度高"是指可以准确解读内心的情绪状态。如果某个人能够用不同的词（如"快乐""悲伤""恐惧""厌恶""兴奋""敬畏"）来区分不同的情绪，那么他一定能发现每个情绪的生理线索或者反应，并能够正确解读它们。如果一个人无法区分"焦虑"和"抑郁"情绪，那么他的情绪粒度就会很低，他也就无法发现这些生理线索。

我开始思考，如果我对人们进行培训，教会他们准确辨识情绪状态，这样能否改善他们的情绪粒度水平？这里的关键词是"准确"。如果一个人说"我很幸福"或者"我很焦虑"，那么我如何判断他说的是否准确呢？显然，我需要一个能够客观评估情绪的方法，然后进行对比评估。如果一个人说他感觉焦虑，客观标准也表明他的确处于焦虑状态，那么他就是准确地发现了自己的情绪。但是，如果客观标准表明他实际上处于抑郁、愤怒或者满腔热情的状态,那么他就没有准确地发现自己的情绪。有了客观的测试,剩下的就简单了。我可以询问某个人的感受,然后把他的回答和他"真实"的情绪状态进行对比。如果他说得不"准确",我就教他如何识别生理线索,如何区分每种情绪,从而纠正他的错误,进而提高他的情绪粒度。

我曾经读到过,每种情绪都应该有一个独特的生理变化模式,差不多就像指纹一样。每次你抓门把手时,你留下的指纹都会产生变化——你抓把手用劲的大小,门把手表面的光滑度,以及当时手部皮肤的温度和柔软性,都会影响到指纹。但每一次你留下的指纹看起来都非常类似,足以确定你的身份。通常,情绪的"指纹"也被认为是相似的,不仅这次和下次是相似的,甚至不同年龄、性别、个性或者文化背景的人的同一种情绪的指纹也都是相似的。在一个实验里,只需要通过观察一个人面部、身体和大脑的生理测量结果,科学家就能判断出他是悲伤的、快乐的,还是焦虑的。

我当时坚信这些情绪指纹能够为我提供测试情绪所需的客观标准。如果这些科学文献是正确的,那么评估情绪的准确性将不费吹灰之力。但是,结果却与我的期待完全相反。

• • •

根据传统情绪观,我们的面部表情是客观准确评估情绪的关键。这个概念的灵感主要源于查尔斯·达尔文的著作《人类和动物的表情》(*The Expression of the Emotions in Man and Animals*)。在这本书里,达尔文宣称情绪和情绪表达是人类本性的一部分,自古就普遍存在。据说,世界上任何地方的任何一个人无须任何培训,就可以通过面部表情表达自己的情绪,而且可以通过面部表情识别他人的情绪。

因此，我觉得我的实验应该能够测量面部运动，评估受试者真正的情绪状态，然后把它和受试者报告的情绪进行比较，最后评估情绪表达的准确性。例如，如果受试者在实验室里做出了绷着脸撇嘴的表情，却没有报告自己感到悲伤，那我们就会对他们进行培训，告诉他们这样的表情应该是悲伤情绪的表达。然后，实验就结束了。

人类的面部两侧各由 42 块小肌肉构成。我们每天看到彼此的面部运动——如眨眼、傻笑、做鬼脸、抬眉或者皱眉，都是由这些肌肉协同作用，收缩或者放松，带动相关组织和皮肤的运动产生的。表面看来，即使你的面部似乎是静止不动的，你的脸部肌肉依然在收缩或者放松。

根据传统情绪观，每种情绪都对应着面部一个特定的运动模式——一个"面部表情"。比如高兴时微笑，愤怒时皱眉。据说这些面部运动就是每个情绪指纹的一部分。

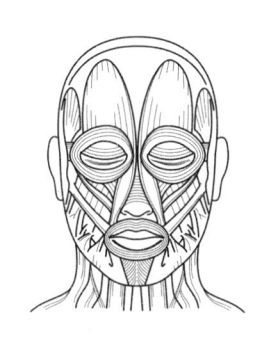

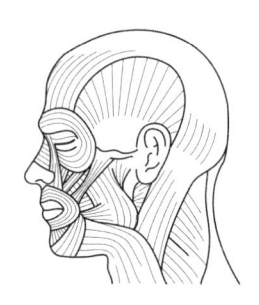

图 1-1　人脸肌肉

在 20 世纪 60 年代，心理学家西尔万·汤姆金斯和他的门生卡罗尔·E. 伊泽德和保罗·艾克曼决定在实验室里对这一观点进行测试。他们精心设计了一组面部表情的照片（如图 1-2 所示），这 6 张照片代表了 6 种已被发现生物指纹的基本情绪，包括：愤怒、恐惧、

情 绪

厌恶、惊讶、悲伤和快乐。这些照片的主人公经过特殊培训,他们摆拍出来的面部表情应该是这些情绪最标准的样子了。(对你来说,他们的面部表情可能看起来很夸张、很做作,但这是故意设计成这样的,因为汤姆金斯认为这些表情最具说服力,能够清晰地展现各种情绪。)

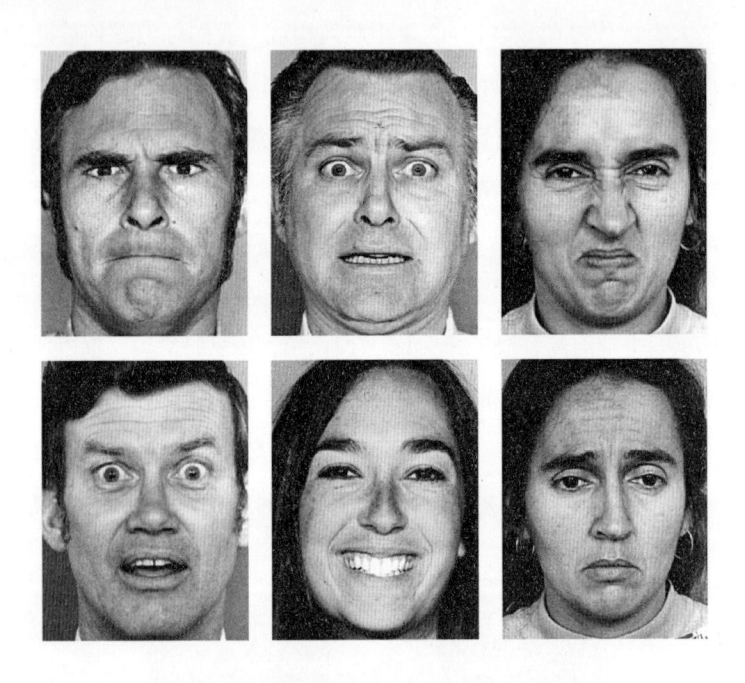

图 1-2 基本情绪法研究中使用的面部表情照片

实验中,汤姆金斯和他的工作人员采用的方法是:给受试者一张照片,并提供一组情绪词汇(如图 1-3),然后请他们选出最能表达照片中面部表情的词汇。汤姆金斯希望通过这种方法研究人们对情绪表情的"识别度",更准确一点说,他想了解人们能够在多大程度上看出照片中面部运动代表的情绪表达。数百个已经发布的实验都曾采用过这个方法,直到今天,它依然被认为是一个黄金标准。

请选出最符合左侧面部表情的词汇：

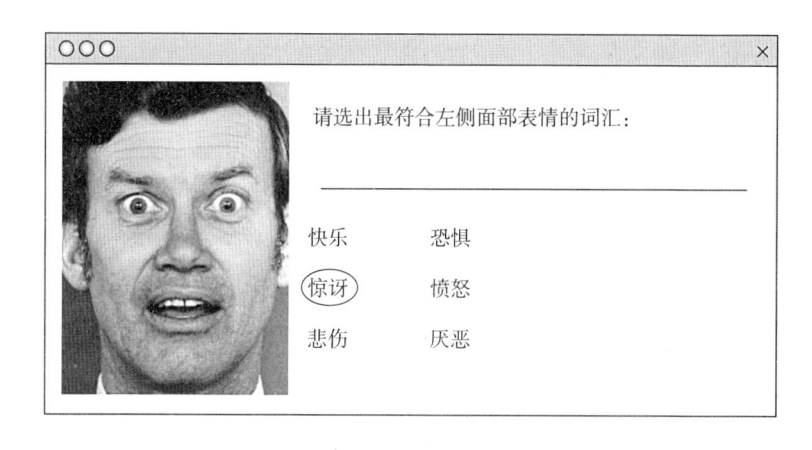

快乐　　　恐惧
(惊讶)　　愤怒
悲伤　　　厌恶

图 1-3　基本情绪法：选出一个与面部表情相符合的词汇

上图中的标准答案是"惊讶"。另一种情况是提供两张照片和一个简短的表情背景介绍，如图 1-4 所示，受试者需从两张照片中选出最符合背景故事的一张。图 1-4 标准答案是右侧的照片。

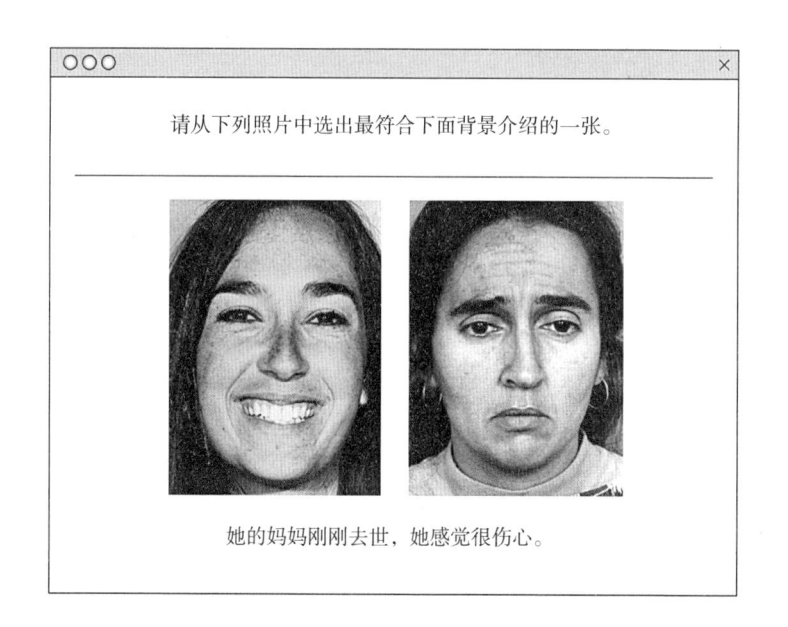

请从下列照片中选出最符合下面背景介绍的一张。

她的妈妈刚刚去世，她感觉很伤心。

图 1-4　基本情绪法：选出一个与故事介绍最符合的照片

这种研究方法——我们暂且把它称之为"基本情绪法"——给汤姆金斯团队进行的这类"情绪认知"研究带来了革命性变化。利用这种方法，科学家表明世界各地的人对同一张照片中的表情都会选出同样的词汇（翻译成当地语言）。有一项研究非常有名：荷兰生理学家艾克曼和他的同事特意去了一趟巴布亚新几内亚，以当地的法尔人为受试者，做了一个实验。法尔人几乎和西方世界没有任何联系。但在这个遥远的部落，面部表情与情绪词汇和故事的搭配也表现出高度的一致性。随后，又有很多科学家在世界各地做了类似的研究，如在日本、韩国等地。在每项研究中，受试者对皱眉、撇嘴和微笑等照片，在给定的情绪词汇或者背景故事中进行选择时，他们的答案大都一致。

根据这一证据，科学家得出结论，情绪认知具有普遍性：不管你在哪里出生、长大，你都可以识别出照片中美国人面部表情所代表的情绪。以此推理，面部表情的识别具有普遍性，那么唯一合理的解释就是面部表情的产生必然也具有普遍性。由此可见，面部表情就是可靠的、可识别的情绪指纹。

但是，也有一些其他科学家担心基本情绪法并没有揭露情绪指纹，因为这是一种间接方法，而且掺杂了太多个人主观判断。于是，产生了另外一个方法，叫作"脸部肌电图"。这是一种相对比较客观的方法，可以排除所有人类知觉的干扰。脸部肌电图是在面部皮肤上放上电极，用以监测带动面部肌肉运动的电子信号。这种方法精确地识别了面部各部分肌肉的运动情况，如运动强度和运动频率。其中有一个实验非常典型，在实验中，受试者的眉毛、前额、脸颊以及下巴都放置了电极，然后让他们一边看电影、欣赏图片，回忆或者想象一些事情，一边激发各种情绪。科学家记录了受试者面部肌肉活动时的电极变化，并且对每种情绪中每块肌肉的运动程度进行了评估。受试者每次体验到某种特定情绪时，如果他们脸部相同肌肉的运动模式都相同（愤怒时皱眉，快乐时微笑，伤心时撇嘴），并且只要他们体验到该种情绪时，面部肌肉就会出现相同的运动，那么这种运动可能就是一个情绪指纹。

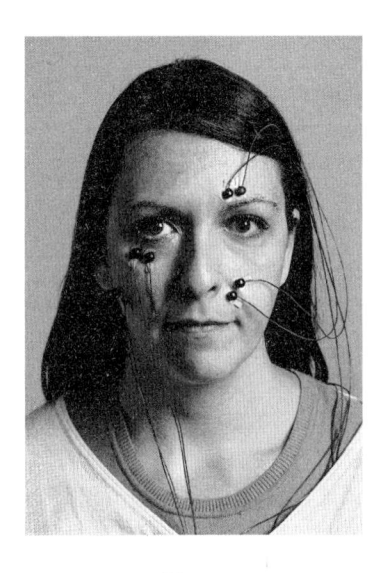

图 1-5

事实则是，脸部肌电图对传统情绪观提出了严峻的挑战。大量研究发现，面部肌肉运动并不能准确地表明人们什么时候愤怒、伤心或者恐惧，它无法可靠地预测情绪，不是情绪指纹。脸部肌电图表明，这些运动只能区分快乐和不快乐的情绪。更重要的是，这些研究中记录的面部运动和基本情绪法中的照片也无法完全匹配。

现在，我们认真思考一下这些发现意味着什么。虽然数以百计的实验显示，世界上不同地方的人在看到这些摆拍的表情实际上并不是这个人真实情绪体验的面部表情时，他们会选择同样的情绪词汇。但是，在人们真正体验这些情绪时，通过肌电描记法进行面部肌肉运动检测，那些面部表情却不具备一致性和特定性。我们的面部肌肉一直都处于运动中，如果我们认真观察，就会发现我们在辨识出某种情绪时，也很容易看到相应的面部肌肉运动。但是，从客观的角度来看，当科学家只是测量肌肉运动本身时，那些运动和图片并不一致。

  脸部肌电图有很大的局限性，在一种情绪体验中，我们无法捕捉到面部所有有意义的运动，这也是有可能的。在测试时，为了不让受试者感到不舒服，在其脸部每侧只能放置6个电极，这样的数量要想捕捉到面部42块肌肉的运动意义是不太现实的。于是，科学家又采取了另外一种方法，即面部动作编码系统（FACS），在这个系统中，受过培训的受试者需要认真观察受试者的每一个面部运动。这种方法不如脸部肌电图客观，因为它依赖于人的观察，但与基本情绪法中将情绪词语和摆拍照片匹配相比，则要客观许多。但是，在使用面部动作编码系统时，我们观察到的面部运动也和摆拍的照片不一致。

  这种不一致性还出现在婴儿身上。如果人类的面部表情具有普遍性，和成人相比，婴儿更有可能会用皱眉表示愤怒，用撇嘴表示悲伤，因为他们太小，还没有学会社会适应性原则。但是，科学家通过观察发现，婴儿出现情绪波动时，他们脸上的表情和预想的并不一致。例如，发展心理学家琳达·A. 卡姆拉斯、哈里特·奥斯特以及她们的同事用一只咆哮的大猩猩玩具吓婴儿（激发恐惧感），或者抓住他们的胳膊不让动（激怒他们），然后用录像记录各个文化背景下的婴儿的反应，卡姆拉斯和奥斯特发现，利用面部动作编码系统法，在这两种情况下，他们无法通过婴儿面部运动的范围来区分婴儿到底在经历哪一种情绪。但是，当卡姆拉斯和奥斯特用电子手段消除了婴儿的面部表情，让成年人看这些录像时，仅凭观察，他们就能判断出被大猩猩玩具吓着的孩子感到了恐惧，而被束缚住胳膊的孩子很生气。根据对环境的判断，成年人可以区分出孩子脸上的恐惧和生气的表情，根本不需要看面部肌肉的运动情况。

别误解我的意思，新生儿和小婴儿的面部运动都具有自己的意义。当周围环境让他们感兴趣，或者让他们感到困惑，又或者当他们感觉疼或者闻到了不好的味道时，他们都会做出不同的面部运动。但是，新生儿不会像成人那样对表情进行分化，就像基本情绪法中用照片所显示的那样。

除了卡姆拉斯和奥斯特，其他科学家也发现，在判断情绪时，我们可以从周围环境中获取大量信息。这些科学家把分属不同情绪中的面部照片和身体照片进行了合成，例如一个皱眉生气的脸部照片和手拿脏纸尿裤的身体照片合在了一起，受试者几乎都是根据身体的照片来识别情绪的，而不是根据其脸部照片。也就是说，大多数人认为合成照片代表的是厌恶情绪，而不是愤怒。面部一直在运动，你的大脑需要多种不同要素——如身体姿势、声音、整体环境、你的生活经历等——才能弄清楚哪个行动是有意义的，以及它代表了什么意义。

在谈到情绪时，只看脸部是不够的。事实上，基本情绪法中的情绪表情是摆拍的，并不是真实的面部表情。科学家根据达尔文的著作，规定好面部表情"应该有"的样子，然后请演员表演出来。现在，这些面部表情被简单地假定为情绪的普遍表达。

但情绪表情并不具有普遍性。为了进一步证明这一点，我的实验室对一组情绪专家——实力演员摆拍的面部照片做了一项研究。

情绪

这些照片均源自《性格：演员表演》(*In Character: Actors Acting*) 一书，在这本书中，演员按照写出来的场景表演出各种情绪表情。我们把受试者分成 3 组：第一组受试者只阅读场景描述，如"他刚刚在布鲁克林安静的绿树成荫的街道上目击了一场枪击事件"；第二组只看面部形态（facial configuration），如演员马丁·兰道为枪击事件表演出来的表情（图 1-6 中图）；第三组既阅读场景描述也看照片。在每种情况里，我们都发给受试者一张情绪词汇表，然后请他们就自己所看到的情绪进行分类。

根据我上面提到的那个枪击场景，66% 只阅读了场景描述的受试者或看了场景描述和照片面部表情的人，报告说他们感到了恐惧。但在那些只看了兰道面部表情却不知道具体情境的人中，只有 38% 的人看出其恐惧的表情；而 56% 的人则认为兰道是惊讶的表情。(图 1-6 中，中间照片是兰道的面部表情，左右两侧照片是基本情绪法中表现"恐惧"和"惊讶"情绪的照片。兰道看起来是恐惧还是惊讶？还是两者都有？)

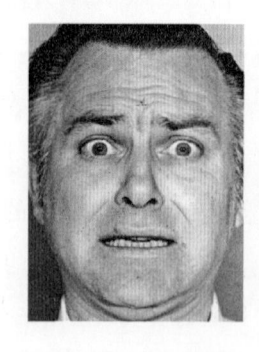

图 1-6 中间为演员马丁·兰道摆拍的表情，两侧分别为基本情绪法中代表恐惧（左）和惊讶（右）情绪的照片

其他演员表演出来的恐惧的表情也和兰道的恐惧表情完全不同。例如，女演员梅丽莎·里奥在听到如下描述后表示出恐惧的表情："有流言称她是一个同性恋，在她丈夫还没有听到这些话之前，她正在纠结是否应该主动告知她的丈夫。"梅丽莎·里奥刻画的表情是嘴唇紧闭，嘴角下耷，轻微皱眉。看到这张表情的受试者中，将近3/4的人认为她的表情代表了悲伤，但是让受试者了解了情境后，有70%的人认为她的表情代表了恐惧。

我们研究的每种情绪都出现了这种情况：一种情绪，如恐惧，并非只有一种面部表情，它会随着情境的不同而有多种面部运动。（想一下：上一次获得奥斯卡奖的演员用撇嘴表示悲伤的情绪是什么时候？）

当你静下心来，回想自己的情绪体验时，可能会更明显。例如，当你体验到某种情绪时，如恐惧，你的面部肌肉可能会出现各种运动。当你观看恐怖电影吓得蜷缩在座位上时，你可能会闭上眼睛或者用手遮住眼睛。如果一个陌生人径直来到你面前，你不确定他是否会伤害你，那么你可能会眯起你的眼睛，努力想要看清他的脸。如果危险潜藏在街道的拐角处，你可能会努力睁大眼睛，想要看清周边的一切。"恐惧"并不存在单一的生理形态，变异性才是常态。同样，快乐、悲伤、愤怒以及其他你所了解的每一种情绪都是多样化的，其面部表情变化都很大。

如果在一个情绪类别（如愤怒）里，面部运动有如此多的变体，你可能想知道，为什么我们还会把睁大眼睛看作恐惧的通用表情？这是因为在我们的文化中，对"恐惧"已经有了一个刻板印象，这个表情已经成了"恐惧"的符号。比如，孩子们在幼儿园时就学到了这个刻板印象："人们皱眉表示愤怒，撇嘴表示悲伤。"这已经成了一种文化习俗。在动画片中，在广告里，在布娃娃的脸上，在表情符号中——在一个无尽的图像和图像组合中，你都能看到它们。心理学专业的学生会从教科书中学到这些刻板印象，心理治疗师则把这些刻板印象转达给他的病人。在西方国家，媒体也在不遗余力地对此进行宣传。"现在，稍等一下，"你可能正在想，"你是说，我们的文化创造了这些表情吗？这些表情是我们习得的吗？"嗯……是的。这些刻板印象之所以延续至今，并且广为认可，是因为传统情绪观的宣传和维护导致这些理论就好像是真实的情绪指纹一样。

实际上，面部是社会交流的工具。一些面部运动有意义，而另一些没有。现在，对于人们是如何辨识面部运动意义的，我们还不得而知，但我们知道，情境很重要，包括肢体语言、社会情境、文化期待等。当面部运动真实地传达了一个心理信息（例如，抬眉毛），我们不知道这个信息是否总是具有情绪意义，也不知道它每次代表的意义是否相同。即使我们把所有的科学证据都放在一起，我们也无法给出任何确定的理由来宣称每种情绪都有一个可识别的面部表情。

． ． ．

在我寻找独特的情绪指纹时，很明显，我需要一个比人脸更加可靠的来源，因此我注意到了人的身体。也许心率、血压和其他身体功能的一些显著变化，可以提供必要的指纹，让人们更准确地识别情绪。

保罗·艾克曼、心理学家罗伯特·W. 列文森和华莱士·V. 弗瑞森共同做了一个著名的实验，并刊登在1983年的《科学》杂志上。该实验为身体指纹提供了最强有力的实验支持。他们用机器测试受试者自主神经系统的变化,包括心率、体温和皮肤传导(由汗腺活动产生)的变化。他们也测量了骨骼运动神经系统中的手臂张力变化。然后,他们利用一种实验技巧激发受试者的愤怒、悲伤、恐惧、厌恶、惊讶和快乐的情绪,观察每种情绪产生时受试者的生理变化。通过数据分析,艾克曼和他的同事最后得出结论:当一个人出现特定的情绪时,其身体反应展现出清楚且一致的变化。他们的研究似乎为每种情绪都创建了一个客观生物身体指纹。今天,他们发表的研究文章依然被奉为科学文献中的经典之作。

1983年这项著名实验在激发情绪时采用了非常奇特的方法——让受试者摆出基本情绪法照片中的面部表情,并一直保持住。例如,为了激发悲伤情绪,一个受试者需要皱眉10秒钟。为了激发愤怒情绪,受试者需要绷着脸。在表演面部表情时,受试者可以使用镜子,而具体要运动脸部的哪块肌肉,则由艾克曼亲自指导。

这种利用摆拍面部表情激发情绪的方法就是"面部反馈假设"(facial feedback hypothesis),一个非常有名的假设。据说,人为摆出某种表情能导致一个人的身体出现特定的生理变化,进而产生与其相应的情绪体验。你也可以自己试试。皱眉撇嘴10秒钟,你感到伤心了吗?露齿笑,你感觉会更快乐一点儿吗?面部反馈假设饱受争议,其分歧主要在于用这种方法是否可以激发一种完整的情绪体验。

在这项研究中,当受试者摆出规定的面部表情时,保罗等科学家认真观察了他们的身体变化。研究发现,仅仅是摆一个特定的面部表情就能够改变受试者周围神经系统的活动,即使当他们舒服地坐在椅子上一动不动时也一样。当受试者的眉毛下垂时(愤怒的表情),他们的指尖会变热。与快乐、惊讶和厌恶等情绪相比,当受试者眉毛上扬，嘴巴和眼睛张开（恐惧表情）和嘴角下拉（悲伤表情），他们的心跳会加快。而另外两个测量内容，即皮肤传导和手臂张力，因为没有产生变化，所以无法区分不同的面部表情。

即使如此，我们还是不能宣称找到了情绪指纹。还有一些事项我们必须注意：一方面，你必须表明某个情绪（如愤怒）的反应和其他情绪的反应不同——也就是说，这种反应仅限于愤怒情绪。从这个角度来讲，1983年的研究就存在一些问题了——它只表明了愤怒情绪的一些特异性，而没有说明其他受试者的情绪的特异性。也就是说，不同情绪产生的身体反应非常相似，不可能像指纹那样具有独特性。

另外，你也必须证明没有其他的解释可以解释你的结论。这时，只有在这时，你才可以宣布你发现了愤怒、悲伤等情绪的生理指纹。从这方面来讲，1983的研究存在另外一种解释，因为这些受试者是按指示表演出他们脸上的表情的。从给出的指导中，受试者很容易就能确定绝大部分目标情绪，这实际上可能会导致其心率及其他生理变化。事实上，艾克曼和他的同事在做研究时并没有意识到这一点。后来，当他们对西苏门答腊岛上的米南佳保人进行测试时，这一点得到了证实。这些受试者并不了解西方人的情绪，因此在测试时，他们并没有和西方受试者表现出同样的生理变化；而且，和西方受试者相比，他们所感受的预期情绪也要少得多。

其他后续研究使用了多种方法激发情绪，但都没有再出现1983年研究中观察到的生理差异。比如，大量实验使用了恐怖电影、煽情的爱情片以及其他容易引发情绪的材料来激发特定情绪，然后测量了受试者的心率、呼吸和其他身体功能。类似研究做了很多，但生理测量值存在巨大差异性，这表明并不存在可以区分情绪的身体变化模式。在另外一些实验中，科学家也发现了情绪识别模式，但即使使用了完全一样的电影素材，所发现的情绪模式也不同。换句话说，在研究中，在区分愤怒和悲伤以及愤怒和恐惧时，我们无法采用相同的标准，也就是说，在某项研究中的愤怒、悲伤和恐惧实例和表现与另一个研究并不一致。

面对这么多不同的实验，我们很难总结出一个一致性的情况。幸运的是，科学家有了一种技术可以分析所有数据，得出了一个统一的结论，这个方法就叫作"元分析"。科学家对不同实验进行了梳理，然后利用统计学方法把他们的研究结果结合在一起。举一个简单的例子，假设你想要验证心跳加快是不是快乐的身体指纹。你不用自己做实验，只需要将所有测量过人在快乐时心率情况的实验综合起来做元分析，即使顺带的实验也没关系（例如，这个实验可能是研究性爱和心脏病的，和情绪没有特别大的关系）。你需要寻找到所有相关的科学论文，从中收集所有相关数据，然后对所有数据进行分析，以验证你的假设。

关于情绪和自主神经系统，在过去的20年间，有4个元分析值得注意，其中最大的一个分析涵盖了220多项心理学研究，涉及将近22 000位受试者。但这4个元分析都没有发现身体内存在一致的特定情绪指纹。相反，身体内部器官的协调作用，就如一个管弦乐队，在快乐、恐惧等情绪产生时，可以演奏出不同的乐章。

有一个实验程序，全世界各地的实验室都做过，你可以从中清楚地看到情绪实例的多样性。在实验室里，受试者执行一项非常难的任务，比如尽可能快地以13为间隔倒数数，或者在嘲笑声中大声说出偏激的话题，如堕胎或者宗教。在受试者努力完成任务时，实验人员会怒斥他们表现糟糕、言辞激烈，甚至会使用侮辱性的词汇。

那么，所有的受试者都愤怒了吗？没有。即使那些愤怒的人也表现出不同的身体变化模式——有人气呼呼的，有人被骂哭，有人沉默不语，有人直接走开了。每一个行为（发泄、痛哭、沉默和离开）在人体内都有一个不同的生理模式，相关心理学家很早就知道这一点了。即使是身体姿势的微小变化，如仰卧或身体前倾双臂交叉躺着，都会完全改变愤怒的人的生理反应。

当我在大会上向听众介绍这些元分析的时候，一些人表示不信："你是说，在一个令人崩溃的、充满羞辱的情境中，并不是所有的人都会生气，都会热血沸腾、手心出汗、满面潮红？"我回答，是的，我就是这个意思。实际上，在研究初期，当我第一次谈论这些想法时，我在那些反对者身上就看到了各种反应，我亲眼看到了各种愤怒的表现形式。有些人会在座位上来回移动。有些人会摇头，沉默不语。还有一次，一个同事冲我大喊，他满面通红，不停地挥舞着手指。另一个同事用非常同情的语气问我是否从来没有感受过真正的恐惧，他们认为，如果我受到过严重的伤害，就不会提出这样荒谬的说法。有一个同事则说，他将告诉我的姐夫（一位社会学家），我正在毁掉情绪科学。我最喜欢的例子是一个更资深的同事，他高大强壮，就像一个后卫球员，比我高 1 英尺①多。他举起拳头，一拳打在我的脸上，告诉我真正的愤怒是什么。（我微笑着感谢他给了我这么贴心的证明。）在这些例子中，我的同事证明了愤怒的表现形式比我的演讲还要多样化。

通过对数百个实验的分析，我最终得出结论：在自主神经系统中，不同的情绪并没有一致的特定指纹。这意味着这 4 个元分析的

---

① 1 英尺 ≈0.3 米。——编者注

意义是什么呢？这并不意味着情绪是一种幻想，或者身体的反应是随机的。元分析的意义在于，在不同的场合、不同的环境、不同的研究中，对于同一个人或者不同的人，相同的情绪类别会出现不同的生理反应，不存在一致性，变异性才是常态。这些结论符合心理学家在过去50多年一直认可的认知：不同的行为会引发不同的心率、呼吸和其他生理运动模式，其目的是为了支持每种独一无二的行为。

尽管投入了大量的时间和金钱，做了无数的研究，但研究并没有显示出哪怕是一种情绪具有一致的生理指纹。

• • •

我最初两次寻找客观情绪指纹的尝试——在面部和身体上——让我陷入了死胡同。但我相信，当一扇门关上的时候，必然有另一扇窗为你打开。就在这时，我突然意识到情绪不是一个东西，而是实体的类别，任何情绪类别都具有多样化的性质。例如，愤怒的变化远远超过了传统情绪观可以预测或者解释的范畴。当你对某个人生气的时候，你是会大喊大叫地骂人，还是仅在心里愤愤不平？或者你会反击回去？你会瞪大眼睛，眉毛上扬吗？在这种时候，你的血压可能会上升或者下降，也可能不变。你也许会感觉心跳加快，也许不会。你的双手可能变得湿冷，也可能还是干爽的……不管哪种变化，你的身体都为下一步行动做好了准备。

你的大脑是如何创造并追踪这些不同的愤怒的呢？大脑如何知道哪种表现最适合当前的情况？在这些情境中，你感觉如何，你能够轻松地给出详细的答案吗？如恼火、愤怒、义愤填膺、愤恨，还是不管遇到什么情况你都只会说"生气"或者"我感觉很糟糕"呢？你是如何知道答案的？这些都是没有解决的问题。

当时我并不知道，但是当我考虑情绪范畴的多样性时，我不知不觉地就运用了一种生物学上的标准思维方法，即"群体思维"，这个概念是达尔文提出来的。一个类别，如一种动物物种，就是拥有独特成员的群体，群体内成员彼此存在着差异，但它们不存在核心指纹。这个类别只能通过抽象的统计术语在群体水平上进行描述。就像每个美国家庭不会有 3.13 个人一样，任何愤怒的实例也不一定要包含一个平均的愤怒模式（如果我们可以确定一个模式的话）。因此，任何愤怒的实例也不必非得和难以捉摸的愤怒指纹相似。我们一直以来所说的"指纹"可能只是一个刻板印象。

一旦我采纳了群体思维心态，从科学的角度来讲，我的整体看法就发生了彻底的改变。我不再把变异性看成一种错误，而是认为那是一种常态，是可取的。虽然我依然在继续寻找一种客观方法来区分各种情绪，但出发的角度已截然不同。随着疑虑越来越多，只剩一个地方可以让我探索情绪指纹，那就是我们的大脑。

科学家对大脑损伤的研究由来已久，其目的是确定某种情绪在大脑中产生的特定区域。如果某个人大脑中的某个特定区域有损伤，并且他很难体验或察觉到一种特定情绪——只有这一种情绪，那么我们就可以得出结论：该情绪就是由这个受损区域的神经元控制的。这个过程有点儿像你在房子里寻找哪个开关控制哪个家电一样。一开始，所有的开关都开着，你的房子运转正常。当你关掉一个开关时（假设它是你电力系统的一个故障），然后你观察到厨房的灯不亮了，那么你就知道它是控制哪部分的电器了。

对此，最具启发意义的研究就是在大脑中寻找控制恐惧的区域。多年来，科学家一直认为这是在大脑某一区域——杏仁核定位情绪的典型案例，杏仁核是存在于（大脑的）颞叶深处的一组神经元。在20世纪30年代，科学家海因里希·克鲁尔和保罗·布西在摘除了恒河猴的杏仁核时首次发现它与恐惧情绪有关联。被摘除了杏仁核后，这些猴子会毫不犹豫地接近那些平时让它们感到恐惧的物体或者动物，如蛇、陌生的猴子等。克鲁尔和布西认为猴子的这些行为源于"恐惧的缺失"。

不久之后，其他研究人员开始研究杏仁核受损伤的人类，看看这些病人是否还能体验或者察觉到恐惧。其中，他们对一个名为"SM"的女性的研究最深入。SM患上了一种罕见的遗传病——皮肤黏膜类脂沉积症。她的杏仁核在儿童时期受到损伤，到青春期就彻底消失了。她一向健康、智力表现正常，但是在实验室的测试中，科学家发现她完全没有恐惧感。不论是让她观看恐怖电影，如《闪灵》(The Shining)和《沉默的羔羊》(The Silence of the Lambs)，还是把蛇、蜘蛛放在她面前，甚至让她穿越鬼屋，她都没有产生强烈的恐惧感。当从基本情绪法的照片中拿出代表恐惧的照片给她看时，她也无法辨别出恐惧的表情。而且，SM的其他情绪体验和感知都很正常。

此外，研究人员使用了一种通常被称作"恐惧习得"的方式，试图教会SM女士感受恐惧，但没有成功。研究人员给SM一张照片，然后立刻吹响号角，声音高达100分贝，想吓她一跳。如果SM有恐惧感，这个高分贝的号角声就会触发她的恐惧反应。同时，研究人员测量了SM的皮肤电传导水平。一些研究人员认为皮肤电传导是测量恐惧的一种方法，与杏仁核活动有关。在重复了很多次这个过程之后，他们只给SM那张照片，然后测量她的反应。拥有完整的杏仁核的人通过学习，会把照片和令人恐怖的声音联系在一起，因此，即使只是看到照片，他们的大脑也会预测到号角的声音，其皮肤电传导水平就会升高。但是，不管研究人员怎样重复给照片吹号角的过程，只要单独给 SM 看照片，她的皮肤电传导水平都不会升高。这些实验证明，SM 无法习得恐惧的体验。

总体来看，SM 之所以无所畏惧，原因就在于她的杏仁核受到了损伤。根据这一点，研究人员又融合了其他类似的证据，最后得出结论：杏仁核是大脑中的恐惧中枢。

后来，发生了一件非常有趣的事情。研究人员发现 SM 能够从他人的身体姿势识别恐惧，还能从声音中听出恐惧。他们甚至找了一种方法让 SM 感受恐惧——让她呼吸充满超标二氧化碳的空气。当空气中氧气浓度达不到正常标准时，SM 就会感到恐惧。（不要担心，她没有生命危险。）可见，即使没有了杏仁核，在某些情况下，SM 依然清楚地体验并感知到了恐惧。

随着脑损伤研究的不断深入，研究人员又发现了很多杏仁核损伤的病人，并对他们进行了测试，进一步证实了杏仁核溶解和恐惧情绪之间确实有清晰而具体的联系。但同时也出现了反证。最重要的反证源于一对同卵双胞胎，他们因为皮肤黏膜类脂沉积症失去了杏仁核。这两个人在 12 岁时被确诊患病，他们智力正常，且接受了高中教育。他们基因相同，患有同样的脑损伤，在童年时期和成人时期的生活环境也一样，但关于恐惧，两人则有着完全不同的描述。双胞胎中的一个人 BG，她和 SM 很像，都拥有恐惧缺陷，但如果空气中二氧化碳超标，她也会感到恐惧。而双胞胎中的另一个人 AM，她在面对恐惧时则会出现正常的反应，她的大脑其他部分可以代替缺失的杏仁核的功能。因此，这对双胞胎虽然基因相同，患有同样的脑损伤疾病，生活环境也高度相似，但是她们两人，其中一个有恐惧缺陷，而另一个没有。

这些发现否定了杏仁核作为恐惧中枢的观点。根据这些发现，研究人员反而可以确定大脑一定是通过多种方式创建恐惧体验的，因此"恐惧"的情绪不一定固定在某一区域。除了恐惧，研究人员还研究了脑损伤病人其他的情绪类别，结果也出现了变量。像杏仁核这样的脑区域对情绪的产生非常重要，但是它们的存在并不是情绪产生的充要条件。

当我开始研究神经系统科学时，这个发现让我十分震惊：一种精神活动（如恐惧）竟然不是由一组神经元创造的。相反，只有不同的神经元组合起来才能产生恐惧。神经系统科学家把这一原则叫作"简并"，意思是"多对一"：多个神经元组合会产生同样的结果。在大脑测定情绪指纹的过程中，简并情况很常见。

在我的实验中，在对受试者的大脑进行扫描时，我们观察了简并情况。我们向受试者展示了能够引起情绪反应的、带有主题事件的照片，如跳伞运动和满是鲜血的尸体，然后询问他们感觉到自己的身体被唤醒的程度。报告显示，男女身体被唤醒的程度相同，他们的大脑中都有两个区域的活动被激活了，即前脑岛和初级视觉皮质。但是，女性身体被唤醒程度更多与前脑岛有关，而男性身体被唤醒则更多与初级视觉皮质有关。这表明同样的体验——情感唤醒和不同的神经活动模式相关。这就是有关简并的一个例子。

在我努力成为一名神经系统科学家，以及了解简并的过程中，另一件让我感到惊讶的事情是，大脑的很多区域并非只有一个功能，大脑有多个核心系统，它们参与创造各种各样的情绪状态。一个单一的核心系统可能在思考、记忆、决策、视觉、听觉、体验和感知等不同情绪方面发挥作用。一个核心系统采用的是"一对多"原则：一个大脑区域或网络可以创建多种情绪状态。而传统情绪观认为特定的大脑区域具有特定的心理机能，也就是说它们是"一对一"的。因此，核心系统与神经指纹的说法是对立的。

显然，我并不是说大脑中的每个神经元都做了完全相同的事情，也没有说每个神经元都可以代替其他神经元。（这种观点被称为"均势原理"，它一直以来都被认为是错误的。）我说的是，绝大多数神经元都具有多种用途，而非只有一个作用，就像厨房中的面粉和鸡蛋可以做出各种各样的食物一样。

在神经系统科学中，核心系统的真实性已经得到验证，但最容易观察到核心系统的方法则是脑成像技术，这种技术常被用来研究大脑活动。今天，最常用的脑成像方法叫功能性磁共振成像（fMRI）。功能性磁共振成像能够在人们体验某种情绪或者感知他人情绪时，观察人类大脑活动而不会对人脑造成损害，同时记录由活跃的神经元所造成的磁场信号改变情况。

即使如此，研究人员仍利用功能性磁共振成像在人类大脑中寻找情绪指纹。在一个特定情绪出现时，如果某个特定大脑回路区域的活跃性增加，研究人员就能断定，这就是该区域计算情绪的证据。研究人员最初集中扫描了杏仁核，想看看这一区域是否包含恐惧的神经指纹。他们通过扫描得出一条十分关键的证据：在受试者观看恐惧表情照片时，相比于观看面无表情的照片，他们的杏仁核活跃性显著增强。

随着研究的深入，又出现了一个有趣的现象：受试者杏仁核活动确实会增强，但只在某些情况下会增强，如照片中人的眼睛正对着受试者的眼睛时。如果照片中人的眼睛看向一边，受试者杏仁核神经细胞的活跃性则没有任何改变。另外，如果受试者多次观看同一张恐惧表情照片，他们的杏仁核活动就会迅速减少。如果杏仁核真的是恐惧回路的所在地,那么这种因反复刺激反应减弱的情况就不应该出现——按理说,不管什么时候触发"恐惧"刺激,恐惧回路都应被强制激活。根据这些完全相反的结果,我逐渐明白了(最终很多科学家也明白了),杏仁核并不是大脑中恐惧情绪的"家"。

2008年,我的实验室人员和神经学家克里斯·怀特一起研究了人们在面对恐惧表情时,杏仁核活跃性为什么会加强。一个人在面对任何一张面孔时,只要对方是陌生的(即受试者以前从未见过的面孔),那么他的杏仁核的活跃度就会增强。因为在日常生活中,基本情绪法中提供的目瞪口呆的恐惧表情很少出现,当受试者在脑成像实验中看到这样的表情时,对他们来说这就是新奇的。一些原始实验并没有把杏仁核作为恐惧的发生地,这些研究以及其他类似的研究为最初的实验提供了另一种解释。

在过去的20年间,不断有证据指出,某个大脑区域被认定是某个情绪的神经指纹,然后又有反证实验证明它是错误的,如此循环往复,一直没有定论。因此,我的实验室打算彻底解决大脑区域是否真的是情绪指纹的问题。我们仔细阅读了每一个已出版的关于愤怒、厌恶、快乐、恐惧和悲伤情绪的神经成像研究,并利用元分析对可用数据进行了整合。我们的元分析涵盖了过去近20年间已发表的近100项研究,涉及的受试者人数近1 300人。

为了弄清楚这些数据,我们把人脑分成了不同的小立方体,即体素,也就是二位像素的3D版。在研究每种情绪时,我们将大脑中的每一个体素都进行了记录,然后观察哪些活动会变强。我们能够计算受试者在体验或者感知每种情绪时,每个体素表现出来的活动增强概率。当这个概率大于偶然的概率时,我们称之为"统计显著"。

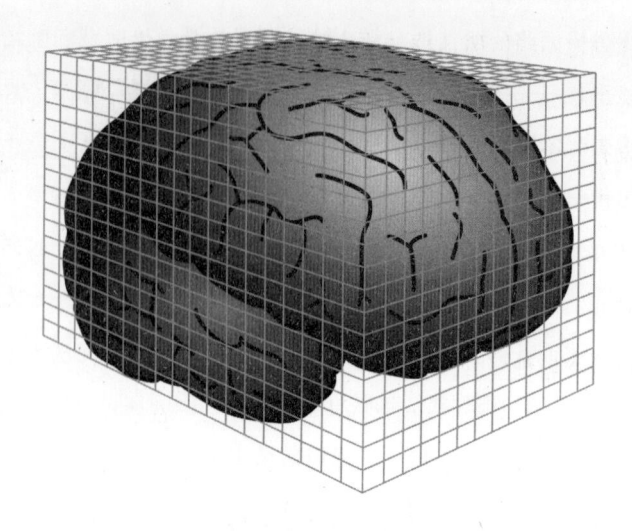

图 1–7 被划分成不同体素的人脑 3D 成像

虽然利用了元分析，但我们并没有找到能够支持传统情绪观的证据。例如，在对恐惧进行研究的实验中，杏仁核的活动的确会增强，并远超预期，但只有 1/4 的恐惧体验研究和 40% 的恐惧感知研究证明了这一点。这些数据远远达不到作为情绪指纹的要求。不仅如此，在我们对愤怒、厌恶、悲伤以及快乐进行研究时，杏仁核的活动会持续增强。这表明不管杏仁核在恐惧情绪中发挥了什么作用，在其他情绪出现时，它都展示出同样的功能。

有趣的是，在通常被认为与情绪无关的事件中，杏仁核的活动也会增强，比如当你感觉痛苦时、学习新东西时、遇见陌生人时，或者做决定时。当你阅读眼前这些文字时，你的杏仁核活动也可能会增强。实际上，每个所谓的情绪大脑区域都被牵涉到创造非情绪事件中，如思想和感知。

总之，我们发现，任何大脑区域都不包含任何单一情绪的指纹。即便你一次思考多个连通区域（脑网），或者用电刺激个别神经元，你也找不到情绪指纹。其他据称具有情绪反应的动物实验也证明了同样的结论，如对猴子和老鼠的实验。情绪源于放电神经元，但是没有哪个神经元是某个情绪专用的。在我看来，上述这些发现足以说明情绪在大脑中具有独特的定位。

• • •

至此，我希望你能明白人们长久以来持有的情绪观是错误的。许多研究人员都宣称自己确定了区分不同的情绪指纹，虽然也有很多研究对此进行了证明，但更多研究并不支持这种情绪观。[1]

一些研究人员可能会说，那些比较研究是错误的，毕竟情绪实验是很难完成的。大脑的某些领域真的很难被观察到，很多和情绪无关的因素都可能会影响人的心率，如受试者前一晚睡觉的时间长短、前一个小时是否喝过咖啡，就连受试者是坐着、站着还是躺着都会影响到心率。而且，让受试者在提示中体验特定情绪也是极具挑战性的。试图唤起令人毛骨悚然的恐惧情绪或者怒火中烧的愤怒情绪都是不允许的：所有的大学都有伦理审查委员会，他们会阻止像我这样的研究者对无辜的受试者施加过度的情绪折磨。

虽然存在一些问题，但人们对传统情绪观实验的质疑声依然超过了我们的预期，人们甚至对其实验方法也提出了质疑。脸部肌电图研究表明，在一个情绪类别中，即使是同一个实例体验，人们面部肌肉的运动方式也会不同，他们不会一直使用一种方法。大量元

---

[1] 有时，我会听到一些支持传统情绪观的研究人员这样问："另外50个研究涉及数千名受试者，这为情绪指纹提供了无可争议的证据，难道还不够吗？"的确，世界上有很多验证性实验，但是一个情绪理论必须能够解释所有证据，而不能只靠部分证据来支撑。我们不能因为有50万条黑色的狗，就说世上所有的狗都是黑色的。

分析告诉我们，一个情绪类别与不同的生理反应有关，它不会自始至终只有一个反应。大脑神经回路通过多对一的简并原则活动：一种情绪类别（如恐惧）中有无数实例，在不同的时间、不同的人身上，这些实例涉及的大脑模式都不相同。反过来，同一神经元也可以参与创造不同的情绪状态（一对多）。

我希望你可以了解这里提到的模式：变异性是常态。而且，情绪指纹只是个神话。

如果想要真正理解情绪，我们必须开始慎重对待情绪变异性。我们必须认识到，一个情绪词汇，如"愤怒"并不是一种带有独一无二生理特征的具体反映，而是一组与特定情境联系在一起的高度变异的多个实例的概要。我们通常所说的情绪，如愤怒、恐惧和快乐，更确切的说法是指情绪类别，因为每个类别都包含很多不同的实例。这就像可卡犬是一个类别，因为狗的生理特征（如尾巴长度、鼻子长度、皮毛厚度以及奔跑速度等）的不同被分为很多品种一样，这远不是基因可以解释的。"愤怒"的实例也会因为一个人的生理表现（包括面部运动、心率、激素、嗓音、神经活动等）的不同而发生变化，这种变异性可能和环境或者当时的情境有关。

一旦你接受了情绪变异性和群体思维的理念，所谓的情绪指纹也就不攻自破了，你将更容易接受其他解释了。下面举例说明。通过人工智能技术，一些科学家设计了一个软件程序，用以识别多人体验不同情绪（如愤怒和恐惧）时的大脑扫描结果。这个程序利用统计模式，对每个情绪类别进行总结，然后（这是最酷的地方）真实分析新的扫描图，并且确定它们是否与愤怒或者恐惧的概要模式接近。这种技巧叫作模式分类，它的效果非常好，它有时也被称作"神经读心术。"

其中一些科学家宣称统计概要描述了愤怒和恐惧的神经指纹。但是，这是一个巨大的逻辑错误。恐惧的统计模式不是一个真实的大脑状态，它只是诸多恐惧实例的抽象总结。这些科学家把一个数学平均值误以为是标准了。

我和我的同事们把模式分类应用到情绪脑成像研究的元分析上。我们通过电脑对大约150份扫描数据进行了分类。我们在大脑中发现的模式能够更好地预测一项特定研究中受试者是否体验到了愤怒、厌恶、恐惧、快乐或者悲伤的情绪，但这些模式不是情绪指纹。例如，愤怒模式包括一套体素，遍布大脑各个区域，但并不是每次发怒时我们都可以扫描到这个模式，这个模式是一个抽象的总结。实际上，在对愤怒情绪的所有大脑扫描中，不可能出现单个体素。

如果应用得当，模式分类其实就是一种群体思维。你可以回忆一下，一个物种就是许多不同个体的集合，因此它只可能通过统计术语进行总结。这种总结是抽象的，事实上并不存在——我们无法描述该物种中的单个成员。情绪也是一样，在不同的场合，不同的人其神经元组合不同，因此可能会产生一个情绪类别（如愤怒）中的各种实例。甚至当你感觉两种愤怒体验相同时，它们的大脑模式因为简并作用也会不同。但是，我们依然能够总结许多不同的愤怒实例，通过抽象术语，把它们和恐惧的不同实例区分开来。（同样，没有哪两只拉布拉多寻回犬是一模一样的，但我们很容易把它们和金毛猎犬区分开来。）

在面部、身体和大脑中长期寻找情绪指纹的经历让我意识到，我过去从没想到过——我们需要一个全新的理论解释情绪是什么，以及情绪源自哪里。在随后的章节中，我将为大家介绍这种新理论。

该理论不仅解释了所有传统情绪观的发现成果,还对上面你所发现的前后矛盾的地方进行了解答。我们摒弃了情绪指纹说,用证据说话;我们将寻求一种更好的、更科学的合理方式了解情绪,从而理解我们自己。

第 2 章　情绪是怎样炼成的？

请看图 2–1 中黑色斑点部分。

图 2–1　神秘斑点

如果你是第一次看到这些斑点，那么你一定在绞尽脑汁想搞清楚它们是什么。你的视觉皮质神经元正在处理这些线条和边缘。你的杏仁核被迅速激发，因为这张图对你来说很新奇。其他大脑分区正在筛选过往经历，确定你以前是否看到过这样的图片，同时大脑也在和你的身体进行交流，为一个尚未确定的行动做准备。更有可能的是，你现在处于一种叫作"体验盲区"的状态中，这些对你来说只是不知所谓的黑色斑点。

为了治愈你的"体验盲区",请看一下本书的图片(附录2)。然后翻回来,再看这张图片,你就会看到一个熟悉的物体,而不再是杂乱的斑点了。

你的大脑里发生了什么,改变了你对这个图片的感知?你的大脑从完整的照片中提取了信息,然后结合你先前的经验,最终构建了一个你熟悉的物体。视觉皮质层的神经元激活状态发生改变,构建了原本不存在的线条,与图中斑点连接构成了实际上不存在的物体形状。也可以说你产生了幻觉——它不是那种"我最好去看医生"的幻觉,这种幻觉就是每天"我的大脑的工作方式"。

你对图2-1的体验揭示了以下几点:你过去的经历——直接体验、看照片、电影以及读书得来的经验——赋予了你现在的感知意义。另外,整个构建过程你是看不见的。不管你多么努力尝试,你都无法自我观察或者体验到自己构建图像的过程。我们需要设计一个例子来揭示构建发生的事实。你清楚地体验到了从未知到已知的转变,因为在掌握了相关知识的前后你都观看了图2-1。这种构建过程是一种习惯性行为,你可能再也无法把它看成是一张混乱的图形了,不管你多么努力地想要视而不见,你都无法回到最初的体验盲区了。

大脑经常会变这样的魔术,心理学家在还不了解大脑的工作原理之前,就已经发现这个魔术戏法了。我们把它叫作"模拟",即在感觉信息输入缺失的情况下,你的大脑改变了感觉神经元的激活情况。就像图片一样,模拟是可视的,其他感官也会进行模拟。你是否有过这样的感觉,一首歌在你的脑海里不停地响起,你怎么也摆脱不了?这种听觉幻想也是一种模拟。

回忆一下,上一次有人给了你一个新鲜的红苹果,你伸手接过来,咬了一口,感觉酸甜可口。这时,你大脑中的感觉和运动区域的神经元正在被激活。运动神经元被激活让你做出动作,而感觉神经元被激活则让你处理对苹果的感觉,如红中带绿的颜色,光滑的手感,清爽芬芳的气味,当你咬一口时听到的清脆响声,以及酸中带甜的味道。其他神经元也会参与进来,有的刺激你口齿生津,释放酶开始促进消化,有的释放皮质醇让你的身体做好准备以代谢苹果中的糖分,还有些神经元会让你的胃感到不舒服。最神奇的是,当你阅读到"苹果"这个词时,你的大脑会有某种反应,就好像真的有一个苹果摆在了你面前。你的大脑结合了以前你看过以及品尝过苹果的零星知识,激活了你的感觉和运动区域的神经元,让你在想象中构建了一个概念性的"苹果"。你的大脑利用感觉和运动神经元模拟了一个不存在的苹果——模拟和心跳一样,都是迅速自动发生的。

在我女儿12岁生日时,我们通过模拟的方式举办了一场扔掉"恶心食物"的聚会,非常有趣。客人到达后,我们用一些特制的食物款待了他们——涂了食用色素的比萨和芝士混在一起,看起来就像发霉了一样。水蜜桃果冻混合着蔬菜,看起来就像呕吐物。看到这些食物,每个人都表达了自己的厌恶(这正是12岁孩子的幽默),有几个小客人甚至连碰都不愿意碰它们,因为他们会不自觉地想象出这些食物恶心的味道和口感。这次生日会的"压轴活动"是我们午饭后玩的聚会游戏,一个很简单的比赛:闻食物味道,再确定是什么食物。我们使用了捣碎的婴儿食品——包括桃子和菠菜等,将其小心地涂在纸尿裤上,它们看起来特别像婴儿的粪便。即使大家都知道纸尿裤上是食物,但依然有几个人因为自己模拟出来的气味呕吐了。

模拟是你的大脑对世界上正在发生的事情的猜测。在每一个清醒时刻，通过你的眼睛、耳朵、鼻子和其他感觉器官，你都要面对大量模糊不清的嘈杂信息。你的大脑利用你过去的经验构建了一个假设——模拟，并且把它和源于你感觉器官的噪声进行对比。这样，通过模拟，你的大脑会为噪声施加意义，遴选出相关信息，继而忽略其他无关信息。

20世纪90年代晚期，关于模拟的发现开创了心理学和神经科学的新纪元。研究显示，我们看到的、听到的、碰触到的、尝到的以及闻到的很大一部分感知都是对世界的模拟，而不是对世界的反应。一些有远见的专家推测，模拟不仅是一种常见的感知机制，它同时也是理解语言、感受同情、记忆、想象、做梦以及其他心理活动的常用机制。根据我们的常识，思考、感知和做梦是不同的心理活动（至少在西方文化中是如此），但依然有一个通用过程可以用来描述所有这些心理活动。模拟是所有心理活动的默认模式，模拟也是揭露大脑如何创造情绪之谜的关键。

除了大脑，模拟给你的身体带来的变化都是可见的。下面我们用蜜蜂来做一个颇具创意的模拟实验。想象一下，一只蜜蜂正在一朵芬芳的白色花朵的花瓣上轻舞，一边授粉，一边嗡嗡叫。如果你喜欢蜜蜂，那么你会张开想象的翅膀，其他神经元也会立刻调整好你的身体准备走近观察——你的心跳加速，汗腺准备分泌汗液，血压开始下降。但如果你过去曾被蜜蜂蜇过，有过痛苦的经历，那么你的大脑会让你的身体做好逃跑的准备，或者做出一个准备搏斗的动作，你的身体会出现一些与先前不同的变化。每次你的大脑模拟感官输入时，你的身体就会自动出现一些变化，这些变化可能会改变你的情绪。

你的蜜蜂模拟想象源于你的心理概念中对蜜蜂的印象——这个概念不仅包括对蜜蜂的认知（它的样子、声音，你对它的反应，你的自主神经系统发生了哪些变化导致了你的行动，等等），同时也包括其他与蜜蜂相关的概念信息（如"草坪""花朵""蜂蜜""蜇人""疼痛"等）。所有这些信息和你所拥有的"蜜蜂"概念融合到一起，指导着你在特定环境中模拟"蜜蜂"。因此，像"蜜蜂"这样的概念实际上就是你大脑中神经模式的集合，它代表了你过去的经历体验。你的大脑以不同的方法把这些模式结合在一起，感知并灵活指导你在新情境中的行为活动。

根据你的概念，你的大脑会把一些事情集合在一起，而把另一些事情分开。比如，你看到三堆土，根据你的概念，可能把其中两堆看成"小山"，而另一堆是"高山"。构建理论把世界看成一块点心。你的概念就是点心模，可以切割出点心的边界，不是因为边界是自然的，而是因为边界是有用的或者是可取的。这些边缘当然有物理限制；你永远不会把山当成湖，并不是所有事情之间都有关联。

你的概念是大脑的一个主要工具，用来猜测即将到来的感觉输入的意义。例如，概念可以赋予变化的声音以意义，这样，你在听到声音的时候，就不会把它视作嘈杂的噪音，而是将之认定为话语或者音乐。在西方文化中，大多数音乐都以八度音阶为基础。八度音阶的每个音阶被分成了12个等距音高，叫作"十二平均律"，这些音阶是由德国作曲家约翰·塞巴斯蒂安·巴赫于17世纪发现的。所有听力正常的西方人都会对十二平均律有一个概念，即使他们无法准确地描述出来。但是，并不是所有音乐都以十二平均律为基础。当西方人第一次听到印度尼西亚的加尔兰音乐时，他们很可能会认为自己听到了混乱的噪音,因为加尔兰音乐的每个音阶有 7 个音高,而且曲调多变。一个已经习惯了听十二平均律的大脑对加尔兰音乐没有概念。就我个人而言,电子乐中的回响贝斯是我的体验盲区,而我处于青春期的女儿对它则非常了解。

概念也能赋予化学物质以意义,因此我们才有了味觉和嗅觉。如果我给你一个粉红色的冰激凌,你可能会期待(模拟)它是草莓口味的;但如果它尝起来像鱼一样腥,你就会很难受,甚至感到恶心。如果我提前告诉你它是"冰三文鱼慕斯",你可能就会觉得非常美味了(假设你喜欢三文鱼)。你可能认为食物存在于物质世界中,实际上,"食物"概念是文化的产物。显然,食物有一些生物学上的限制,你不会吃刮胡刀刀片。但是,有一些可食用的东西我们可能不会喜欢吃,如蜂蛹,绝大多数美国人都避之唯恐不及。这种文化差异就是因为概念的不同。

只要你活着,你的大脑就会利用概念模拟外部世界。没有概念,你就会出现体验盲区,就像本章开头的斑点蜜蜂图片一样。有了概念,你大脑就会自动地对视觉、听觉和其他感觉进行模拟,但整个过程我们是看不见的,因此感觉就像是反射,而不是构建。

现在请思考一下:如果你的大脑遵循同样的过程,为源于你身体内部的感觉(如你的心跳、呼吸和其他内在运动引起的骚动)赋予意义,那又会产生怎样的结果呢?

从你的大脑来看,你的身体只是感觉输入的另一个来源。心肺、代谢、体温改变等带来的感觉,就像图 2-1 中模糊不清的斑点一样。这些存在于你体内的纯生理上的感觉不存在客观的心理学上的意义。然而,一旦你的概念参与进来,那些感觉就具有了附加意义。坐在餐桌旁,如果你感到胃有点儿疼,你可能是饿了。如果是流感季节，同样的胃痛可能会让你感到恶心。如果你是一名法官，正在审案，胃痛会让你直觉地认为被告不可信。在一个特定的时刻、特定的环境中，你的大脑会在赋予内部感觉意义的同时，赋予源于外部世界的感觉以意义，所有这些都是通过模拟实现的。由胃疼这种感觉，你的大脑构建出饥饿、恶心或者不信任的实例。

现在想一下在同样胃痛的情况下，如果你闻到了纸尿裤上捣碎的婴儿食物，就像我女儿的朋友在她的生日聚会上那样，你可能会把这种疼痛定义为"恶心"。或者你的爱人刚刚走进房间，你可能会感到一种渴望的痛苦。如果你正在医生的办公室等待一个检查结果，你体验到的这种疼痛就是焦虑。这些恶心、渴望以及焦虑就是你大脑中的情绪概念。和以前一样，你的大脑通过构建概念实例，结合外部环境输入的感觉，为你的胃痛创造意义。

这是关于情绪的一个实例。

这就是情绪被炼成的过程。

• • •

在我读研究生的时候，和我同一个心理项目组的男孩约我出去。我不是很了解他，所以不太愿意去。坦白来讲，他并不是特别吸引我，但是那天我在实验室里工作时间太长了，所以我同意了。当我们坐在咖啡店里，令我奇怪的是，在聊天时，有好几次我感觉自己的脸红了。我的胃开始颤动，我无法集中精力。好吧，我意识到我错了，他非常吸引我。一个小时后我们分开——我同意以后会再次和他约会——我回家了，一路上我都非常困惑。当我进入我的公寓，钥匙掉落在地板上。接着，我吐了，我感冒了，随后的一周都只能卧床休息。

由一团斑点模拟一只蜜蜂，由翻滚的胃和潮红的面颊模拟创建吸引力情感，二者的神经创建过程是一样的。一种情绪就是你的大脑创造身体感觉所具有的意义，与你周围发生的事情息息相关。从17世纪的法国哲学家勒内·笛卡儿到19世纪的美国心理学之父威廉·詹姆士，哲学家早就提出了心理决定身体在世界上的意义，但稍后你将了解到，当今的神经科学是如何向我们展示这个过程在大脑中现场构建情绪的。我把这种解释叫作情绪建构论：

  在每个清醒时刻，你的大脑都会根据过去的体验形成概念，从而指导你的行动，赋予你的感觉以意义。当涉及的概念是情绪概念时，你的大脑就会构建情绪的实例。

  如果一大群嗡嗡叫的蜜蜂想要从你家前门挤进屋里，这时，你的心脏会怦怦跳，你的大脑中以前带刺昆虫的知识就会赋予你身体感觉和外界视觉、听觉、嗅觉和其他感觉上的意义，从而模拟出蜂群、门和恐惧的感觉。在另外的情境中，比如看一部关于蜜蜂的秘密的有趣电影，即使是完全一样的身体感觉，你构建的也可能是兴奋的情绪。如果你在儿童读物上看到一张带着笑脸的蜜蜂卡通图片，你的大脑中就可能会构建出蜜蜂、小侄女以及愉悦的怀旧情绪。

  我和那个男孩在咖啡店里，我觉得自己被吸引了，但其实是我感冒了。在传统情绪观中，我的这种体验被认为是一种错误或者错误归因，但这和在一堆黑色斑点中看见一只蜜蜂没有什么不同。我体内的感冒病毒让我发烧、面色潮红，我的大脑从当时午餐约会的环境中创造出意义，构建了一种被吸引的感觉，这是大脑构建其他精神状态时常用的方法。如果当时我在家里，躺在床上量体温，也感受到了完全相同的感觉，那么我的大脑用同样的创造过程，可能就会构建出"想要呕吐"的感觉。(相反,传统情绪观认为吸引力和不舒服的感觉拥有不同的生理指纹,由不同的大脑回路所激发。)

情绪不是对世界的反应。你不是感觉输入的消极接受者,而是情绪的积极构建者。由感觉输入和过去的体验,你的大脑都在构建意义、确定行动。如果你并没有可以代表过去体验的概念,那么所有的感觉输入对你来说就只是一堆噪声。你不会知道这些感觉是什么,是什么导致了它们的出现,你不知道如何对待它们。拥有了概念,你的大脑会赋予感觉以意义。有时,这样的意义就代表了情绪。

情绪建构论和传统情绪观代表了两种迥然相异的体验世界的方法。传统情绪观推崇直觉——外界活动激发我们内在的情绪反应,这种说法我们比较熟悉。基于该理论,思想和情感应位于大脑的不同区域。而情绪建构论则打破了我们对常识的认知——你的大脑在无形中构建了你体验到的每件事,包括情绪。这种理论提出了一些我们不熟悉的特性,如模拟、概念和简并,而且它认为情绪构建是整个大脑同时作用的结果。

人们天生对陌生的事物会有排斥感,因此这种不熟悉的特征极具挑战性。正如每个超级英雄的故事都会设定一个反派角色,每个浪漫喜剧都会有一对迷人的情侣,他们一开始会因为误解出现各种搞笑事情,最后一定是误解解开的美好结局。我们面临的挑战是,大脑动力学和情绪如何构建彼此间非线性的因果关系式。(在科学研究中,这种挑战很常见。例如,在量子力学中,对原因和结果的区分没有任何意义。)尽管如此,每本书都必须讲述一个故事,即使是非线性主题,如大脑功能。现在,我在讲述时可能会违背人类故事讲述中常见的线性框架。

实际上,我只是想让你对情绪构建以及了解这种科学解释的意义有一个直观的认识。稍后在介绍情绪建构论时，我们会结合当前最先进的神经科学成果解释大脑的工作原理，同时，该理论也会对日常生活中情绪体验和感知的巨大差异做出解释。该理论有助于我们理解快乐、悲伤、愤怒、恐惧和其他情绪类别的实例是如何构建的。所有情绪产生的大脑机制都相同，而且情绪的产生和模拟斑点蜜蜂、多汁苹果以及捣碎的婴儿食物散发出婴儿粪便气味的大脑机制是一样的，都不需要情绪回路或者其他生理指纹的参与。

· · ·

我并不是第一个提出情绪构建观点的人。情绪建构论隶属于一个更为广泛的传统科学理论，即构建理论。该理论认为，你的体验和行为是通过你的大脑和身体的生理过程实时创造出来的。构建理论的渊源非常古老，可以追溯到古希腊时代，当时著名的哲学家赫拉克利特有一句名言："人不能两次踏进同一条河流。"因为有智慧的人会把一条不断变化的河流看成不同的水流。今天，建构理论应用非常广泛，包括应用于记忆、感知、精神疾病，当然，也包括情绪。

情绪建构论有几个核心观点。一个观点是情绪类别（如愤怒或者厌恶）并不具备指纹。愤怒的某个实例没必要和其他实例一样，它也不是由同一神经元导致的，变异性是常态。即使你和我生长的环境一样，你感受到的愤怒情绪也不一定和我一样，但也可能会有一些重叠的地方。

另一个核心观点是你所体验或者感知到的情绪是你的基因带来的不可避免的结果。所谓的"不可避免"是指你会拥有一些有助于理解身体感觉输入的概念，因为你的大脑就是为了这个目的联结起来的（稍后我们会在第5章做详细解释）。即使单细胞动物也会理解它们环境中的变化。但特定的概念（如"愤怒"和"厌恶"）并不是由基因预先决定的。你熟悉的情绪概念是固定的，仅仅是因为你生长在一个特定的环境中，在这种环境里，这些情绪概念既有意义又有用，你的大脑在你没意识到它的时候就已经建构了你的体验。心率改变是不可避免的，其情绪意义却不是。在其他文化中，同样的感觉输入也可能会有其他含义。

情绪建构理论融合了其他建构理论的内容，如社会建构理论主要研究社会价值观和兴趣，确定我们在世界中的感知和行为方式。举例来说，冥王星是不是一颗行星，这个决定并不取决于天体物理学，而是基于社会文化。宇宙中的球形石是客观真实存在的，大小各异，但是"行星"的概念代表了一个兴趣特征组合，是由人类创造出来的。每个人都会从有用性的角度去理解世界，但从某种绝对客观的意义上来看，这并不一定是正确的。就情绪而言，社会建构理论探讨的是社会角色或者信仰是如何影响情感和感知的。例如，我，一名女性，一个母亲，一个受犹太文化熏陶的无神论者，一个生活在曾经对深色皮肤人种不公的国家、肤色偏白的人——所有这一切都会影响我的感知。社会建构理论通常认为情绪和生物学无关；相反，根据社会建构理论，出现哪种情绪，取决于这个人当时所拥有的不同的社会角色。社会建构理论关注的是你周围的社会环境，一般不考虑环境对大脑回路的影响。

另一个建构理论就是心理建构理论，该理论把关注的焦点放在了人的内在，认为人的知觉、想法和感觉是由更基本的部分构成的。19世纪的一些哲学家把心理看成一个巨大的化学组合，就像原子组合构成分子一样，更为简单的感觉组合构成了思想和情绪。也有一些哲学家把心理看成一套多用途的零部件，就像乐高积木，可以组合在一起形成各种心理状态，如认知和情绪。心理学家威廉·詹姆士认为，每个人截然不同的情绪体验是由一些常见的感觉构成的。"情绪产生的大脑过程不仅类似于普通感觉的大脑处理过程，而且它其实就是普通大脑过程的不同组合形式。"在 20 世纪 60 年代，心理学家斯坦利·沙赫特和杰罗姆·辛格做了一个非常有名的实验，在受试者毫不知情的情况下给他们注射了肾上腺素。因为所处环境不同，受试者中有人表现出愤怒，有人表现出兴奋。在所有人中，愤怒或者兴奋的实例并没有显示出任何的因果机制——这与传统情绪观形成了鲜明对比。传统情绪观认为每种情绪在大脑中都有一个专门的机制，情绪和大脑内的机制会采用相同的名称（如"悲伤"）。近年来，新一代科学家潜心研究心理构建理论，以期了解情绪以及情绪的工作机制，但他们并没有达成一致。而且，所有人都坚信情绪是被创造出来的，而不是被激发出来的；人们的情绪多变，且不存在情绪指纹；原则上来讲，情绪、认识以及知觉没有什么不同。

你也许会感到吃惊，似乎这些相同的构建原则都适用于大脑的物理结构，即神经构建。你可以想象一下由一个突触连接的两个神经元。显然这些脑细胞是客观存在的，但是我们却没有一个客观的方法能说明这两个神经元属于同一个"回路"或者同一个"系统"；或者两个神经元分属不同的独立回路，但可以彼此调节。这些问题的答案完全取决于人们的看法。同样地，大脑互连并不是你的基因单独作用产生的必然后果。我们都知道，经验是一个影响因素。在不同的环境中，你的基因或打开或关闭，包括那些形成大脑连接的基因。（科学家把这种现象称之为"可塑性"）这意味着，当其他人以某种方式和你谈话或者对待你时，你的某些突触会真实形成。换句话说，情绪构建一直延伸到了细胞层次。大脑的这种宏观结构很大一部分是由遗传决定的，但微观连接则不是。因此，过去的体验能够帮助你确定对未来的体验和看法。神经构建理论也解释了人类婴儿为什么在出生时无法识别人脸，但几天后他们就培养了这种能力。它也解释了幼儿时期文化体验是如何塑造不同的大脑联结的。早期的文化体验包括你的照顾者和你的身体接触的频率，比如你是独自睡在摇篮里还是和家人睡在一张床上。

社会构建理论承认文化和概念的重要性；心理构建理论认为情绪是由人的大脑和身体内的核心体系构建的；神经构建理论认为经验和大脑联结；情绪建构论融合了这三种构建理论的所有要点。

• • •

情绪建构论摒弃了传统情绪观最基本的假设。例如，传统情绪观认为快乐、愤怒和其他情绪类别都有一个独特的生理指纹。而在情绪建构论中，变异性是常态。在你愤怒时，你可能会沉下脸，轻皱眉头或者紧锁眉头，也可能会喊叫、大笑，或者甚至会站在一边一声不吭，具体情况取决于当时的情境中哪种行为最有效。同样地，你的心跳可能会加快，也可能会减慢，或者没有变化，无论如何，它们都可以支撑你当时的情绪体验。当你看到其他人发怒时，你的感觉也会发生变化。像"愤怒"这样的情绪词汇包含了一系列愤怒表现实例，每个构建的实例都能够在当时的情境中成为行动的最佳指导。"愤怒"情绪和"恐惧"情绪之间不存在单一差别，"愤怒"不是只有一种表现，"恐惧"也不是。这些想法的灵感源于威廉·詹姆士和查尔斯·达尔文。詹姆士详细论述了情绪的多样性；达尔文则提出了一个革命性的观点，即生物类别（如一个物种）就是一群独特的个体。

你可以把情绪类别想象成曲奇饼干——有脆的、耐嚼的、甜的、咸的、大块的、小块的、扁的、圆的、圆棍形的、夹心的、含面粉的、无面粉的等。"曲奇饼干"类别中的成员之间差异极大，但它们在某些用途上是相同的：成为美味的零食或者甜点。曲奇饼干不需要看起来一样，或者以相同的配方制作，它们是一个种群中的不同个体。即使进行更为精细的划分，如在"巧克力屑曲奇饼干"类别中，因为使用的巧克力、面粉用量以及红糖和白糖的比例、黄油中的脂肪含量、面团冷藏时间等的不同，巧克力饼干也会有很多品种。同样地，任何情绪类别（如"幸福"或者"内疚"）都会有很多不同的实例。

情绪建构论否定了指纹在身体和大脑中的存在，因此也就不用回答"激发恐惧情绪的神经元在哪里？"这个问题，因为这个问题存在的前提是情绪指纹的存在。关于这个问题有一个固定的假设，即你或者这个星球上的其他人感觉害怕时，就会有一组特定的神经元被激活。但根据情绪建构论，一个情绪类别，如悲伤、恐惧或者愤怒，在大脑中并没有一个单独的位置，每个情绪实例都需要研究和理解整个大脑状态。因此，我们会问，情绪是"如何"炼成的，而不会问情绪是在"哪里"被激发的。"大脑是如何产生一个恐惧实例的？"这个问题就比较中立，它并没有假设神经指纹的存在，只是承认了恐惧体验和看法是真实的，值得研究。

如果情绪实例就像曲奇饼干一样，那么大脑就像一个贮存了各种常用食材的厨房，如面粉、水、糖和盐。利用这些食材，我们可以做出各种食物，如曲奇饼、面包、小松饼、饼干和烤饼。同样地，你的大脑中也有核心"食材"，即我们在之前提到的核心系统。它们以非常复杂的方式结合起来，结合方式和食谱很像，产生各种各样的快乐、悲伤、愤怒、恐惧等情绪实例。这些"食材"本身具有多种用途,并不是专门为情绪服务的,但会参与情绪的建构。两种不同情绪类别的实例,如恐惧和愤怒,可能源于相同的食材,就像制作曲奇饼干和面包都会用到面粉一样。相反,处于同一情绪类别的两个实例,如恐惧,在食材的选用上可能有所不同,就像有的曲奇饼有坚果,而有的曲奇饼没有一样。这种现象是因为我们的老朋友——简并在发挥作用:恐惧的不同实例是由整个大脑的核心系统的不同组合构建的。我们可以通过一种大脑活动模式描述恐惧的所有实例,但这种模式只是一个统计概要,不需要描述恐惧的每一个真实实例。

我用厨房做类比,和其他科学上使用的类比一样,都存在局限性。作为一个核心系统,大脑网络与面粉或者盐不一样,它不是一个"东西",而是一组我们视为单元的神经元集合。但从统计学上来讲,只是其中一个子集在特定时间参加了情绪创造。如果你感受到了10种有关恐惧的情绪,那么它们都和一个特定的大脑网络有关,但每种恐惧感觉所涉及的大脑网络中的神经元是不同的。[①] 这就是网络层面的简并。另外,曲奇饼干和面包是独立的物理实体,而情绪实例相当于大脑连续活动的瞬时快照,是我们把这些快照看作独立个体。厨房这个类比还是非常有用的,通过这个类比,你可以想象一下大脑网络是如何交互作用产生各种不同的情绪状态的。

构建大脑的核心系统交互方式复杂,没有任何经理或者大厨来操控这场演出。当我们在理解这些系统时,不能像理解机器零部件或者所谓的情绪模块或器官那样分开理解。因为这些核心系统互动

---

① 如果你喜欢运动,你也可以用运动做类比,一个网络就像一支棒球队。在一个特定时刻,球队中的25个球员,只有9个参加比赛,这9个队员可以随时被替换上场,比赛结束时,我们会说,是"那支球队"赢得了比赛。

所产生的新特性无法存在于组成部分里。通过类比，当你用面粉、水、酵母和盐制作面包时，各种食材经过复杂的化学变化，一种全新的事物诞生了。面包有了自己的特性，如"外壳坚硬"或者"有嚼劲"，而这些特性是原材料本身不具备的。实际上，如果你想要通过品尝面包成品来确定所有原材料，不管你多努力，都是非常困难的。以盐为例，虽然做面包时盐是必需的，但面包尝起来并不咸。同样地，一个恐惧实例也无法分解为单纯的原材料。恐惧不是一种身体模式——就像面包不是面粉一样，但它源于核心系统的互动。一个恐惧实例的特点是自发出现的，具有不可还原性，例如不高兴的情绪（当你的车在湿滑的高速路上打滑时）或者高兴的情绪（在高低起伏的过山车上）。就像你无法逆向还原，把面包还原为各种食材一样，你也无法从一种恐惧情感中还原一个恐惧实例。

即使我们都知道情绪的成分，但若孤立地研究它们，那么对它们如何协同构建情绪，我们只会得出错误的理解。如果我们孤立地研究盐，即使进行了品尝和评估，我们也不会知道它如何促成了面包的形成。那是因为盐在烘烤过程中会和其他食材发生化学反应：控制酵母生长，增强面粉的筋力，更重要的是，增强口感。要想了解盐是如何改变面包配方的，你必须观察它发挥作用的环境。同样，大脑其他部分也会对情绪产生影响，研究情绪的每个成分，我们需要把它们放到整个环境中。这种理论被称为"整体论"。该理论解释了为什么我在自家厨房每次烤出来的面包都不一样。我每次都是用了同样的配方，每种食材的重量相同，揉面团时间一样，设定的烤箱温度也一样。为了让面包有硬皮，我需要向烤箱内喷水，喷水的次数我也保持了一致，但做出来的面包每次都不同，有时色浅，有时色重，有时更甜。那是因为烤面包除了按配方操作，还包括一些其他情况的不同，如我揉面团的力度、厨房的湿度、面团膨胀的温度等。整体论解释了为什么我在波士顿自己家里烤的面包不如我在加州伯克利的朋友家烤的面包好吃。我在伯克利烤的面包极其美味，可能是因为空气中自然飘浮的"天然酵母"和高海拔。这些额外的变量对最后的面包成品影响很大，专业面包师都知道这一点。整体论、涌现特性以及简并和指纹说法是对立的。

除了身体和神经指纹说，我们否决的传统情绪观的另一个核心假设是情绪进化观点。传统情绪观认为人类有一个有着精美包装的动物大脑——古老的情绪回路遗传自我们的远古动物祖先，然后经由人类独特的理性思考回路被包装起来——就像蛋糕表面的霜糖一样。这种观点号称情绪的"唯一"进化论，实际上这只是众多进化理论中的一种。

构建理论融合了达尔文自然选择和总体逻辑思维最新的科学发现成果。例如，简并的多对一原则——许多组不同的神经元可以产生相同的结果以增强物种的稳定性。一对多原则——在新陈代谢上有效，而且能够提高大脑的计算能力。具有这种脑力的人思维灵活，但这和指纹无关。

传统情绪观最后一个重要的假设是：某些情绪是天生的，具有通用性：世界上所有健康的人都应该能够展现这些情绪，也能够识别它们。相反，情绪建构论认为，情绪不是与生俱来的，如果情绪是通用的，那么这一定是源于人们拥有共同的理念。即使情绪具有普遍性，也只是形成概念的能力，这些概念赋予身体感觉以意义，如西方的"sadness"（悲伤）概念和荷兰语"gezellig"（朋友之间一种特殊的舒适体验）概念，这个词在英语中没有相应的翻译。

同样，我们也可以用纸杯蛋糕和小松饼进行类比。这两种食物形状相同、主料相同，都包括面粉、糖、起酥油和盐；配料也基本相同，包括葡萄干、坚果、巧克力、胡萝卜和香蕉。你无法从化学角度区分纸杯蛋糕和小松饼，但你可以从化学角度区分面粉和盐，或者蜜蜂和鸟。纸杯蛋糕是饭后甜点，而小松饼经常被当成早餐，它们的主要区别就在于人们会在不同的时间食用它们。这种差别完全是文化习俗导致的，是人们后天习得的，而非自然形成的。小松饼和纸杯蛋糕之间的这种区别就是社会现实：物质世界中的物体（如烘烤食品），会因为社会认同而具有额外的功能。同样，情绪也是社会现实。只有当我们从文化中习得情绪的概念，并通过社会认同把额外功能赋予感知时，生理变化，如心率、血压或者呼吸的变化才会成为一种体验。当一位朋友睁大眼睛时，我们会认为他有恐惧或者惊讶的情绪，这就是根据我们使用的概念判断的。我们不能将物理现实与情绪概念的社会现实混为一谈，物理现实是指心率变化或者睁大眼睛。

社会现实不仅是指词汇上的——词汇有时会让你烦心。研究表明同样是烘烤食品，你把它当成甜点"纸杯蛋糕"还是一个早餐"小松饼"，你的身体对它的代谢程度是会不同的。同样，在情绪体验中，你所属文化中的词汇和概念有助于塑造你的大脑回路和身体变化。

既然我们否决了传统情绪观如此多的假设，那么我们就需要一个新的词汇来探讨情绪。诸如我们非常熟悉"面部表情"，这似乎已经成了常识，但显然这类词汇默认了这个假设：情绪指纹是存在的，面部表情能够表达情绪。在第一章你可能已经注意到了，我杜撰了一个中性术语，即面部形态，因为"传统情绪观把一组面部肌肉运动看作一个统一的整体"，但在英语中并没有恰当的词汇去表达。我同时也消除了"情绪"（emotion）一词的歧义，因为它指的是情绪（如快乐）中的一个实例，它也可以指代快乐代表的整个情绪类别。当你构建自己的情绪体验时，我把它叫作"情绪实例"。我提到的恐惧、愤怒、快乐、悲伤等，一般指的都是情绪类别，因为每个词语都包含了多个不同的实例。如果严格区分的话，在我的词汇表中，我会删除"情绪"一词，这样我们就从根本上否决了它的客观存在，直接用"实例"和"类别"代替，但是那样做有点儿过于苛刻了。因此，我只有在把实例和类别做比较时，才会特别指出。

同样，我们不会"识别"或者"探测"他人的情绪。这些术语暗示着每个情绪类别都有一个指纹，这个指纹独立于观察者而存在，正等待人们去发现。任何关于"探测"情绪的科学问题都自动假设了某种答案。在构建思维中，我谈到了感知一个情绪实例。知觉是一个复杂的心理过程，但这并不意味着情绪背后存在一个神经指纹，有些只是以某种方式发生的情绪实例。我也避免使用"触发"这样的动词形容情绪，也避免使用"情绪反应"和情绪"正发生在你身上"这样的说法。这样的措辞暗示着情绪是客观存在的实体。在体验情绪时，大多数时候即使你没有任何的参与感，实际上你也在积极地参与那种体验。

同时，我也不觉得人的情绪是可以被"准确"感知的。因为在人的面部、身体以及大脑中，情绪实例并没有对应的客观指纹，所以"准确性"也就毫无科学意义。"准确性"具有社会意义——我们当然能够问两个人感知到的情绪是否一致，或者一个人感知是否和某个标准一致。但是，感知是因为感知者而存在的。

这些语言学解说乍一听可能有些吹毛求疵的感觉，但是我希望你能了解它们的重要性。这些新的词汇对于理解情绪以及情绪是如何炼成的至关重要。

• • •

在本章开头,你看到了一堆黑色斑点,在运用了一些概念后,你可以把它想象成一只具体的蜜蜂。这并不是大脑编造了骗局,这就是你的大脑一直以来的工作方式——你积极参与确定你所看到的东西,但大多数时候你并不知道自己已经参与其中了。单纯的视觉输入构建意义的过程为解决人类情绪谜题提供了一个解决方案。当我在实验室中进行了数百次的实验,并查阅了其他研究者数以千计的实验之后,经过深思熟虑,我得出了一个被越来越多的科学家所认可的结论:情绪既无法从脸上判断出来,也不能从你身体内部的混乱中散发出来。情绪并不是由大脑某个特定部位产生的。任何科学创新都不会奇迹般地揭示出任何情绪指纹。那是因为我们的情绪不是与生俱来的,正等着被发现的。事实上,情绪是被炼成的,是被我们炼成的。我们无法识别或者确定情绪:在需要的时候,我们通过大脑系统的复杂互动,随时可以构建我们自己的情绪体验,感知他人的情绪变化。人类情绪并不受深深根植于我们高度进化的大脑中的兽性部分的制约:我们是我们自己体验的建造师。

这些想法与我们日常生活中体验到的并不一致。在日常生活中,不管我们前一刻在想什么或者做什么,情绪就像一个个小炸弹会突然出现,并干扰我们。同样,当我们观察其他人的面部或身体时,我们似乎毫不费劲就可以看出它们的主人当时的感觉,甚至在它们的主人还没有意识到时,我们就已经感知到了。当我们的狗汪汪地叫,或者猫发出咕噜声时,我们似乎也可以探测到它们的情绪。但是,不论这些个人体验看起来多么令人信服,它们都没有揭示出大脑是如何创造情绪的。这就像我们看到太阳从天空走过,就觉得太阳在围绕地球转是一样的。

如果你刚刚接触构建理论，那么例如"情绪概念"、"情绪感知"和"面部形态"这类的想法可能还没有构成你的第二天性。要想真正了解情绪——从某种程度上来讲，这和现代进化论和神经科学知识是一致的，你就必须放弃某些根深蒂固的思维方式。为了帮助你做到这一点，在下一章中，我会为大家介绍一些和构建理论相关的练习。传统情绪观在过去50年一直在心理学领域占据着重要的地位，这主要源于一个非常有名的情绪科学发现，很多人认为那是事实，我们将会近距离探讨这个发现。我们将从构建理论的视角解密这个发现，打破它的确定性，找出疑点。你准备好了吗？

第 3 章　情绪具有普遍性吗？

图 3–1 中的这位女性面孔，乍一看，绝大多数在西方文化中出生和长大的人会觉得她在惊恐地尖叫，不需要任何上下文提示。

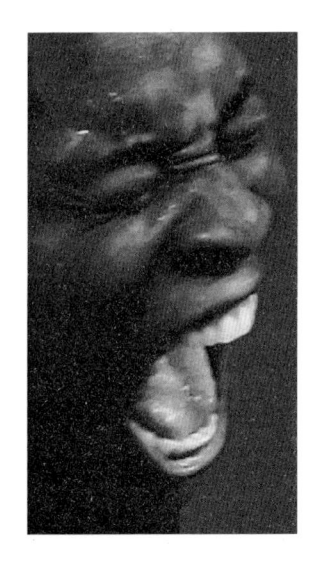

图 3–1　在这张女性的表情图上，感知到的是惊恐，但也可能并不是惊恐

实际上，这张图是 2008 年美国网球公开赛拍摄的照片的一部分，图中的人是网球运动员塞雷娜·威廉姆斯打败了自己的姐姐大威廉姆斯时的表情。你可以翻到本书的附录 3 看一下全图。有了情境的衬托，这个面部形态所代表的意思就完全不同了。

在了解了整个情境后,你眼前的这张脸就会巧妙地发生转变。实际上,并不是只有你会这样,这是一种人类共同的体验。那么,你的大脑是如何完成这种转变的?我使用的第一个情绪词汇"惊恐"致使你的大脑模拟了过去你曾看到他人感觉恐惧时的面部形态。你可能没有意识到这些模拟,但是它们塑造了你对威廉姆斯的面部感知。当我解释这张照片的情境时——赢得了一场至关重要的网球比赛,你的大脑运用网球和获胜的概念知识,模拟了你曾见过的处于狂喜状态的人的面部形态。这些模拟再一次影响了你对威廉姆斯面部的感知。在不同情况下,你的情绪概念能帮助你赋予图像以意义。

在现实生活中,我们通常都在一定的情境中观察人们的面部。当我们看到一个人的面部时,也会看到他的身体,同时伴有声音、味道或者其他环境细节。这些细节提示你的大脑使用特定的概念模拟并构建你的情绪感知。这就是为什么在塞雷娜·威廉姆斯照片的全图中你感知到的是兴奋,而不是惊恐。实际上,每次当你感知他人的情绪时,你都会依赖情绪概念。在"悲伤"这个概念中,把撇嘴视作悲伤的表现;而在"害怕"这个概念中,眼睛睁大被看成害怕的表现。

根据传统情绪观,你不需要利用概念来感知情绪,因为情绪有普遍的指纹,世界上每个人都是从出生就可以识别情绪的,无须后天习得。通过运用构建情绪理论,再结合一点儿逆向工程,你就会明白,概念是感知情绪的一个关键材料。为了证明某些情绪具有普遍性,我们一开始就采用了最好的实验技巧:西尔万·汤姆金斯、卡罗尔·E.伊泽德和保罗·艾克曼创建的基本情绪法。然后,我们将系统地减少受试者可用的情绪概念知识的数量。如果他们的情绪感知变得越来越弱,那么我们就可以认为,概念是构建情绪感知的一种重要材料。我们同时也将了解到,为什么在某些情况下会出现情绪可以被普遍感知的现象,从而从全新的角度更好地理解情绪是如何炼成的。

· · ·

也许你还记得,基本情绪法是为了研究"情绪识别"而设计的。在实验过程中,每次都让受试者观察面部照片,照片是由训练有素的演员精心摆拍后拍摄的,代表着所谓的某种情绪的表情:微笑代表快乐,皱眉意味着愤怒,撇嘴代表悲伤,等等。实验人员还给照片配上了一小组英语情绪词汇,如图3-2,请受试者选出最适合面部表情的词汇。结果,不管做了多少次实验,受试者基本上都选择了同样的词汇。在另一种基本情绪法中,实验人员让受试者在2~3张照片中选出和故事简介或者描述性词组最匹配的照片,如"她的妈妈去世了,她感觉很悲伤"。

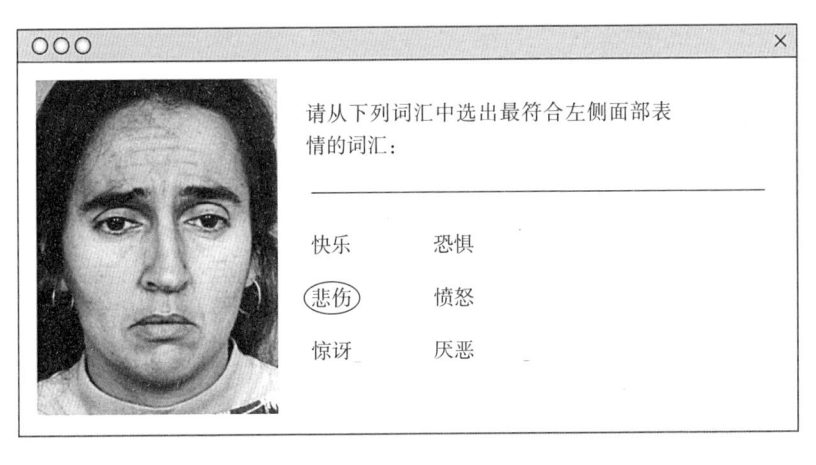

图 3-2　基本情绪法:选出符合面部表情的词汇

实验对德国、法国、意大利、英国、苏格兰、瑞士、瑞典、希腊、爱沙尼亚、阿根廷、巴西和智利等各国的人进行了测试,受试者选出了预期中的词汇或者面部表情的概率为85%。因为美国和爱沙尼亚、马来西亚、埃塞俄比亚、中国、印度尼西亚苏门答腊岛，以及土耳其文化差异较大，受试者情绪词汇和面部表情的匹配度没有那么高，受试者选出预期答案的概率为72%。数以百计的科学研究已使用上述研究成果，这些面部表情得到了普遍公认，即使是在和西方相距甚远、文化上几乎没有联系的地方实验得出的结论也是一样的。最终结果就是，在过去的几十年里，这些情绪"识别"被复制了无数次，普遍情绪似乎成了无可辩驳的科学事实之一，它成为万有引力定律一样的存在。

问题是，普遍规律在某些特定的条件下会失去普遍性。例如，牛顿的万有引力定律只有在相对论不存在时，才具有普遍性。

我们对基本情绪法稍微做一下改变，看看会发生什么。比如，去除图中表达情绪的词汇。现在，受试者需要从自己知道的几十个（甚至数百个）情绪词汇中，自由地为图 3-3 中的面部表情找到一个匹配的情绪词汇。如图所示，图 3-3 中没有给出情绪词汇。在这种情况下，受试者正确匹配词汇的成功率急剧下降。这个实验曾被重复了无数次，在第一次做无提示实验时，受试者为照片匹配上预期中的词汇（或者同义词）的概率为58%。随后进行的实验中，成功率更低了。实际上，如果不提及情绪，当研究人员问受试者一个更加中性的问题，即"哪个词可以最恰当地描述照片中的人发生了什么"，结果会更糟糕。

为什么这么小的变化会产生如此巨大的差异？因为基本情绪法中给出了情绪词汇列表，这个列表被称为"强迫选择表"，它无形中为受试者提供了一张作弊条。这些词语不仅限制了可能的选项，同时促使受试者根据相应情绪概念模拟面部形态，他们只会看到特定的情绪而不是其他情绪。这个过程叫作"语义启动"。例如,当你第一次看到塞雷娜·威廉姆斯的照片时,我用类似的方法提前给你灌输这个女人"正在惊恐地尖叫"的想法。那么,你的大脑模拟不仅影响了你对她的面部表情的分类方式,还影响了你对面部表情意义的构建。同样,当受试者看到情绪词汇列表时,为了给自己看到的面部表情分类,他们启动(模拟)了相应的情绪概念。你的概念知识是体验他人情绪的关键材料,情绪词汇可以启动这些概念。在利用了情绪基本法的大量研究中,研究人员之所以会得出"情绪具有普遍性"的观点,很大程度上是因为这些情绪词汇的存在。

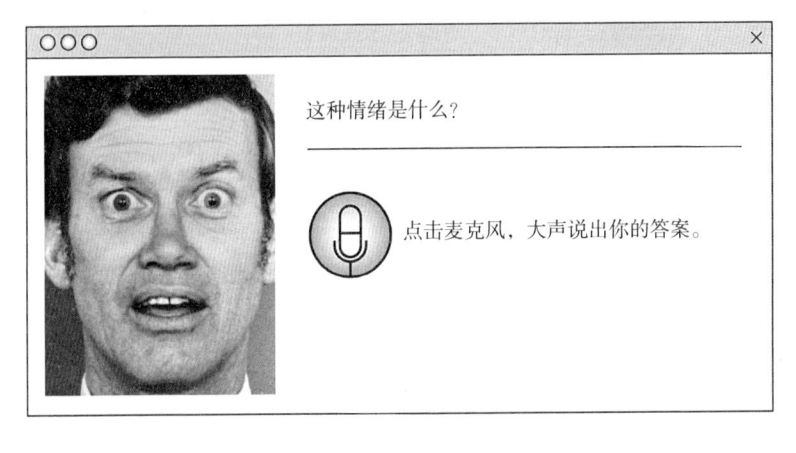

图 3-3 不含情绪词汇的基本情绪法

没有情绪词汇标签的面部表情则降低了概念知识材料对受试者的影响,这也只是一定程度上的影响。在我的实验室里,我们做了进一步研究,去除了所有的情绪词汇,连打印的或者口语的词汇都没有了。如果受试者的情绪建构论是正确的,那么这个小变化应该会对他们的情绪感知产生更大的破坏。每次进行测试时,我们都会为受试者提供两张没有文字的照片,并把这两张照片并排放在一起

情绪

提供给他们（如图 3-4），然后提问："这两个人感受到了相同的情绪吗？"答案只有"是"或者"不是"。这个面部匹配任务的结果足以说明问题：只有 42% 的受试者给出了预期的答案。

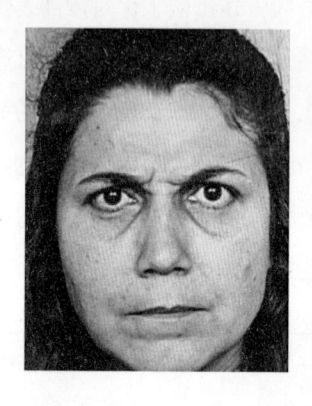

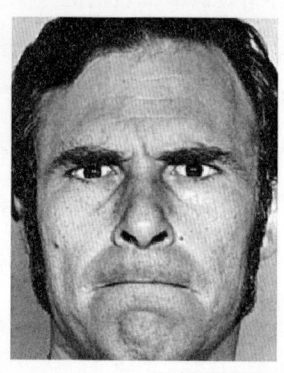

图 3-4　情绪基本法：两张图均没有词语。问题：这两个人感受到了相同的情绪吗？

随后，我们的团队进一步减少材料。我们采用了一种很简单的实验方法，这种方法能够和脑损伤实验产生同样的效果，但它是安全的，持续时间不到 1 秒。这个方法就是：对受试者进行干预，让他们一遍又一遍地诵读同一个情绪词语，如"愤怒"，直至受试者的大脑中只剩下这个词语的读音，并且完全不记得它的意思，这时他们将无法使用自己的情绪概念。我们立刻把前面那两张没有文字的照片再次放到他们面前，重复前面的提问过程。结果，成功率再次大幅下降，只有 36%：近 2/3 的受试者没有按预期说出"是"或者"不是"。

之后，我们还对患有永久性脑损伤的人进行了测试，这些受试者患有词义性痴呆的神经退行性疾病，他们无法记住任何词语和概念，包括情绪词语和概念。我们向他们展示了 36 张照片——它们是由6个演员摆拍的，每个演员各表演6种不同的基本情绪的面部形态（如微笑代表开心，撇嘴表示悲伤，皱眉代表愤怒，睁大眼睛倒吸气表示害怕，皱鼻子表示厌恶，还有面无表情）。这些病人可以根据自己的想法对这些照片进行分类。但他们并没有按照预期进行分类，在他们看来，皱眉不一定代表愤怒，撇嘴也不一定表示悲伤。相反，这些病人只是按照积极情绪、消极情绪以及面无表情进行了分类，他们只能区分高兴和不高兴两种情感。至此，这些证据充分表明，情绪概念对于观察面部情绪至关重要。

后来，我们又以幼儿和婴儿为受试者进行了测试，他们的情绪概念还没有形成。研究结果进一步证明了我们的发现。心理学家詹姆斯·拉塞尔和谢莉·C.维登指出，当面部表情呈现出基本的情绪时，2至3岁的儿童无法自由地给它们贴上标签，除非他们能够清楚地区分"愤怒""悲伤""恐惧"等概念。对于这种年龄的孩子来说，诸如"难过""疯狂""恐惧"这样的词汇是可以互换使用的，就像那些表现出低情绪粒度的成年人一样。这并不是情绪词汇理解的问题——即使这个年龄段的孩子能了解这些情绪词汇的意义，他们也很难把两张撇嘴的照片匹配在一起，但他们很容易把撇嘴表情的照片和词语"悲伤"联系在一起。对婴儿的测试也得出了类似的结果。例如，4~5个月大的婴儿可以区分微笑和愁眉不展这两种面部表情，但这种能力与情绪本身无关。在那些实验照片中，展示开心表情的，演员都露出了牙齿，而那些展示愤怒表情的则没有露出牙齿，这为婴儿辨别两种表情提供了线索。

至此，我们做了一系列的实验，包括取消情绪词汇列表、使用没有任何词汇的照片、暂时破坏情绪概念、针对因为脑损伤而无法处理情绪概念的病人进行测试，最后我们测试了还没有形成清晰确定的词汇概念的婴儿。在这一系列的实验中，一个主题浮现出来：随着情绪概念越来越模糊，人们对摆拍出来的固定情绪表情的识别能力变得越来越糟糕。这种演进过程充分表明，当人们在一张脸上看到一个情绪时，只有他们拥有了相关的情绪概念，才能识别出这种表情，因为在这一刻，人们需要用情绪概念的知识来构建感知。

为了真正明白情绪概念的作用，我们实验室的成员走访了非洲一个偏远的群落，该群落的人几乎没有人了解西方的习俗和惯例。随着全球化步伐的加快，像这样几乎与世隔绝的文化种群已经变得少之又少了。玛丽亚·金德伦是我的一个博士生。她和认知心理学家黛比·罗伯逊一起去了非洲的纳米比亚，在一个名为辛巴族（Himba）的部落里研究情绪认知。辛巴族地处偏僻，交通不便。玛丽亚和黛比先乘飞机抵达南非，然后开车12个小时才抵达了纳米比亚北部奥普沃的大本营。从这里出发，玛丽亚、黛比和她们的随行翻译还要经过几个小时才能到达位于安哥拉边界的几个独特的村庄。他们乘坐全地形车在丛林中穿梭，能够作为地标的只有山峰和太阳。晚上，由于地面有无数蛇和蝎子出没，他们只能睡在车顶的帐篷里。很遗憾我没有和他们同行。他们配备了一部卫星电话和一个发电机，这样我们能够随时交流，不会出现没有信号的情况。

毫无疑问，辛巴族的生活与西方的现代生活完全不同。辛巴族人常年生活在野外，他们居住在由树枝、泥巴和牛粪搭建而成的族群公屋中。辛巴族的男人日夜放牧，女人负责烹饪食物和照顾孩子。孩子在村落附近放羊。辛巴人讲的语言是当地赫雷罗语方言中的一种，没有文字。

面对研究队，辛巴人表现得十分谨慎。部落的孩子们对研究队充满了好奇，在开始一天的劳作前，他们每天早早就会出现在研究队附近。由于玛丽亚穿着男式的衣服,辛巴族的一些女人一开始无法判断她的性别,因此经常指着玛丽亚笑。但是辛巴族的男性却看出来了玛丽亚的性别,因为曾有人向玛丽亚求婚。玛丽亚的纳米比亚翻译用当地的方言非常礼貌地解释说,玛丽亚"已经和另一个男人结婚,他有一支很大的枪"。

玛丽亚采取了面部分类实验,一共使用了36张摆拍的照片。这个实验完全用不上词汇,更不用说情绪词汇了,因而很好地突破了语言和文化的障碍。我们请黑皮肤的演员摆拍了一组照片,因为原来照片上使用的都是西方演员,看起来和辛巴族人并不相像。正如我们所希望的,辛巴族参与测试的人立刻就明白了我们让他们做的事情。当玛丽亚让他们选出同一个演员时,他们很自然就选了出来。但是让他们根据情绪挑选面部照片时,显然,他们的选择和西方人产生了分歧——他们把所有笑脸照片放在了一起,还把绝大多数睁大眼睛的照片放在了一起,但剩下的各种表情的照片,他们的分类就比较混乱了。如果情绪感知具有普遍性,那么辛巴族的受试者应该把照片分成6组。当我们请辛巴族受试者自由地给他们分好的组别标记上情绪词汇时,笑脸代表的并不是"快乐",而是"大笑"。睁大眼睛也不是"恐惧",而是"正在看"。换句话说,辛巴族的受试者是按照行为对面部运动进行分类的,而不是按照精神状态或者情感来分类。总之,辛巴族受试者没有表现出任何具有普遍情绪感知的迹象。在实验中,我们没有提供任何英语情绪概念作为参考,那么,这些概念就成了最大的怀疑目标,因为基本情绪法似乎为情绪普遍性提供了证据。

但是,还有一个谜团:另一组由心理学家迪萨·A.索特带领的研究人员几年前曾对辛巴族人进行过测试,在他们的报告中给出了普遍情绪"识别"的证据。索特和她的同事采用基本情绪法，利用声音（如大笑、不满的嘟哝、轻蔑的哼声、叹气声等）而不是摆拍的照片来进行测试。在实验中，他们提供与情绪相关的简短故事简介（被翻译成了赫雷罗语），并给辛巴族参与者听 2 种声音，然后请他们选出和故事内容相匹配的声音。辛巴族参与者完成得很好，因此索特和她的同事就此得出结论：情绪感知具有普遍性。我们在实验中选取了一组不同的辛巴族人做了同样的实验，但我们没能得到与他们一样的结果，即使我们采用的是已经公布的方法，找到索特曾雇用的那个翻译，我们也无法得出相同的结论。玛丽亚请另一组辛巴族受试者对声音进行测试，没有词汇，不提供故事。同样地，只有"笑声"被划入的类别和我们的预期相同（虽然他们依然把笑声归入了"大笑"而不是"快乐"类别）。那么，为什么索特和她的同事可以观察到普遍性，但我们却不能呢？

图 3-5　在玛丽亚汽车附近的帐篷下，玛丽亚·金德伦（右）正在测试一名纳米比亚辛巴族女性

2014年年末,索特和她的同事无意中解开了这个谜团。据他们透露,在他们最初发表的结果中有一个特别的步骤没有提,那就是:大量的概念知识。辛巴族的受试者在听了情绪故事之后,在听到两个表示情绪的声音前,研究人员先让受试者描述故事中人物当时的情绪。为了帮助受试者完成这个任务,索特和她的同事"让这些受试者多次重复听情绪故事(如果必要的话),直到他们能够用自己的词汇按预期解释情绪"。不管什么时候,辛巴族的受试者在描述某个事物时,只要不符合英语情绪概念,他们就会被否决,然后被要求重新描述。经测试,那些不能说出预期描述的受试者都被取消了参与实验的资格。实际上,辛巴族的受试者学会相关的英语情绪概念之前,不允许他们听任何声音,更不用说选择和故事相匹配的词汇了。当我们试图重做索特和她的同事的实验时,我们只是使用了他们公开发表的论文中的方法,而文章中并没有提到这个步骤,也就是说我们的辛巴族受试者在听声音前,并没有学习有关英语情绪的概念。

在我们和索特及其同事的实验中,还有一个方法不同:一旦辛巴族参与者给出令人满意的情绪概念(以悲伤为例),索特和她的同事就会播放另外两个声音,如哭泣或者大笑,然后让受试者选择最能表达悲伤的声音。在此之前,受试者听过很多包含哭泣声的声音组:哭泣声和叹气声、哭泣声和尖叫声等。在每一组声音中,他们都让受试者选出表达悲伤的词汇。这样做的话,即使受试者一开始不确定哭泣声和悲伤情绪之间有关联,但最终他们一定会知道。我们的实验却没有这样做。在每一个测试中,玛丽亚通过翻译读一个背景介绍,然后给出两个声音,请受试者选出与故事内容最匹配的声音。情绪测试的顺序是随机确定的(比如,悲伤情绪之后可能是愤怒情绪测试,也可能是快乐情绪测试,等等),这是一种标准方法，可以避免受试者在实验过程中习得情绪概念。在我们的实验中，我们没有发现任何有关情绪普遍性存在的迹象。

"快乐"这类情绪人们似乎都可以感知到，它不受任何情绪概念的影响。不管使用什么实验方法，很多不同文化的受试者都同意笑脸和笑声表达了开心的情绪。"开心"情绪拥有一个普遍的表现方式，因此这可能是我们最贴近普遍情绪类别的情绪了。事实上，一方面，在基本情绪法中，表达愉悦情绪的词汇只有"快乐"一个词，因此受试者很容易就把它和消极情绪区分开了。这里有一个非常有趣的事实：历史记载表明古希腊和罗马人在喜悦时并不会自发地微笑，"微笑"这个词甚至在拉丁语和希腊语中根本就不存在。"微笑"一词是在中世纪被创造出来的。18世纪，随着人们越来越富有，他们也越来越关注牙齿保健，于是，张嘴露齿眯眼的微笑表情随之流行起来。这种表情的微笑被艾克曼命名为"杜乡的微笑"，即真心的微笑。古典文学教授玛丽·比尔德对此进行了总结：

> 这并不是说罗马人从来不翘起嘴角，做出和我们微笑相似的表情，他们当然有这样的表情。但是在罗马，这样的面部表情并不具备多少重要的社会和文化意义。相反，其他一些对我们几乎没有任何含义的表情却承载了更多的意义。

也许在过去几百年间的某个时候，微笑变成了一种普遍的、固定的代表开心的表情。① 或者……在表达开心情绪时，微笑并不具

---

① 传统情绪观的支持者可能会说，微笑是人们与生俱来的表达高兴情绪的表情，只是在牙科出现之前，人们一直抑制着这种微笑，认为这种微笑在社会上是不合适的。

有普遍性。

· · ·

情绪概念是基本情绪法获得成功的秘密要素。这些概念让面部形态作为情绪表情得到了普遍认可，而事实上，情绪表情并不具备普遍性。我们构建了彼此的情绪感知，我们通过把自己的情绪概念应用到其他人的面部和身体运动，从而感知他人的快乐、悲伤或者愤怒。同样地，我们也会把情绪概念应用到声音上，然后就听到的情绪声音构建体验。我们模拟时，情绪概念在悄无声息地发挥作用，速度非常快，对我们来说，情绪似乎是通过面部表情、声音或者其他身体部位展现出来的，而我们仅仅是能察觉到它们。

在这里，你也许会问这样一个问题：数以百计的实验都证明了情绪的面部表情具有普遍性，你和你的同事只做了几个实验，如何敢向这么多的实验发起挑战，宣称它们是不正确的？例如，心理学家达谢·凯尔特纳认为，"有无数个数据点和艾克曼的观点一致"。

而我们的回答是：在这些数不清的实验中，绝大多数实验都使用了基本情绪法，而这种基本情绪法，正如我们上文看到的，包含了一个秘密隐藏起来的情绪概念知识。如果人类生来就具有识别情绪表达的能力，那么在使用基本情绪法时，消除情绪词汇就不会带来太大的影响……但事实并非如此，每一次都是这样。毫无疑问，情绪词汇在实验中具有很大的影响力，这就让我们不由得立刻对使用基本情绪法的实验研究结果产生了质疑。

到目前为止，我们已经在纳米比亚做过两次实验，在坦桑尼亚做过一次实验（在坦桑尼亚，我们拜访的是哈扎人，这是一个以狩猎、采集为生的民族）。这三次实验，我们都得出了相同的结果。社会心理学家约瑟－米格尔·费尔南德斯－多尔的实验和我们得出了同样的结论。他去了新几内亚超布连群岛一个偏远的部落做这项实验。因此，现在对那些"无数个数据点"，科学上有了另一种合理的解释：基本情绪法引导人们构建了西方的情绪感知。也就是说，情绪感知不是天生就有的，而是被构建出来的。

如果你认真查看20世纪60年代以来跨文化研究的原始实验，你会发现一些线索，正是基本情绪法所包含的一些概念元素导致了情绪具有普遍性的结果的出现。在以偏远文化地区的人为研究对象的实验中，我们抽取了7个实验进行对比研究。我们发现，有4个使用基本情绪法的实验都为情绪普遍性提供了有力的证据，而另外3个没有提供情绪概念的实验都没有证明普遍性的存在。后3个实验都没有在业内杂志上发表，只是出现在专著章节中，相比较而言，著作的关注度要小很多，而且也很少被引用。因此，前4个支持情绪普遍性的实验就被盛赞为"潜在人性研究领域的重大突破"，成为随后大量研究的基础。有数以百计的研究使用的基本情绪法都包含强迫选项，大部分来自其他文化的受试者都接触到了西方文化习俗和惯例，这一点在实验中起到了非常关键的作用，普遍性是实验设计的结果，但仍然被看成是事实。这就解释了为什么如今许多科学家和公众都错误地认为"情绪表情"和"情绪认知"是有科学依据的。

如果有人从那些原始研究中得出了不同的结论，那么，今天的情绪科学会是什么样？思考一下艾克曼下面的叙述，这是他第一次拜访新几内亚的富雷族时的记录：

> 我请他们为每个面部表情（照片）编一个故事："告诉我现在发生了什么？以前发生过什么让这个人出现了这个表情？

接下来会发生什么?"这就像拔牙一样。我们不确定这是否是个翻译过程,我也不确定他们知不知道我想要听到什么,或者为什么我让他们这样做。也许富雷族人只是在为陌生人编故事。

艾克曼可能是正确的,也可能是因为富雷族人不知道或者不接受面部"表情"概念。面部"表情"意指通过一系列面部运动释放的内在情感。并不是所有的文化都知道情绪是内在的心理状态。例如,辛巴族人和哈扎人的情绪概念似乎更多地关注了动作,某些日本人的情绪概念也是如此。密克罗尼西亚群岛上的伊法鲁克人认为情绪是人与人之间的相互作用。对他们来说,愤怒不是一种感觉,它与皱眉、砸拳、大喊大叫无关,与一个人的内在无关——它是一种情境,围绕一个目标,两个人都参与其中,就像跳交谊舞一样。在伊法鲁克人看来,愤怒并不"存在"于每个人的内心深处。

了解了基本情绪法的发展和历史,你会惊讶地发现,科学上对这种方法的批判数不胜数。20多年前,心理学家詹姆斯·拉塞尔就列出了很多问题。记住,"6种基本表情"并不是一个科学发现,它们是由西方基本情绪法的缔造者规定的,由演员摆拍,然后围绕这6个基本情绪进行科学研究。这些特意摆拍的表情照片没有任何的可信度。利用更为客观的方法,如脸部肌电图和面部动作编码系统进行的实验也没有证实在真实的生活中,情绪出现时,人们的面部总是会出现这些运动。但不管怎么说,科学家依然在使用基本情绪法,毕竟,它可以保持结果的一致性。

每一次当一个科学"事实"被推翻时,通常都会出现新的方法。1907年诺贝尔物理学奖获得者阿尔伯特·迈克尔逊(Albert

Michelson)反驳了亚里士多德的猜想:光在真空中的传播介质是一种假定物质,叫作光以太。他的探索为阿尔伯特·爱因斯坦相对论的提出打下了基础。而我们已经对普遍情绪的证据产生了重大怀疑,情绪的普遍性似乎只有在某些情况下才存在——比如你有意或者无意地向受试者透露一些有关西方情绪的知识时。这些观察结果以及其他与此类似的结果,都为我们接下来要论述的全新的情绪理论打下了基础。因此,汤姆金斯、艾克曼和他们的同事为一个惊人的发现做出了贡献,只是这个发现却不是他们所期待的。

很多采用基本情绪法的跨文化研究表明了一件令人兴奋的事情:把情绪概念教给不同文化背景的人是一件很容易的事情,甚至都不需要有意为之。这样的共识理解意义重大。如果萨达姆·侯赛因同父异母的兄弟当时能够理解美国情绪概念愤怒一词的含义,那么他就会感知到美国前国务卿詹姆斯·贝克的愤怒,这样也许就可以避免海湾战争的爆发,从而拯救无数人的生命。

虽然在偶然情况下掌握情绪概念也十分容易,但在文化研究中使用西方情绪的刻板模式依然存在风险。例如,普遍表情项目(Universal Expressions Project)是一个正在进行的系列研究,它试图通过文献资料证明在人的面部、身体和声音中,是什么因素导致了情绪表达的普遍性。迄今为止,此项目确定"在全世界范围内,大约30个面部表情和20个声音表达非常相似"。但是,这个项目只使用了基本情绪法,它正在用一种无法提供普遍性证据的方法调查普遍性。(同时,研究人员请人们摆拍出他们认为存在于他们自己文化中的表情。而摆拍出来的照片和真实情绪出现时观察到的身体运动情况是不同的。)更重要的是,如果这个项目成功了,那么世界上的每个人都能学会西方情绪的刻板模式了。

今后，依然会有很多科学家使用基本情绪法，然后告诉大家他们"发现了"情绪的普遍性，而事实上是他们"创造了"这种普遍性。

说得更直接一些，如果人们相信仅靠面部表情就可以表达情绪，那么将会导致非常严重的错误，甚至带来破坏性的影响。有一个例子可以说明，正是这种理念改变了美国总统选举的进程。在2003—2004年，佛蒙特州的前州长霍华德·迪恩竞选民主党总统候选人提名，最后却被马萨诸塞州的参议员约翰·克里打败了。那一次选举，选民们目睹了无数负面竞选活动。其中一个最具误导性的实例就是一段关于迪恩演讲中的视频。那段视频片段如病毒般传播开来，视频中没有任何背景，只有迪恩一张暴怒的脸。但是，如果你观看了整个有情境的视频，很显然，你会发出迪恩当时并没有发怒，而是处于兴奋状态，他正在用自己的激情感染听众。这个视频片段传播得非常广泛，最终，迪恩退出了竞选。我们只是想知道，如果观看者在看到那些令人误解的影像时，知道情绪是如何产生的，结果又会如何？

• • •

以构建主义理论为指导，研究人员继续在其他文化中重复我们的实验（在本书发稿前，依然有人在中国、东非、美拉尼西亚以及其他地区收集数据）。随着这些实验的进行，我们加快了思考模式的转变，重新理解情绪，摆脱西方情绪模式化思维。我们不会问这样的问题，如"你如何才能准确识别恐惧？"相反，我们研究人们在恐惧情绪中可能出现的各种各样的面部运动。我们也可以尝试着理解人们为什么一开始会形成对情绪形态的刻板印象，以及它们的价值在哪里。

基本情绪法已经被塑造成了一种科学观，对公众的情绪理解产生了很大影响。无数科学研究宣称情绪具有普遍性。流行书籍、杂志文章、无线电广播以及电视节目随意假设每个人都可以通过面部形态表达情绪，通过面部形态识别情绪。游戏和书籍也在教学龄前儿童这些所谓的普遍情绪表达。国际政治和商业谈判战略同样以这种假设为基础。心理学家在评估和治疗患有精神疾病的病人的情绪缺陷时也采用类似的方法。日益发展起来的情绪解读小工具和应用程序也承认情绪具有普遍性，就像在没有上下文的环境下，只凭一张脸，或者只是身体的变化模式，就可以解读情绪，就和阅读书籍中的字一样容易。为了证明情绪的普遍性，研究者们投入的时间、金钱和心血之多令人难以想象。但是，若是情绪普遍性根本就不存在，又该怎么办？

如果这些努力只是证明了另一件事——也就是说，我们具有利用概念塑造感知的能力，怎么办？这就是情绪建构论的核心：它对人类情绪的秘密给出一个成熟的、完全不同的解释，情绪并不依赖于通用情绪指纹。接下来的4个章节中，我将详细介绍情绪建构论，并为该理论提供充足的科学证据。

第 4 章　情绪的源头在哪里？

回忆一下，你上次感到身心愉悦时的情境。我所说的不是指性快感，而是指日常的快乐，比如观看朝气蓬勃的日出、在满头大汗时喝一杯冰水，或者在繁忙的一天之后享受片刻的安宁。

现在，请你再想一些令人不愉快的情境。比如，上次感冒或者和好朋友吵架，然后把两种心情做一下对比，你会发现愉快和不愉快在感觉上有质的差别。某一个特定物体或事件带给你和我的感觉可能完全不同，对你来说是快乐的事，对我而言可能并不是——比如我觉得胡桃很好吃，但我的丈夫觉得胡桃是违背自然规律的产物。但原则上，我们可以把不同的情感区分开来，这些情感具有普遍性，而高兴和愤怒这样的情绪却不具备普遍性。情感就像水流一样，在你清醒的每一刻都在你的体内流动着。

简单的愉快和不愉快的情感源自你体内正在进行的一个过程，即内感受（interoception）。内感受是大脑对所有感觉的表征，这些感觉源于你的内部器官和组织、血液里的激素以及免疫系统。想象一下，这一秒你的体内正在发生什么。你体内正在发生着运动，你的心脏正通过静脉和动脉把血液输送到全身，你的肺吸入和呼出气体，你的胃在消化食物。这种内感受活动产生了基本的情感范围，从快乐到不快乐，从冷静到紧张不安，甚至包括完全没有感觉。

实际上，内感受是情绪核心材料的一种，就像面粉和水是制作面包的主要材料一样，但是这些源自内感受的情感比完善的情绪体验（如快乐和悲伤）简单得多。在本章，你将了解到内感受是如何工作的，以及它对情绪体验和感知的作用。首先我们需要了解一些大脑的通用知识，以及大脑是如何规划你身体里的能量，让你保持活力和健康的。这有助于你理解情感起源，即内感受的本质。在这之后，我们会发现内感受对你每天的思想、决定以及行动带来的意想不到的影响。

你平时是一个沉着冷静、波澜不惊、不会被生活的无常变化影响的人，还是一个情绪化、容易大喜大悲、周围但凡发生一点儿小事儿就会触动你的人？或者你是处于两者之间的一种人？根植于大脑的内感受背后隐藏的科学发现会帮助你以全新的视角看待你自己。同时，它也表明了你的行为不受情绪控制，你才是这些情绪体验的建筑师。看起来似乎是情感的河流要将你淹没，但事实上，你才是这条情感河流的源头。

· · · ·

纵观人类大部分历史，即使是我们中最博学的人也低估了人类大脑的功能。这是可以理解的，因为人的大脑只占人体重量的2%，它看起来就像一团灰色的凝胶。古埃及人认为大脑是一个无用的器官，在法老去世后，大脑会从鼻孔被取出来。

虽然最终大脑得到了正名，获得了它"心智家园"的地位，但它超凡的能力依然没有得到足够的认可。过去，脑区被认为是被动反应区，大部分时间处于休眠状态，只有受到外界刺激时才会被唤醒。这种刺激–反应观点简单直接，实际上，你肌肉中的神经元就是这样工作的——它在被刺激前一直处于静止状态，激活后会让肌肉细胞产生反应。因此科学家认为，大脑中的神经元也是同样工作的。当一条巨蛇从你面前爬过，这个刺激会在你的大脑中产生连锁反应。先是感觉区的神经元被激活，进而激活认知或者情绪区域的神经元，随之运动区域的神经元也被激活，然后你就会有所反应。这种传统观代表了一种思维模式：当蛇出现时，你大脑中平时关闭的"恐惧回路"被打开，然后你的面部和身体出现预设的变化。你睁大眼睛、尖叫，然后快速逃跑。

刺激 – 反应观点虽然源于直觉，实际上却是错误的。你的大脑有860亿个神经元，这些神经元连在一起构成庞大的神经网络，它们不是一直休眠等着被唤醒的。你的神经元总是互相刺激，有时一次刺激会有数百万神经元参与。在充足的氧气和营养条件下，神经元刺激形成庞大级联，即内在脑部运动，从我们出生开始，一直持续到我们死去。这种活动与外界刺激形成的反应完全不同。它更像呼吸，是一个不需要外部催化剂的过程。

大脑的内在活动不是任意的，它由一直处于激活状态的神经元集合构建，形成内在网络。这些大脑网络的运行有点儿像运动队。每个运动队都有自己的一队运动员，在比赛时，有的运动员会上场比赛，有的运动员会坐在长凳上作为替补，时刻准备着上场比赛。同样，一个内在网络也有一组可用的神经元。每当这个网络发挥作用时，不同组别的神经元同时被激活，来填补队伍中必要的位置。你可能认出了这是简并行为，因为脑网中不同组的神经元产生相同的基本功能。内在网络被视为过去十年间神经科学最伟大的发现之一。

你可能想知道，除了让你保持心脏、呼吸，以及让其他内在功能正常发挥作用，这个持续内在活动的温床还可以做什么。实际上，大脑内在活动是梦、白日梦、想象以及幻想的源泉,我们把这些统称为"模拟"。而且,你体验到的每种感觉都是由大脑内在活动产生的,包括你的内感受感觉。内感受感觉是你绝大多数基本情绪的源泉,这些基本情绪包括愉快、不愉快、冷静和紧张等。

为了了解为什么会发生这种情况,让我们从大脑的角度来看一下。就像古埃及木乃伊法老的大脑一样,大脑被永远地埋葬在一个漆黑寂静的盒子里。它无法出来,无法直接享受世界的壮丽多姿;它只能够在光、震动和化学物质形成的景象、声音和味道等零星信息中间接了解外界正在发生着什么。你的大脑必须弄清楚那些闪光和震动的意义,主要线索是你以往的体验,这些体验由大脑在神经网络中模拟、构建。你的大脑已经知道,单一的感觉线索,例如一声巨响,可能有很多原因——使劲关门,气球爆炸,击掌或者一声枪响。要想找出到底是什么导致了巨响,只有根据它们在不同情况下的概率才能找到最相关的答案。大脑会问,考虑了这个特殊的情境以及伴随产生的景象、声音和其他感觉,我过去体验的哪种组合和这个声音最相似?

你的大脑被困在头骨内,只能以过去的体验为指导,做出预测。我们通常把预测看成对未来的叙述,就像"明天会下雨""红袜队会获得年度棒球冠军联赛冠军"或者"你会遇到一个又高又黑的陌生人"。但是在这里,我关注的是当百万个神经元彼此对话时,微观层面上的预测。这些神经元之间的对话试图预测每一个你曾体验过的景象、声音、气味、味道和触感,以及每个你将采取的行动。这些预测就是你的大脑对你周围正在发生的事情,以及你要如何应对才能保证自己的活跃健康的最佳猜测。

在脑细胞层面上,预测意味着不需要来自外界的刺激,大脑不同部分的神经元彼此互相刺激。大脑内在活动就是做出无数不间断的预测。

通过预测，你的大脑构建了你所体验到的世界，包括过去的点点滴滴，并且评估你有多大可能性把过去的点滴应用到你当前的情境中。就如在第2章开头大脑模拟出蜜蜂的样子一样：一旦看过全图，你的大脑就会有新的体验可以利用，因此它可以迅速从一团混乱中构建出一只蜜蜂。现在，当你阅读时，根据你读过的每个词语，以及你以往的阅读体验，你的大脑会预测下一个词语是什么。总之，你现在的体验是大脑在前一刻预测的。预测是人脑的基本活动，因此一些科学家把预测看作大脑的主要运转方式。

预测不仅可以预料来自头盖骨外的感觉输入，还可以对输入进行解释。我们来做一个快速思维实验，看看预测是如何发挥作用的。你可以睁开双眼，想象一个红色苹果，就像你在第2章所做的。如果你和绝大多数人一样，在你的心里，你会毫不费力地想象出一个圆的、红色的模糊苹果形象。你会看到这个景象是因为你视觉皮质的神经元改变了激活模式，模拟出一个苹果。如果你现在就在超市的水果区，这些处于激活状态的神经元就是一个视觉预测。根据在那个环境（超市里）里你曾有的体验，大脑预测会让你看到一个苹果，而不是一个红色的球或者小丑的红鼻子。一旦有真实的苹果出现证实了该预测，那么实际上，这个预测就把这个视觉感受解释为一个苹果。

如果你的大脑能够完美地进行预测——也就是说，当你看到苹果时，你预测了一个麦金托什苹果——通过视网膜看到的苹果实际视觉输入和预测的完全相符。这种视觉输入只是确认了预测是正确的，因此这个输入不需要在大脑中传播。你的视觉皮质神经元已经按预期被激活了。这个高效的预测过程就是你的大脑默认的了解世界、使之有意义的方法。这个过程生成预测，感知和解释你看到、听到、品尝到、闻到以及碰触到的每一个事物。

你的大脑也会利用预测启动你的身体运动，如伸手去摘苹果或者迅速逃离一条蛇。在你没有意识到或者察觉移动身体的目的时，这些预测就发生了。神经科学家和心理学家把这种现象叫作"自由意志的错觉"。"错觉"一词用在这里有些不恰当，你的大脑不是背着你在行动。你就是你的大脑，所有一连串的事情都是你大脑的预测能力导致的。之所以称作"错觉"是因为运动过程感觉上好像有两步——先决定，然后才行动。事实上，在你没有意识到你的运动目的之前，你的大脑就已经形成了让身体成功运动的预测，甚至在你真正看见苹果（或者蛇）之前，你的大脑就已经做好了预测。

如果你的大脑仅仅是被动反应的，那么效率会非常低，根本无法维持你的生存。感觉输入随时随地都在进行。在每一个清醒的时刻，视网膜传输的视觉数据就像一个正在不停下载东西的计算机网络传输的数据一样多，所有的感觉传导通路都在输入数据。一个被动反应的大脑会卡住，变得不灵活，就像你的网络连接一样，当你周围有太多人用网飞下载电影时，你的网络连接就会卡住。从代谢角度来看，一个被动反应的大脑也过于昂贵，因为这样的大脑需要的相互联结远远超过了它维持自身的所需。

实际上，大脑通过进化实现有效联结，进而形成有效预测。以你视觉系统的联结为例，看一下图4-1，该图表明了你的大脑预测到的视觉输入远超它接收到的视觉输入。

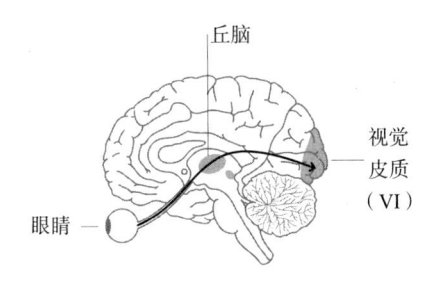

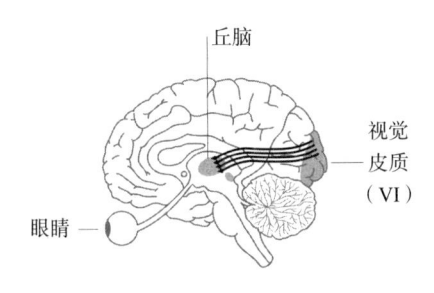

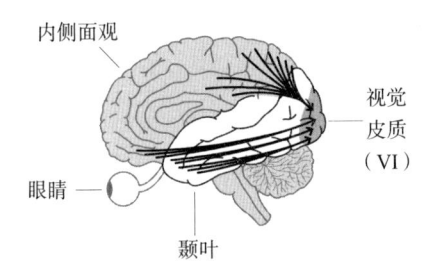

图 4-1　你的大脑包含整个视野图

注：这张图位于初级视觉皮质，称为 VI。如果你的大脑只对射入视网膜，并通过丘脑到达初级视觉皮质的光线产生反应，那么就需要很多神经元将视觉信息传输到视觉皮质。但它的数量远低于人们的预期（上图），却十倍于反方向的预测，即视觉预测从视觉皮质到丘脑（中间图）。同样，进入视觉皮质（下图）的所有联结中有 90% 来自大脑皮质其他部位神经元的预测。只有一小部分来自外部世界的视觉输入。

情绪

思考一下这意味着什么：外界事物（如一条蛇在你脚边滑行）只是对你预测的调整，方法大致就像你通过运动调整呼吸一样。现在，当你读到这些文字，了解它们的意思时，每个词语几乎不会给你庞大的内在活动带来任何干扰，就像在翻滚的海浪上投下一颗小石子一样。在脑成像实验中，当我们让受试者看照片，并请他们做任务时，我们测量到的信号只有一小部分是由照片和任务导致的，大部分信号代表了内在活动。你会觉得外界事物导致了你对世界的感知，但实际上，感知扎根于你的预测，然后预测会对那些进入感觉输入的小石子进行检测。

通过预测和修正，你的大脑不断地创造和修正你对世界的思维模式。庞大的连续模拟过程在决定你如何行动的同时，构建了你感知到的每个事物。但预测并不总是正确的，与实际的感觉输入相比，大脑一定会做出调整，有时即使是一颗跳跃的小石子也可能会溅起很大的水花。思考一下下面这句话：

从前，在遥远的深山里有一个神奇的国家，在那里有一位美丽的公主，她因失血过多而亡。

你是不是觉得最后一句话很意外？那是因为你的大脑根据已经储备的童话故事知识进行了错误的预测——它出现了预测误差——然后眨眼间，大脑就根据最后一句话调整了预测：视觉信息中的几个跳跃的石子。

当你把一个陌生人误认为是你认识的熟人时，或者在机场离开电动步道后你会惊讶地发现自己的步伐改变了，这些都是出现了预测误差。通过把预测内容和真实感觉输入进行对比，你的大脑会迅速计算出误差，然后快速有效地降低误差。例如，你的大脑会改变误差：陌生人和你的朋友看起来完全不同；电动步道到尽头了。

预测误差不是问题。当大脑接收感觉输入时，误差是你的大脑操作指令的正常组成部分。没有预测误差，生活会无聊得让人昏昏欲睡。没有误差，也就不会有令人惊喜或者新奇的事物出现，那么你的大脑将永远学不到东西。大多数时候，作为一个成年人，你的预测不会过于离谱。如果你的预测真的很离谱，你的一生都会感到持续不断的震惊和不安，甚至经常出现幻觉。

大脑的预测和修正犹如连续的巨大风暴，我们可以把它们看成数以亿计的微小水滴。每个小水滴代表一个特定的线路安排，我把这个叫作预测回路，如图4-2所示。预测回路存在于整个大脑中，有很多个层级，主要包括神经元和其他神经元一起参与的预测回路，此脑区和其他脑区一起参与的预测回路。大量的预测回路构成一个平行运动过程。这些预测回路在你的一生中不停地运行，从不间断，从而构建了视觉、听觉、嗅觉、味觉和触觉。这些感觉最终构建了你的体验，并指引你的行动。

假设你正在打棒球。某人正向你的方向扔球，你伸手抓住了它。可能的情况是，你体验这个过程时做了两件事：看到一个球，然后接住球。但如果你的大脑真的是这样反应的，那么棒球就不可能成为一项运动了。在一场典型的比赛中，你的大脑只有半秒钟的时间准备接球。这个时间不足以让你处理视觉输入，预测这个球将会落在哪里，然后做出决定，采取行动，协调所有的运动肌肉，发出运动指令，移动到可以抓住球的位置。

预测让比赛成为可能。在你有意识地看到球之前，你的大脑已经很好地做出了预测，就像利用过去的经历对超市里的一个红苹果进行预测一样。每个预测通过数以百万计的预测回路进行传播,你的大脑模拟视觉、听觉和其他预测表征的感觉,以及你将会采取的接球行动。然后你的大脑会把模拟结果和真实感觉输入进行对比。如果一致,那你就成功了!预测正确,感觉输入无须进一步进入你的大脑。你的身体现在准备好接球,你的运动是以预测为基础的。最后,你会有意识地看棒球,然后接住它。

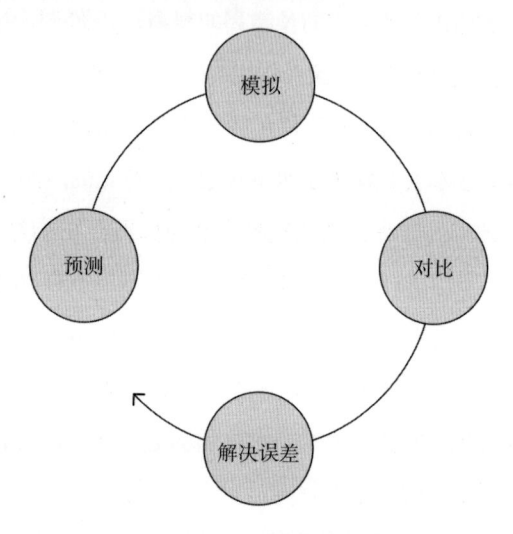

```
        模拟
    ↗         ↘
  预测         对比
    ↖         ↙
       解决误差
```

图 4-2　一个预测回路结构

注：预测是对感觉和运动的模拟。将这些模拟结果和外界的真实感觉输入进行对比。如果它们一致,预测就是正确的,这个模拟就变成了你的体验,如果它们不一致,你的大脑必然会解决其中的误差。

当预测正确时,就会发生这种情况,就像我扔一个球给我的丈夫,由于他会棒球,他就能接住球。另一方面,当他把球抛回给我时,我的大脑不能很好地做出预测,因为我不会打棒球。我的预测变成了每一个我希望的接球模拟,但是把模拟结果和我知道的真实信息对比后,我会发现,这就是一个错误的预测。于是,我的大脑调整了先前的预测,直至我(理论上)可以接到球。当棒球猛投向我时,整个预测回路过程会重复进行,进行多次的预测和修正。所有这些活动将发生在千分之一秒内。最后,我很可能会意识到棒球从我张开的手臂旁掠过。

当出现预测误差时,大脑通常采取两种方法来解决。首先,正如从我笨拙地接球的努力中所看到的,大脑是非常灵活的,它可以改变预测。在这个模拟中,我的运动神经元将会调整我的身体运动,我的感觉神经元将会模拟不同的感觉,通过预测回路进一步预测。例如,如果球的方向和我预期的不同,我就可以扑向它。

大脑的第二个解决方法是固执己见,坚持它最初的预测。大脑会筛选感觉输入,使之与预测保持一致。在这种情况下,我可能站在棒球场上,当球飞向我时,我站在那里做白日梦(预测和模拟)。即使球已经完全进入了我的视野,我也没有注意到,直到它重重地落在我的脚边。另一个例子就是我女儿举办的"恶心食物"生日聚会上那沾满食物的纸尿裤:实际上纸尿裤上是捣碎的婴儿食物,但我的客人预测出了婴儿粪便的味道。

总之,大脑并不是一个简单的、对外部刺激被动反应的机器。大脑由数以亿计的预测回路构成,这些回路创造了大脑的内部活动。视觉预测、听觉预测、味觉预测、运动预测存在于整个大脑中,彼此互相影响,互相制约。这些预测受到来自外界的感觉输入的限制,对于感觉输入,有的你会优先考虑,有的则会无视其存在。

如果说关于预测和修正的话题违背了我们的直觉,那么这样思考一下:你的大脑像科学家一样工作。大脑会做出大量预测,科学家会做出许多相悖的假设。大脑会像科学家一样,利用知识(过去的体验)评估你有多大的自信确保每个预测都是正确的。然后,你的大脑通过将预测和即将从外界输入的感觉信息进行比较，测试自己的预测，这个过程就像科学家把假设和实验中的数据进行对比一样。如果你的大脑预测准确，那么外界输入就会证实你的预测。但通常总会有一些预测误差，于是，你的大脑就需要像科学家一样做出选择。如果它是一个负责任的科学家的话，它就会改变预测，对输入数据做出反应。如果你的大脑是一个有偏见的科学家，它就会有选择性地挑选符合假设的数据，忽略其他事情。你的大脑也可能是一个无所顾忌的科学家，忽视所有输入数据，坚持自己的预测就是事实。或者，在学习或者发现的时候，你的大脑可能是一个充满好奇心的科学家，把所有精力都放在了输入上。你的大脑像一个典型的科学家一样，会做一些不切实际的实验，去想象周围的世界：纯粹的模拟，没有任何感觉输入或者预测误差。

如图4—3所示，预测和预测误差之间的平衡决定了你的体验有多少是源于外部世界，有多少来自你的大脑。正如你所看到的，在很多情况下，外部世界和你的体验有关。从某种意义上来说，你的大脑会产生错觉：通过频繁预测，你体验到的是一个你自己创造的，经由感官世界检测的世界。一旦你的预测足够正确，这些预测不仅会创造你的感知和行动，还能解释你的感觉所代表的意义。这是你的大脑的默认模式。令人惊讶的是，你的大脑不仅能够预测未来，它还能够自由地想象未来。据我们所知，其他动物的大脑都没有这样的功能。

· · ·

你的大脑一直不停地进行预测，它最重要的任务就是预测你身体的能量需求，这样你就可以健康地活着。这些预测至关重要，这些预测和与其相关的预测误差都是制作情绪的关键材料。数百年来，学者们相信情绪"反应"是由某些大脑区域导致的。正如你现在所发现的,这些大脑区域与人们所期望的完全相反,它们构建情绪的方式推翻了人们坚持了几百年的科学信念。同样,新发现起于运动——它不是一场棒球比赛一样的大规模的运动,而是你身体的内部运动。

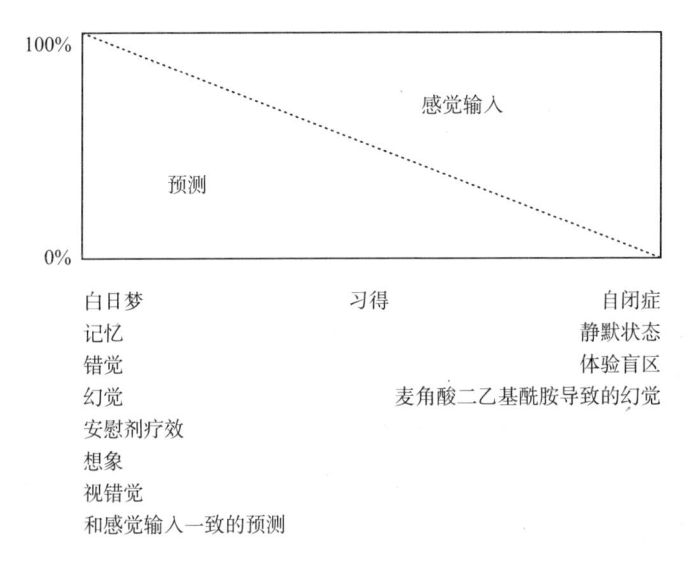

```
100%
         预测         感觉输入
 0%

白日梦              习得              自闭症
记忆                                  静默状态
错觉                                  体验盲区
幻觉                         麦角酸二乙基酰胺导致的幻觉
安慰剂疗效
想象
视错觉
和感觉输入一致的预测
```

图 4-3 各种各样的心理现象,可以理解为预测和感觉输入的组合

你身体的任何运动都伴随着体内运动。当你迅速转动身体接球时,你不得不深呼吸。当你看到一条蛇,想要逃跑时,你的心脏会通过血管扩张加快血液运输,给肌肉输送葡萄糖,这个过程将会增加你的心率,改变血压。你的大脑代表了这种内部运动产生的感觉;你可能还记得,这种表征就是内感受。

在生命中的每一刻,你身体的内部运动和内感受运动一刻都不会停止。你必须保证心脏一直跳动,血液一直流动,肺部一直呼吸,葡萄糖一直在代谢,即使在你不运动或者不逃离蛇的时候,甚至是在你睡觉或者休息的时候，这些内部运动也要时刻进行着。因此，内感受是一个连续的过程，就像你的听力和视觉机制一直在运行一样，即使你没有积极地倾听或特别关注任何事物，它们也在运行着。

从大脑的角度来看，它被拘囿在颅骨里，你的身体只是它必须解释的世界的一部分。你心脏的跳动、肺部扩张和收缩（导致呼吸）以及体温的改变和身体的新陈代谢都会向你嘈杂而又模糊的大脑发送感觉输入。一个单一的内感受线索，例如腹部的隐隐作痛，可能意味着胃疼、饥饿、紧张、皮带系得过紧，或者其他各种各样的原因。你的大脑一定会对身体的感觉做出解释，使它们具有意义。大脑做出解释使用的主要方法就是预测。因此，大脑通过你的身体，根据某个人的视角来模拟世界。你的大脑不仅会从与头部和四肢运动相关的外界环境中预测景象、气味、声音、触感和味道，也会预测你身体内部感觉运动的结果。

大多数时候，你意识不到你体内这个微型运动旋涡。（"嗯，我的肝脏今天好像分泌了很多胆汁。"你这样想过吗？）当然，有时你会直接感到头疼、胃胀，或者心在怦怦直跳。但是，你的神经系统并不是为了准确体验这些感觉而存在的，这对我们来说是一件幸事，不然它们会攫取我们所有的注意力。

通常，你所体验到的只是一些常见的内感受，即我前面提到过的简单的愉快、不愉快、唤醒或者冷静。但是，有时你也会体验到强烈的内感受，就像情绪一样。这是情绪建构论的关键因素。在清醒的每一刻，你的大脑都会赋予你的感觉以意义。在那些感觉中，一些是内感受感觉，赋予的意义可能就是情绪的一个实例。

为了了解情绪是如何炼成的，你需要对大脑的关键区域有所了解。内感受实际上是整个大脑都参与的过程，但是有几个脑区是以一种特殊的、对内感受至关重要的方式共同协作的。我们已经发现，这些脑区在你的大脑内形成了内感受网络，和你的视觉、听觉以及其他感觉构成的网络类似。这种内感受网络会对你的身体进行预测，根据身体的感觉输入测试模拟结果，更新大脑对周围世界的模型。

为了尽量精简我们的讨论，我将把内感受分成两部分进行介绍，每部分的功能都不相同。第一部分由一组脑区构成，可以发送预测给身体，控制内部环境：加快心跳，放缓呼吸，释放更多皮质醇，代谢更多葡萄糖，等等。我们把这部分称作你的身体预算分配区域。① 第二部分只有一个脑区，代表了你的体内感觉，叫作"初级内感受皮质。"

内感受网络的这两个部分都参与了预测回路。每当你的身体预算分配区域预测一个运动神经变化时，例如心跳加速，它们也会预测那个改变带来的感觉后果，如胸口心脏怦怦跳的感觉。这些感觉预测被称作"内感受预测"，它们会传至你的初级内感受皮质，然后在这里按惯常的方式被模拟。当心脏、肺、肾、皮肤、肌肉、血管以及其他感觉器官和组织履行日常职责时，初级内感受皮质也会从中接收感觉输入。初级内感受皮质内的神经元会把模拟和传入的感觉输入进行对比，计算相关预测误差，完成预测回路，最终创造内感受感觉。

身体预算分配区域的作用非常重要，可以让你保持活力。每次，当你的大脑指挥你的身体进行运动时，不管是体内还是体外，

---

① 身体预算分配区域也叫"边缘区"或者"内脏运动区"。为了便于管理——因为大脑是一个非常复杂的结构，我们重点研究大脑皮质的身体预算分配区域。其他预算区位于大脑皮质外，如杏仁核。在本文中，我将会用"皮质"指代大脑皮质。

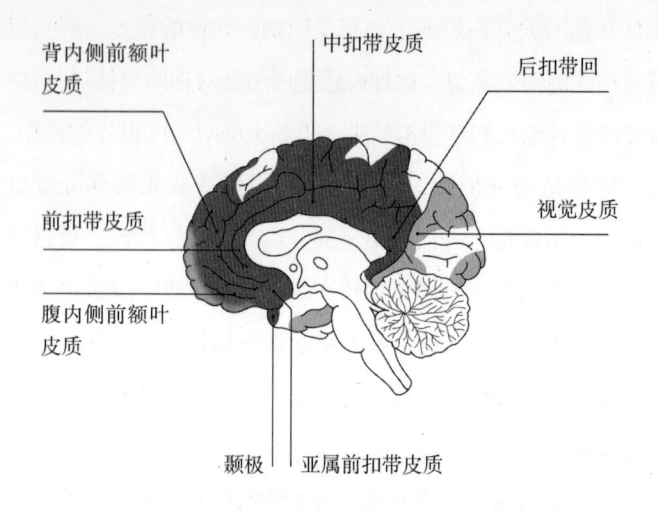

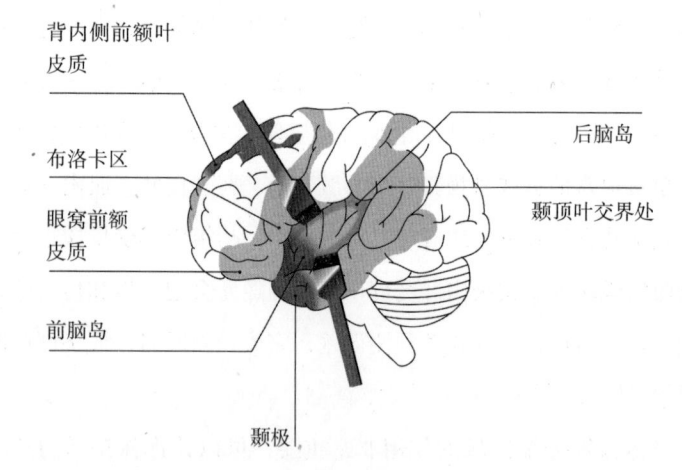

图 4-4　内感受网络皮质区域

注：身体预算分配区域是深灰色的，初级内感受皮质有一个专业的名字，即后脑岛。图中并没有标出该网络皮质下的区域。内感受网络包括两个网络，即通常所说的凸显网络和默认模式网络。视觉皮质仅供参考。

都会消耗自身的能源资源：大脑用这些能源来运行你的器官、新陈代谢和免疫系统。然后你会通过吃、喝和睡觉再次为自己补充能源，也可以通过与爱人在一起，甚至是做爱来放松身心，减少身体的消耗。为了管理好身体的能源补偿和消耗，你的大脑必须不停地预测身体的能量需求，就像为你的身体做预算一样。一个公司会有财务部门跟踪存款和取款，并在账户间进行资金转账，以保证整体预算平衡，你的大脑也一样，它有一个回路，主要负责你身体的预算。这个回路位于你的内感受网络内。你的身体预算分配区域进行预测，根据过去的体验，评估让你能够生存并保持活力所需的资源。

这与情绪有什么关系呢？因为每一个被认为是人类情绪发源地的脑区都是存在于内感受网络内的身体预算分配区域。但是，这些区域并没有情绪反应，它们根本不会反应。它们在体内进行预测，以期调节你的身体预算。它们对景象、声音、想法、记忆、想象，以及情绪进行预测。大脑中存在情绪区域的想法是一种错觉，这种错觉是由大脑被动反应观点导致的。如今，神经科学家对此已经了解得很清楚，但这个信息还没有广泛传播开，很多心理学家、精神病学家、社会学家、经济学家以及其他研究情绪的人对此还不是很清楚。

不管什么时候，当你的大脑预测一个动作时，不管是早上起床，还是喝杯咖啡，你的身体预算分配区域都会调整你的预算。当你的大脑预测你的身体需要快速爆发的能量时，这些区域就会指导肾上腺释放激素皮质醇。人们把这种皮质醇叫作"压力激素"，这是错的。不管什么时候，当你需要大量能量时（包括你倍感压力时），肾上腺都会释放皮质醇，它的主要目的是增加血流中的葡萄糖，为细胞迅速提供能量。例如，让肌肉细胞做好拉伸和收缩的准备，随时准备逃跑。你的身体预算分配区域也可以让你深呼吸,增加血液中氧气的含量,扩张动脉,更快地为你的肌肉输送更多的氧气,以保证你的身体运动。虽然你无法精确体验到这一切,但所有这些内在运动都附带着内感受感觉。因此,你的内感受网络控制着你的身体,安排着你的能量资源,代表了你的内在感觉,这些都是同时发生的。

从你的身体预算中提款并不需要实际的身体行动。比如当你看见你的老板、老师或者棒球队教练正向你走来,你认为她会评价你的一言一行。即使没有要求任何的身体运动,你的大脑也会预测出你的身体需要能量,要提前做出预算、释放皮质醇,从而在血流中增加葡萄糖。你的内感受感觉因而会大增。在此处,我们停下来认真思考一下。即使某个人走向你,而你站着一动不动,你的大脑也能预测出你需要能量!通过这种方式,可以得出任何对你的身体预算有重大影响的事情对你个人来说都是有意义的这个结论。

不久前,我的实验室正在对一个穿戴式心脏监控设备进行评估。当佩戴者心率比正常值高出15%时,不管什么时候,这个设备都会嘟嘟响。艾丽卡·西格尔是我的一个博士生,她佩戴了一个这样的设备。当她坐在桌前安静工作时,这个设备有一段时间没有发出声音。在某一时刻,当我走进房间时,艾丽卡转身看见我(我是她的博士生导师),那个设备就开始大声叫起来,这让她既尴尬又吃惊,但周围的其他人都笑了。当天晚些时候,我也戴了该设备一段时间。在我和艾丽卡会面时,我的出资单位给我发了几封邮件,每次我收到邮件时,设备都会响。(艾丽卡成了那天笑到最后的人。)

我的实验室已经做过数百次实验,证明大脑的预算作用(也有很多其他实验室证明了这一点)。通过观察,我们了解到,当人们的身体预算回路调整资源,以及偶尔人们的身体预算上下波动、失去平衡时,大脑预算都会发挥作用。我们请受试者一动不动地坐在电脑屏幕前,看各种照片,照片上有动物、花朵、婴儿、食物、钱、手枪、冲浪者、花样跳伞运动员、车祸和其他物体和场景。这些照片影响到了他们身体的预算——心率上升,血压改变,血管扩张。这些预算变化是为了让身体做好准备,或战斗或逃跑,但当受试者一动不动,也没有想要运动的时候,身体预算仍会发生变化。在功能性磁共振成像的实验中,当受试者看到这些照片时,我们观察了控制这些身体内部运动的身体预算分配区域。即使受试者躺着,一动不动,但他们会模拟运动神经运动,如跑步或者冲浪,也会模拟运动肌肉、关节和肌腱的感觉。当受试者对身体内部的内感受变化进行模拟和修正时,这些照片也改变了他们的情绪。根据这些成果和其他大量研究,我们可以充分证明,利用你过去体验到的类似的情境或者事物,即使你的身体一动不动,你的大脑也会预测出你的身体反应。这个结果就是内感受反应。

要想扰乱你的预算,你甚至不需要另外一个人或者物体出现在你面前,你只需要想象一下你的老板、老师、教练或者任何其他和你相关的事物就可以。每个模拟——不管它是否会变成一种情绪,它都会影响你的身体预算。事实证明,在人类清醒的时刻,至少我们一半的时间都用在了模拟上,而不是用在注意周围的世界上,这种单纯的模拟成了人们情感产生的强大动力。

在谈到管理你的身体预算时,你的大脑并不是在单打独斗。其他人也会调整你的身体预算。当你与你的朋友、父母、孩子、爱人、队友、心理治疗师或者其他关系亲密的人进行互动时,你和他们的呼吸、心跳,以及其他生理信号也会同步,这可以带来很多的实际好处。比如和爱人牵手，或者在你的办公桌上摆上爱人的照片，都会降低你身体预算分配区域的活性，弱化你对痛苦的感知。再比如你单独去爬山，可能会觉得山太陡，但和朋友一起，就会觉得山没那么陡峭了，攀登起来似乎也更容易了。贫穷会让一个人的身体预算长期处于失衡状态，免疫系统过度活跃。如果你生活贫困，但你有一个支持者，那么这些身体预算问题会相应减少。相反，结束一段恋爱关系时，你的身体会感到不舒服，部分是因为你爱的人不能再帮你调节你的预算了。从某种程度上来讲，你似乎失去了自身的一部分。

你遇到的每一个人，你做的每一个预测，你想出来的每一个想法，每一个你无法预料的视觉、听觉、味觉、触觉和嗅觉都有预算结果和相应的内感受预测。只有预测，你才可以存活下去，你的大脑必须应对这种持续的、不断变化的内感受流。有时你知道发生了什么，有时你不知道，不管你知不知道，它们一直是大脑塑造的世界模型的一部分。就像我所说的，它们是你每天都会体验到的简单感情的基础，简单感情包括愉快、不愉快、唤醒和冷静等。对某些人来讲，这种流动就像涓涓细流。对另一些人来讲，它又像湍急的河流。有时感觉可以转变成情绪，但是正如你将要了解到的，即使它们只是作为背景一样的存在时，它们也会影响到你的所做、所思、所感。

· · ·

早上醒来，你感觉神清气爽，还是烦躁愤怒？中午，你是什么都不想做，还是充满了能量？考虑一下你现在的感觉。冷静？心情愉悦？精力充沛？烦躁？疲惫不堪？愤怒？这些我们在本章开头讨论的简单情感，科学家们把它们叫作情感（affect）。

情感是你每一天都会体验到的一般意义上的感觉。情感不是情绪，而是一种感觉，它具有两个特性。一个是你感觉愉快和不愉快的程度，科学家称之为"效价"。比如太阳照在你皮肤上带来的愉悦感，你最喜欢的食物的美味程度，胃的不舒服或者被掐的难受程度，都属于情感效价。情感的第二个特性是你感觉冷静或者焦躁不安的程度，科学家称之为"唤醒"。比如你期待好消息时的激动，咖啡喝多后的紧张不安，长跑后的疲劳，以及睡眠不足后的疲倦感，这些都是唤醒的例子，只不过有的是高唤醒，有的是低唤醒。任何时候当你凭直觉感到一项投资是危险或者有利可图时，或者凭直觉认为某个人可信或者是个混蛋时，那也是一种情感。甚至中性的感觉也是一种情感。

东西方的哲学家都认为效价和唤醒是人类体验的基本特性。情感是天生的，婴儿可以感觉和感知愉快和不愉快，大部分科学家对此达成了一致意见，但关于新生儿是否一出生就具备完整的情绪，科学家则有不同的看法。

你也许还记得，情感取决于内感受。那意味着情感就像是一个恒定电流，贯穿你整个生命过程，即使在你静止不动或者睡觉时也不停歇。情感和情绪不一样，它不会因经历某事而出现或者结束。从这个意义上讲，情感是意识的一个基本方面，就像亮度和响度。当你的大脑表征物体反射的光的波长时，你会体验到光明和黑暗。当你的大脑表征空气压力变化时，你可以体验到响度和柔软度。当你的大脑表征内感受变化时，你会体验到愉快和不愉快，烦躁不安和冷静。情感、光明和响度会伴随你一生，从出生到死亡。

我们必须弄清楚一点：内感受不是一个专门制造情感的心理机制。内感受是人类神经系统的一个基本特征，为什么你体验到的这些感觉是情感,这至今仍是科学史上一个重大的未解之谜。内感受没有进化为感觉,但可以调节你的身体预算。内感受可以帮助你的大脑追踪你的体温、你现在需要多少葡萄糖、你是否有任何器质性损伤、你是否心跳加快、你是否正在伸展肌肉,以及其他一些身体情况,所有这一切都是同时进行的。你的情感,如愉快和不愉快,冷静和不安,就是对你的身体预算状态的简单总结。你精力充沛吗?你疲劳过度吗?你需要一笔"存款"吗?如果答案是肯定的,那你有多需要?

当你的预算失衡时,你的情感不会指导你如何采取行动,也不会给你具体的方法,它会让你的大脑去寻求解释。你的大脑不停地用过去的体验预测哪些物体和事件将会影响你的身体预算,改变你的情感。这些物体和事件集合起来就是你的情感空间。从直觉上来看,你的情感空间包括当前时刻每一件和你身体预算相关的事情。那么,现在,本书就在你的情感空间内,你看到的每一个词,阅读到的每一种想法,因为我的话让你想起的记忆,你周围的空气温度,在相似情境中过去对你身体预算产生影响的任何东西、人和事件,都存在于你的情感空间。凡是不在你情感空间内的事物都是杂音,你的大脑不会对它们进行预测,你也不会注意到它们。比如,布料摩擦你皮肤的感觉通常不在你的情感空间内(虽然衣服如我前面所提到的,当前时刻和你有关),除非它突然影响到了你身体的舒适度。

心理学家詹姆斯·拉塞尔想出来一个了解情感的方法,这种方法在临床医生、老师和科学家那里非常受欢迎。他认为,在二维圆形结构内,即环状模式里,你可以把此时此刻的情感看成一个单点,如图4-5所示。拉塞尔的环状情绪结构包含的两个维度,即效价(愉悦度)和唤醒(强度)。

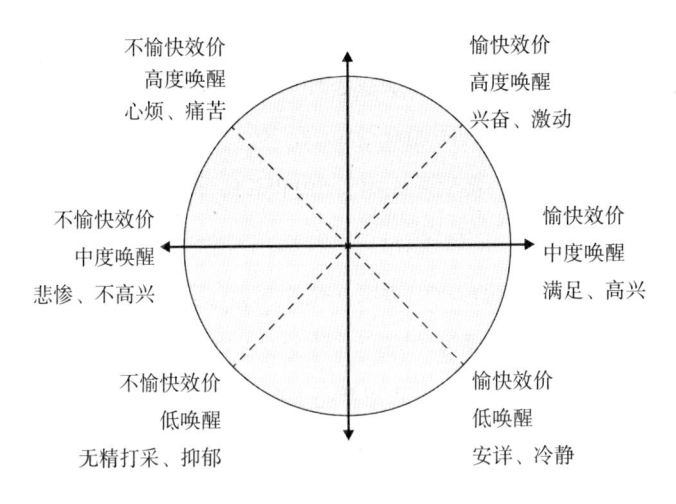

```
不愉快效价                    愉快效价
高度唤醒                      高度唤醒
心烦、痛苦                    兴奋、激动

不愉快效价                    愉快效价
中度唤醒                      中度唤醒
悲惨、不高兴                  满足、高兴

不愉快效价                    愉快效价
低唤醒                        低唤醒
无精打采、抑郁                安详、冷静
```

图 4-5　情感环状模式图

效价和唤醒的某种组合构成了你的情感，情感环状模式图上的一个点就代表了你某一刻的情感。当你安静地坐着的时候，你的情感在环状模式图中处于"中度效价和中度唤醒"的中心点上。如果你在一个热闹的聚会上玩得很开心，那么你的情感就可能处于"愉快，高度唤醒"区域。如果聚会很无聊，你的情感可能就会处于"不愉快，低唤醒"部分。美国的年轻人往往更偏向于右上方的区域，即愉快，高度唤醒；美国中老年人则更偏爱右下方，即愉快，低唤醒，来自东方文化的中国人和日本人也偏爱这一区域。好莱坞是一个价值 5 000 亿美元的产业，因为人们乐意花钱看电影。电影让人们在几个小时之内可以体会到所有的情感。你甚至不需要睁开眼睛就可以开启一趟情感冒险之旅。当你做白日梦、内感受发生重大变化时，你的大脑也会随着情感变化翻起旋涡。

情感作用强大，不是简单感情可以相提并论的。想象一下，你是一名法官，正在处理一个罪犯的假释案件。你正在听囚犯描述，了解他在监狱里的表现，你感觉很糟糕。如果你同意假释，他出去后会伤害其他人。你觉得应该继续关押他。所以你拒绝了他的假释请求。你糟糕的感觉，即不愉快的情感，似乎就是你审判正确的依据。但是你的情感是否会误导你呢？2011年有一项针对法官的研究专门研究了这个问题。以色列科学家发现，如果听证会在午饭前进行，法官拒绝犯人假释请求的可能性相当大。午饭前法官们体验到的内感受感觉没有被看成饥饿感，而是作为了审判的依据。午饭后，法官们开始按照他们习惯的方式审判犯人的假释。

当你毫无缘由地体验到某种情感时，你很可能会把那种情感看作世界给你的一个信息，而不是你对世界的体验。心理学家杰拉尔德·L. 克罗尔为了更好地理解人们每天是如何根据直觉做决定的，他花了几十年的时间做了很多具有独创性的实验。他认为，我们体验到的所谓的关于这个世界的事实部分是由我们的直觉创造出来的，这种现象叫作"情感现实主义"。例如，人们在阳光明媚的日子里会感到更幸福、更满意，但这只是他们在没有被明确问及天气的情况下才会这么说。当你申请一份工作、一所大学或者医学院时，一定要找一个晴天，因为如果是雨天的话，面试官更容易对你做出消极的评价。下次当一个好友指责你时，你可以思考一下情感现实主义——也许你的朋友是在和你生气，但也许她昨晚没睡好，或者她饿了，该吃午饭了。她的身体预算发生了改变，她把这看作情感，可能和你没有任何关系。

情感让我们相信世界上的事物和人本身都带有积极或者消极性。① 小猫的照片令人愉悦，腐烂的人类尸体的照片让人不愉快。

---

① 情感现实主义是一种常见但非常强大的形式，它属于朴素现实主义。朴素现实主义认为一个人的感觉是对世界准确而又客观的表征。

但这些照片本身并不具备情感特征。"令人不愉快的影像"是指"影响我身体预算，让我产生不愉快感觉体验的影像"。在这些情感现实主义的时刻，我们把体验到的情感看作外部世界一个物体或者事件的特征，而不是我们自己的体验。"我感觉不好，因此你一定做了什么不好的事情，你是一个坏人。"在我的实验室，我们在人们不知情的情况下对人们的情感进行了干预控制，影响了他们对陌生人的看法，如是否可靠、能干、有吸引力或者可爱。因为我们的干预，对一个人的看法不同时，他们甚至觉得这个人的面容也是不同的。

人们把情感视作信息，通过日常生活，创造情感现实。食物"美味"或者"无味"；油画"漂亮"或者"丑陋"；人"友好"或者"卑鄙"。受某些社会文化的影响，当地人会认为，女性必须戴围巾和假发，因为露出一点头发就会被视作在"诱惑男人"。偶尔，情感现实也是有帮助的，但是它也带来了一些最棘手的问题——如敌人是"邪恶的"，被强奸的女性被认为是自身不检点，家庭暴力的受害者被认为是"自找的"。

事实是，一种糟糕的感觉并不总是意味着事情出错了，它只是说明了你的身体预算负担过重。当你锻炼身体时，如果感觉呼吸困难、精力耗尽时，就会感觉很累、很痛苦。当你在做数学难题或者表演非凡记忆技巧时，你依然会感觉无望和痛苦，甚至是在你表现良好时，也会有这样的感觉。在我的研究生中，从来没感到过痛苦的人显然正在犯错误。

情感现实也能够导致悲剧后果。2007年7月，在伊拉克阿帕奇直升机上，一个美国枪手误杀了11名手无寸铁的平民，包括7名路透社记者。这名枪手误把记者的摄像机看成武器了。对这件事的一种解释是情感现实导致这名枪手在一时的愤怒之下对一个中性物体（摄像机）产生了不愉快的效价。每一天，不管是在战时的部队服役，还是在执行维和任务，是在一个不同的文化环境中谈判，或者在美国与部队战友合作，士兵对他人必须迅速做出判断。要想迅速完成这样的判断是极其困难的，尤其是在这样一个高风险、高唤醒的环境中，一旦犯错，就要付出生命的代价。

令人更为痛心的是，情感现实主义也会影响到警察，致使他们对手无寸铁的平民开枪。美国司法部分析了2007—2013年佛罗里达州警察开枪事件，发现其中15%的受害者并没有武器。在这些案件中，据报告，有一半的案件是因为警察做出了错误认定，把"一个没有威胁的物体（如手机）或者动作（如拉腰带）"看作了武器。[1]发生这样的悲剧有很多原因，也许是因为这个警察太粗心，也许是因为种族歧视，但一些开枪者之所以会开枪，很可能是因为在高压危险的环境中，由于情感现实主义，尽管没有武器，但他们真的感知到了武器。这类幻觉是人类大脑固有的，部分是因为内感受时刻带给我们的情感，然后我们把体验到的情感视作了应对周围环境的依据。

人们喜欢说"眼见为实"，但是情感现实主义证明"信念即所见"。一旦遇上你的预测，现实世界很多时候就会退居次要地位。（可以这么说，车里仍然有东西，但主要是乘客。）随着学习的深入，这种情况将不再局限于视觉感知。

---

[1] 我绝对不是说情感现实主义是警察枪杀案的主要原因。我只是从科学的角度指出大脑固有的预测功能。实际上，除非我们的预测被来自外界的感觉输入进行了修正，否则，我们所有人都能从过去的经验中看到我们所相信的东西。

・・・

假设你正一个人走在森林里，你听见了叶子的沙沙声，看见地面上似乎有什么在动。这时，通常你的身体预算分配区域会启动预测——也就是说，附近有蛇。这些预测让你为看见、听见蛇做准备。同时，这些区域会预测到，你心跳会加快，血管会扩张，时刻准备着逃跑。怦怦的心跳和涌动的血液将会导致内感受感觉，因此你的大脑一定也会预测那些感觉。结果就是，你的大脑模拟了那条蛇、身体的变化以及身体的感觉。这些预测转化为情感，这时，你开始感到烦躁不安。

接下来会发生什么？也许有一条蛇从树丛爬出来。在这种情况下，感觉输入和你的预测一致，你开始逃跑。也可能根本没有蛇，只是风吹树叶的沙沙响——但是你看见蛇爬走了——这就是情感现实主义。也可能存在第三种情况：没有蛇，你也没看见蛇。这时，你对蛇的视觉预测迅速被修正，但是，你的内感受预测没有被修正。你的身体预算分配区域会一直预测你的预算调整。在预测需求结束后很长一段时间里，你的身体预算分配区域还是会进行预测，调整你的预算。因此你可能需要很长一段时间才会平静下来，即使你知道自己没事。还记得我把你的大脑比作一个能够提出和检验假设的科学家吗？你的身体预算分配区域更像一个失聪的科学家：他们会做出预测，但很难听见传入的证据。

有时，你的身体预算分配区域会延迟修正它们的预测。想一下你吃多了，感觉肚子发胀的那一次。你可能会责怪你的身体预算分配区域——它们的职责之一就是预测你的循环血糖水平，它决定了你的身体需要多少食物。但是，它们没有及时从你的身体收到"我吃饱了"的信息，导致你一直吃，直到吃撑了。如果你曾听过这个建议:"等20分钟再吃下一口,看看你是否还饿。"现在你知道这句话的原理了吧。不管什么时候,当你向身体预算存入或者提取大笔存款时——吃饭、锻炼、受伤,你必须耐心等待你的大脑的反应。马拉松运动员非常了解这一点,在比赛初期,在他们的身体预算有偿付能力时,即使感觉累,他们也会一直坚持,直到这种不愉快的感觉消失,他们不会听从情感现实的指示,情感现实认为他们已经没有精力了。

花点时间思考一下,这对你的日常生活来说意味着什么。你已经了解了,身体带给你的感觉并不总是反应你身体的真实状态。那是因为熟悉的感觉并不是真的源于你的身体内部,这些感觉包括心脏跳动、呼吸,以及最重要的、常见的愉快、不愉快、唤醒以及静止不动。它们是由你的内部感受网络中的模拟驱动的。

总之,你感觉到的是你的大脑中相信的东西。情感主要源于预测。

你已经了解到,你看到的是你相信的事物——那就是情感现实。现在,你知道,你在生活中体验到的大多数感觉都是这样。你手腕上脉搏跳动的感觉也是模拟,由你的大脑的感觉区域构建,由感觉输入(你真实的脉搏)修正。你感觉到的一切都是基于对你的知识和过去体验的预测。实际上,你是你的体验的建筑师。信念即感觉。

这些想法不只是猜测。只要科学家有合适的设备,他们就能够通过直接控制具有预测功能的身体预算分配区域改变人的情感。海伦·S. 梅伯格是一位十分具有开创性的神经学家,她开发了一种大脑深度刺激疗法,以帮助那些顽固性抑郁症患者。这些人不仅经历了抑郁症发作的痛苦——他们十分痛苦,深陷自我厌恶的深渊,饱受折磨，他们当中一些人甚至无法行动。在治疗期间，梅伯格请神经外科医生在病人的头骨上钻出小洞，把电极深入病人内感受网络内的一个预测关键区。当神经外科医生打开电源，病人说他们的痛苦立刻得到了减缓。随着电流的关闭和打开，病人严重的恐惧波也会随着刺激一起出现和消退。这是人类科学史上首次通过直接刺激人脑持续改变人的情感感觉，梅伯格对此贡献巨大，这种方法有希望成为精神疾病的新疗法。

虽然预测性的大脑回路对情感非常重要，但它可能是不必要的。看一下这个病例，罗杰今年56岁，他因患一种罕见疾病致使相关脑回路受损。他的智商高于正常水平，拥有大学文凭，但他同时也患有大量精神疾病，如严重的健忘症，味觉嗅觉失灵。但是，罗杰可以体验到情感。很可能他的情感是由他身体的真实感觉输入驱动的；也可能是，罗杰其他的大脑区域也能够进行预测，那将是一个简并的典型例子（不同神经元组产生相同的结果）。情况也可能完全相反。脊髓损伤或者患有单纯性自主神经衰竭（一种自主神经系统退化性疾病）的病人都有内感受预测，但他们不能从身体器官和组织接受感觉输入信息。这些病人体验到的情感大多基于不正确的预测。

你的内感受网络不仅仅帮助你决定你的感觉。它的身体预算分配区域是你的整个大脑中最强大、联结最好的预测因子。这些区域嗓音大而且爱发号施令，就像一个拿着大喇叭的失聪科学家。它们对你的视觉、听觉以及其他感觉进行预测，你主要的感觉预测区域不会自己进行预测，它们和听觉联结在一起。

我来解释一下这是什么意思。你可能会认为，在每天的生活中，你看到和听到的事情影响了你的感觉，但大多数时候是相反的：

是你的感觉改变了你的视觉和听觉。内感受和外部世界都会对你的感知以及你如何行动产生影响,但内感受的影响更大。

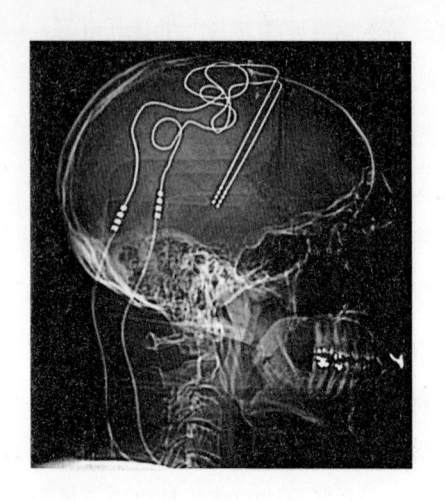

图 4-6　大脑深度刺激扫描图

你可能认为自己是个理性的人,在决定如何行动前会衡量利弊,但是你的大脑皮质结构会让这成为令人难以置信的谎言。你的大脑听从你的身体预算的指挥。情感是车里的司机,而理性是乘客。在两块甜点、两份工作聘书、两份投资或者两个心脏病医生之间,你选择谁不重要——你的日常决定受制于喜欢高谈阔论,但大多数时候失聪的科学家,即身体预算分配区域,这个科学家会通过情感的有色眼镜来观察世界。

认知神经学家安东尼奥·达马西奥在他的畅销书《笛卡儿的错误》(*Descartes' Error*)中提到,心灵需要对智慧拥有激情(即我们所说的情感)。他用事实证明,内感受网络受损的人,尤其是一个关键身体预算分配区域受损,将会损害决策能力。安东尼奥的病人由于失去了产生内感受预测的能力,也就失去了引导者。因为拥有了大脑解剖的最新知识,所以我们现在可以做进一步的研究。情感不仅仅对智慧是必要的,它也不可避免地交织在每一项决定中。

身体预测回路的喊叫声给金融界带来了严重影响。它加速了我们这个时代最严重的经济危机的发生。时间最近的一次是2008年席卷全球的金融危机,它致使无数家庭陷入经济困境。

经济学过去经常使用一个概念,叫作理性经济人。理性经济人能够控制情绪,做出理性的经济判断。这个概念是西方经济理论的基础,虽然学院派的经济学家一直都不喜欢这个概念,但它依然被作为经济行为的指导理论。但是,如果身体预算分配区域迫使其他大脑区域都进行预测,那么理性经济人的模型就建立在一个生物学谬误的基础上了。如果你的大脑以内感受的方式根据输入的预测运行,那你就不可能是一个理性的人。美国经济基础的经济模型——有人说是全球经济模型——根植于一个神经神话故事。

在过去的30年间,每次经济危机都和理性经济人模型有关,或者至少在某方面有关。杰夫·马德里克是一名记者,他著有《七个糟糕的理念》(Seven Bad Ideas)。在书中,他认为经济学家的7个最基本的理念导致了一系列的经济危机,最终造成了2008年的经济大衰退。在这些理念中贯穿着一个常见主题,即无调控监管的自由市场经济运行良好。根据这些经济理念,与投资、生产和分配相关的决策取决于供求关系,无须政府的调控和监管。数学模型表明在某些条件下,无调控监管的自由市场经济的确可以运行良好。但在"某些条件下"其中有一条是,人们是理性的决策者。在过去的50年间,我不知道有多少已出版的实验结果表明,人是非理性行为者。你无法通过理性思考控制情绪,因为你的身体预算状态是以你的每个想法和感知为基础的,因此内感受和情感存在于每一时刻。即使你觉得自己很理性的时候，你的身体预算以及它和情感之间的联系也一直都在，这种联系潜藏在表面之下，具有很大的危险性。

既然理性人的想法对经济有如此大的害处，而且也没有得到神经系统科学的支持，为什么它会持续存在？因为人类长久以来一直相信，理性让我们有别于其他动物。这种起源神话反映了西方文化中最受喜爱的叙事方式之一，那就是人类的思维犹如一个战场，认知和情绪在这里交锋，争夺对行为的控制权。甚至我们在盛怒之下——缺乏思考能力时——用来形容自己的形容词，如迟钝或者愚蠢，言外之意都表明我们缺乏认知控制，无法引导我们内心深处情感缺乏的"斯波克先生。"

这种起源神话得到广泛认可，甚至有科学家根据它创造出一个大脑模型。这个模型开始于基本生存需求的古老的皮质下回路，据称这个回路遗传自爬行动物。位于这些回路之上的是一个所谓的情绪系统，叫作"边缘系统"，据说遗传自早期的哺乳动物。在这个所谓的边缘系统的外围，包裹着一层像烘焙好的蛋糕糖衣一样的东西，据称是我们人类特有的理性皮质。现在，这个虚幻的脑层安排，有时被称作"三重脑"，它依然是人类生物学上最成功的微观概念之一。美国天文学家和天体生物学家卡尔·萨根在他的畅销书《伊甸园的飞龙》（*The Dragons of Eden*）一书中普及了这个概念。在这本书中，他解释了人类智力的发展过程，但有些人认为这本书大部分都是虚构的。心理学家丹尼尔·戈尔曼在他的畅销书《情商》（*Emotional Intelligence*）中也利用了该概念。但是就像任何一个大脑进化专家所知道的那样，人类大脑不是一个被理智精心包装的动物大脑。芭芭拉·L.芬莱是一名神经系统科学家，同时也是《行为和大脑科学》杂志的编辑，她指出："把情绪映射到大脑的中间部分，把理性和逻辑映射到大脑皮质，这种想法太愚蠢了。所有脊椎动物的大脑都存在分区。"那么，大脑是如何进化的？大脑扩展时，为了保证效率和灵活性，大脑就会像公司一样进行重组。

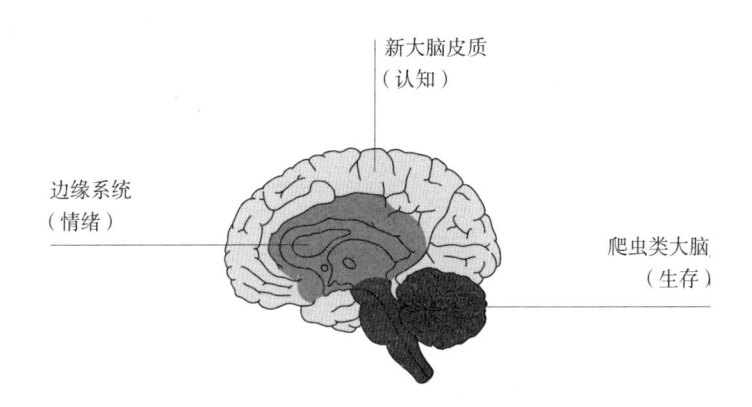

图 4-7 "三重脑"理念以及所谓的认知回路，该回路位于所谓的情绪回路的顶部。这个虚构的安排描述了思维是如何调节情感的

归根结底：从大脑的解剖学结构上来看，不管人们提出多少说法认为自己是理性的动物，但没有哪个决定或者行为与内感受和情感无关。你现在的身体感觉会向前投射，影响你将来的感觉和行为。这是一个通过大脑结构体现的、精心设计的自我实现预言。

• • •

除了我在本章介绍的大脑的作用，你的大脑以及大脑里数以亿计的神经元还有很多其他功能。绝大多数神经系统科学家认为，要了解大脑错综复杂的工作原理，我们还有很长的路要走，更不要提大脑是如何创造意识的了。但是，我们现在的确已经掌握了一些大脑的秘密。

现在，当你的大脑从眼前的词汇中获取意义时，在你的身体预算内，它就在预测变化。你构建的思想、记忆、感知或者情绪都和你身体内的某个东西有关：内感受。例如，一个视觉预测不仅可以回答这个问题，"上次我在这种情况下看到了什么？"还可以回答这样的问题，"上次在这种情况下，我的身体处于这种状态时我看到了什么？"在阅读眼前的内容时，你的情感上的任何改变——有点儿愉快，有一丝冷静——都是那些内感受预测的一个结果。你的大脑对你的身体预算状态的最佳预测就是情感。

在你所体验到的现实中，内感受也是最重要的一个素材。如果没有内感受，对你来说，物质世界就是无意义的噪音。试想一下：产生情感感受的内感受决定你此时此刻在乎的东西——情感空间。从你的大脑的角度来看，你情感空间里的任何事物都可能影响你的身体预算，在宇宙中，没有什么比这个更重要。那意味着，实际上，你自己构建了你的生活环境。你可能会认为你的环境存在于外部世界，与你自身分开，其实根本不是。你（和其他生物）并不是简单地进入一个环境，要么适应，要么死亡。你构建了你的环境——你的现实——凭借你的大脑从周围物质环境中选择的感觉输入，其中，有的输入被当作信息接收了，有的被当作噪音忽略了。这种选择和内感受关系密切。你的大脑扩大预测内容，包含任何能够影响你身体预算的事情，目的是满足身体新陈代谢的需求。这就是为什么说情感是意识的一个属性。

内感受作为预测过程中一个基本的组成部分，也是情绪的一个关键素材。但是，内感受自己无法解释情绪。情绪类别，如愤怒或者悲伤，要比不愉快或者唤醒这样的简单感觉复杂得多。

在桑迪·胡克小学校园惨案发生后，康涅狄格州州长丹尼尔·马罗伊在演讲时，声音几度哽咽，但他没有哭，没有嘴角下垂，在那一刻，实际上，他面带微笑。但是，不知为何，所有观看者都知道，那一刻他十分悲痛。感觉和简单情感不足以解释数以千计的观众是如何感知到马罗伊州长内心深处的极大痛苦的。

情感自身无法解释我们是如何构建我们的悲伤体验的，也无法把悲伤的各个实例彼此区分开。情感不会告诉你感觉的意思，也不会告诉你如何应对它们。那就是为什么当人们疲劳的时候会吃东西，法官在饥饿的时候不批准假释的原因。你必须赋予情感以意义，这样你的大脑才能够采取更为具体的行动。创造意义的一个方法就是构建情绪实例。

那么，内感受感觉是如何变成情绪的？为什么我们用各种不同的方式体验感觉（实际上是预测）：如身体症状，对世界的感知，简单的情感感觉，有时是情绪。这就是我们接下来要解决的谜题。

第 5 章　如何成为一个情绪专家？

当你看到彩虹时，你会看到离散的彩条，大概就像图 5-1 左侧图片所显示的。但在自然中，彩虹没有条纹——它是一个具有不同波长的光的连续光谱，光的波长范围从 400 到 750 纳米不等。这个光谱没有任何边界或者光带。

图 5-1　画出来的彩虹带（左）；自然界连续的彩虹（右）

为什么你和我都会看到彩条？是因为我们拥有对颜色（如"红""橙""黄"）的心理概念。根据这些概念，你的大脑自动对光谱特定范围的波长进行分类，将它们归入一个颜色类别。你的大脑会淡化每个颜色类别内的颜色差异，强化类别之间的不同，这样你就能感知到彩带了。

人类演讲也是连续的——一连串的声音。但是，当你听母语演讲时，你听到的是一个个词语。这是怎么回事？同样，你利用概念对连续的输入进行了分类。从婴儿期开始，你在一连串的话语中发现了很多规律，这些规律揭示了音位之间的界限，音位是一种语言里能够区分意义的最小的语音单位（例如，英语中字母"D"或者"P"的声音）。这些规律变成了概念，你的大脑会用这些概念把一连串的声音分成两个类别：音节和词汇。

这是一个十分了不起的过程，充满了挑战，因为音频流不明确，具有高度变异性。辅音会随着上下文变化：从声学上来说，字母"D"的发音在单词"Dad"和"Death"里的声音是不同的，但不知为什么，两个单词我们听起来都是字母"D"。说话者年龄、性别以及身形的不同，也会导致元音发音的变化。同一个说话者，在语境不同的情况下，元音发音也会不同。令人难以置信的是，如果脱离语境（被单独呈现时），有50%的词汇我们会听不懂。但是利用所掌握的概念，你学会了分类，只用几十毫秒的时间就在各种多变的嘈杂信息中构建了音位，最终你实现了与他人的交流。

你感知到的周围的每一件事都是由你的大脑中的概念表征的。观察一下你周围的任何一个物体。然后稍微研究一下这个物体的左边。虽然你没有意识到，但你完成了某个非凡的壮举。你的头和眼睛的运动似乎无关紧要，但是直达你大脑的视觉输入导致了一个巨大的变化。如果你把你的视野比作一个巨大的电视屏幕，那么你轻微的眼球运动就改变了屏幕上的数百万像素。但是，在你的整个视野里，你并没有看到模糊的条纹。那是因为你不是根据像素看世界的：你看见物体，当你的眼睛运动时，它们的改变非常微小。你可以感知低级规律，如线条、轮廓线、条纹、模糊不清的东西；你也能感知高级规律，如复杂的物体和景象。很久以前，你的大脑就已经了解了这些规律，现在它利用这些概念对你不断变化的视觉输入进行分类。

没有概念，你体验到的就是一个充满各类噪声的世界。你遇到的每一件事都和其他事情不同。你的体验一片空白,就像在第 2 章开头所讲,一开始你并没有看到蜜蜂,只看到一团模糊的斑点一样。但如果没有概念,你以后看到的所有东西都是如此,你将无法学习。

所有的感觉信息都是一个巨大的、不停变化的谜题,等待你的大脑去破解。你看到的物体、听到的声音、闻到的味道、感觉到的触感、品尝到的味道,以及你体验到的内感受感觉,如各种病痛和情感……它们都包含连续的感觉信号,当这些信号抵达你的大脑时,它们极易发生变化,而且充满歧义。大脑的工作就是,在信号抵达前对它们进行预测,填补遗漏信息,尽可能发现规律,这样你就可以体验到外界的一切,如人、音乐和各种事件,而不是感觉"乱糟糟,嗡嗡作响的一团混乱"。

为了实现这一伟大壮举,你的大脑利用概念赋予感觉信号以意义,解释它们的出处、它们在真实世界中的指代,以及如何依据它们行事。你的感知生动且形象,它们让你相信你对世界的体验就是真实的世界,而实际上,你体验到的是你自己构建的一个世界。你对外部世界的大多数体验其实源于你的大脑。当你利用概念分类时,你使用的就不仅仅是获得的信息了,就像你最后在一团斑点中看到蜜蜂一样。

每次你体验或感知他人情绪时,你都是在再次利用概念分类,赋予内感受感觉和 5 种感官感觉以意义。这就是情绪建构论的重要主题。在本章中,我会对此做出详细解释。

我并不是说,"你通过分类构建情绪实例:这难道不是唯一的方法吗?"相反,这表明了你体验到的每一种感觉、思想、记忆和其他心理事件,都是由分类构建的,因此,你当然会以同样的方式构建情绪实例。这种分类是一种无意识的、无须费力的分类,这和一个昆虫学者观察到了某种象鼻虫新品种,然后确定它是属于长角象虫科还是毛象鼻虫科的分类不一样。我所说的分类是指在你清醒的每一刻，你的大脑连续进行的快速自动、瞬间完成的分类，其目的是为了预测和解释你遇到的感觉输入。分类是你大脑的正常工作，它解释了情绪是如何炼成的，情绪不需要指纹。

接下来我们将了解分类的内在工作方式（如神经系统科学），并解答一些较为基础的问题，如概念是什么？它们是如何形成的？什么样的概念是情绪概念？尤其是，人类思维必须具有哪种超级力量才能从虚无中创造意义？在这些问题中，很多问题都是研究的热点。如果有可靠的证据，我会展示给大家。如果证据不足，我也会做出有根据的猜测。这些问题的答案不仅解释了情绪是如何炼成的，而且初步揭示了情绪对人类的核心意义。

• • •

哲学家和科学家把一个类别定义为物体、事件或动作的集合，它们因为某个目的被组合在一起。他们把概念定义为一个类别的心理表征。从传统意义上来讲，类别应该在物质世界里，但概念存在于你的大脑中。例如，你形成了"红"色概念。当你把这个概念应用于光波，去感知公园里的一朵玫瑰花时，那个红色就是"红"[①] 类

[①] 我代表全世界所有的哲学家、智者、杰出人物和其他专业的思考者向大家道歉，就类别和概念之间的区别的混乱状态表达真挚的歉意。类别可以说就像汽车和鸟一样，存在于现实世界，而概念据说存在于你的大脑里。但思考一下，是谁创造了类别？是谁把类别的成员放在一起归类，把每个成员看作相等物？是你！是你的大脑。因此，类别和概念一样，都是存在于你的大脑里的。（这种分类根植于一个叫作"本质先于存在论"的问题，我们将在第8章对此进行详细论述。）在本书中，在谈论到"知识"时，如红色的知识，我用到了"概念"这个词，在谈论我们用知识构建的实例时，如我们看到的红玫瑰，我使用了"类别"一词。感谢道格拉斯·亚当斯为我提供了"哲学家、智者、杰出人物和其他专业的思考者"的称谓。

别中的一个实例。你的大脑会弱化同类别中各个成员之间的差别，把这些成员都看成"红"色，例如，植物园里各种不同色度的红色的玫瑰。你的大脑同时也会放大不同类别成员之间的差异（如红玫瑰和粉玫瑰），你可以感知它们之间明显的边界。

想象一下，在你的家乡（可能是大城市或者小镇里），你正沿着街道散步，你的大脑中塞满了各种概念。你可以立刻认出很多物体：花、树、汽车、房子、狗、鸟、蜜蜂。你看到周围的行人，看见他们移动身体和面部。你能够听见各种声音，闻到各种味道。你的大脑把这些信息收集在一起感知事物，如孩子在公园里玩，有一个人在种花，一对老夫妇牵手坐在长凳上。你利用概念，通过分类，创造了你对这些物体、行为和事件的体验。你时刻进行预测的大脑迅速预测感觉输入，你会问："我已有的哪个概念像这个？"例如，如果你看见一辆车迎面开来，后来它又一次从你旁边开过，你有关于那辆车的概念，你就会知道前后两辆车是同一辆车，即使投入你视网膜的视觉信息来自两个角度，完全不同。

当你的大脑迅速把感觉输入归类为一辆汽车时，它就是正在利用"汽车"这个概念。这个看似简单的"汽车概念"所代表的事物比你想象的要复杂很多。所以，概念到底是什么？答案取决于你问的是哪个科学家——科学界向来如此。针对"知识在人类大脑中是如何组织和表征的"这类基本课题，存在大量的争议对我们来说是必然的，而且这个答案对理解情绪是如何炼成的至关重要。

如果我请你描述"汽车"这一概念，你会说它是一种交通工具，一般有四个轮子，由金属制成，有发动机，加上汽油就可以跑。早期的科学方法认为，概念实际上是这样发挥作用的：存储在你大脑中的字典给出定义，描述必要且充分的特性。"汽车是一种车辆，有发动机、门、车顶和4个车轮以及多个座位。""鸟是卵生,有翅膀能够飞行的动物。"——概念古典观认为各个类别界限明显。"蜜蜂"类别中的实例绝不会属于"鸟"的类别。同时,传统概念观也认为,每个实例都可以同等程度地准确代表该类别。每一只蜜蜂都是代表,没错,就是这样,所有蜜蜂都具有共性——也许是它们的样子,也许是它们的行为,有可能是一个潜在可以让它们成为蜜蜂的指纹。蜜蜂与蜜蜂之间存在差异,但古典观认为这不妨碍它们成为蜜蜂。你可能注意到了,这个观点和传统情绪观很类似。传统情绪观中,"恐惧"类别的每个实例都是相似的,而"恐惧"类别的实例和"愤怒"类别的实例则是不同的。

从古代一直到20世纪70年代,概念古典观一直在哲学、生物学以及心理学上占据主导地位。在现实生活中,一个类别的实例彼此之间差异巨大。有的车没有门,如高尔夫球车,也有6个轮子的汽车,如COVINI C6W六轮跑车。在一些类别中,有些实例比其他实例更具代表性:不会有人把鸵鸟看成"鸟"类别中的典型代表。在20世纪70年代,概念古典观最终被推翻了,但情绪科学领域不在其中。

从概念古典观的余灰中,出现了一个新的观点——该观点认为,在大脑中,概念是其所属类别中的最佳实例,被称作"原型"。例如,典型的鸟应该有羽毛和翅膀,并且能飞。在"鸟"这个类别中,并不是所有的鸟都具备这些特点,例如鸵鸟和鸸鹋不能飞,但它们依然是鸟。原型出现变体完全没有问题,但变化不能太大:蜜蜂不是鸟,即使它有翅膀,也能飞。从这一点来看,当你了解一个类别时,你的大脑就会将这个概念作为一个原型。它可能是这个类别中最常见的一个例子,或者是最典型的一个例子,这意味着这个实例是最适合的,或者具有这个类别大部分的特征。

当我们说到情绪时,对大家来说,描述一个特定情绪类别的原型特征似乎很容易。如果你请一个美国人描述一些悲伤的原型,他会说悲伤的特征的是皱眉、撇嘴、垂头弯背、痛苦、无精打采、说话声音单调,悲伤源于一个人失去某些东西,然后陷入疲惫无力的状态中。并不是所有的悲伤都具有上述所有的特征,但是这个描述是对悲伤的典型描述。

因此,如果我们不考虑一个自相矛盾的细节的话,原型似乎是情绪概念的一个很好的模型。当我们用科学方法评估真实的悲伤实例时,这种因为失去某些东西而皱眉/撇嘴的表情并不是最常见的,也不是最典型的。每个人似乎都知道悲伤的原型特征,但在生活中却很少能见到。相反,正如你在第1章所了解到的,我们发现悲伤和其他情绪类别都有很大的变化。

如果你的大脑中没有储存情绪原型,你又是如何轻松列举出它们的特征呢?很可能是在你需要的时候,你的大脑现场构建了这些原型。你曾经体验过各种各样大量的"悲伤"概念实例,它们在你的大脑中留下了很多片段,因此你的大脑瞬间就可以构建出最适合当时情境的悲伤的特性总结。(这也是大脑群体思维的一个例子。)

科学家已经证明,我们在实验室可以构建相似的原型。比如,在一张纸上打印圆点的随机图案,然后就该图案制作十几个变体,最后只给受试者看图案变体。即使受试者从没看到过原型图案,仅仅因为在图案变体中发现了相似性,他们就可以还原最初的原型图案。这意味着根本不需要找到原型,在需要的时候,人类的大脑就可以构建一个原型。情绪原型,在被需要的时候,可以以同样的方法被构建出来。

情绪

这样看来，概念并不是你的大脑中固有的定义，它也不是最典型的、最常见的实例原型。相反，你的大脑中有很多实例——如汽车、圆点图案、悲伤或者其他任何事情的实例。在特定情境中，根据你的目的，大脑会立刻找出实例之间的相似性并加以利用。例如，一辆车对你而言，通常的目的是作为交通工具，所以，如果有一个物体能满足你的这个目的，那么它就是一辆车——不管它是一辆汽车、一架直升机还是一张钉有四个轮子的胶合板。对概念的这种解释源于劳伦斯·W. 巴萨卢，他是世界一流的认知科学家，主要研究概念和类别。

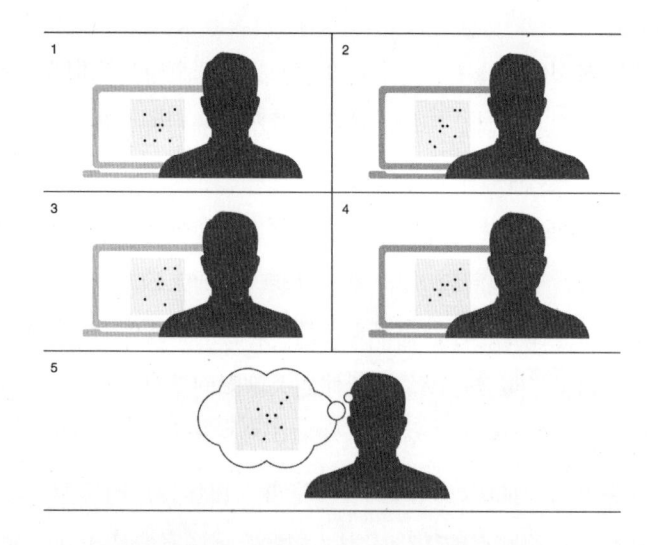

图 5-2　根据所给四幅图案（步骤 1~4），推断原型图案（步骤 5）

注：受试者首先在 30×30 的网格中看到各种各样带有 9 个圆点的图案，他们把每个图案都划分到两个类别中，类别 A 和类别 B。这个过程被称为实验的"学习阶段"。随后，他们要对更多的图案进行分类——有原来的，有新加入的，包括受试者没看过的类别 A 和类别 B 的原型。受试者给原型归类很容易，但给其他的新图案归类就比较困难。这意味着尽管在学习阶段，受试者没有看过原型，他们的大脑也可以构建原型。

基于目的的概念可以灵活地适应情境。如果你在一家宠物店，想要买一些鱼放在家里的鱼缸中，销售人员问你："您想要什么样的鱼？"你可能会回答"一条金鱼"或者"一条黑玛丽"，但不可能是"一条清蒸三文鱼"。在这个情境中，你对"鱼"的概念是购买一只宠物，而不是点菜，因此你会构建最适合你的鱼缸的"鱼"的概念实例。如果你正在进行潜水探险，这时"鱼"这个概念的目的就是找到令人激动的野生动物，因此，此时最好的实例可能是一头巨大的护士鲨或者一条彩色的斑点箱鲀。概念不是静态不变的，它具有极强的情境依赖性，很容易随环境发生变化，因为你会改变目标以适应情境。

单一物体也可以是不同概念的组成部分。例如，一辆汽车不可能总是充当交通工具——有时汽车就是"社会地位"概念的实例；在某些情况下，汽车也可以成为无家可归的人的"床"，甚至会成为一件"杀人凶器"；如果把车沉入大海，那么它就变成了一个"人工鱼礁。"

为了真正理解以目的为导向的概念的力量，你可以思考一个纯心理概念，如"保护你免受蚊虫叮咬的东西"。这个类别的实例显然非常不同：一个苍蝇拍、一套养蜂人穿的服装、一匹马、一辆玛莎拉蒂汽车、一个巨大的垃圾箱、一次南极洲旅行、一种冷静的行为，或者一个昆虫学本科学历。它们没有分享任何感知特征。这个类别显然完全是由人脑构建的。并不是所有的实例在每个环境中都有用。例如，当你正在整理花园，正在清理院子里生长茂盛的杂草时，不小心碰触了一个蜂巢，一大群蜜蜂正向你飞来，即使你手边有一个苍蝇拍，它也不如距离你更远的房子能够给你更好的保护。但是，你的大脑把所有这些实例都归入了同一个类别，因为它们可以实现一个目标,保护你免受蚊虫叮咬。事实上,其目的是把类别内各个实例联系在一起的唯一的原因。

物体	飞行动物	飞行动物	飞行动物
物体+目的	会飞的动物	会飞的东西	会飞的东西
目的	浪漫爱情 (激情、渴望、欲望) 目的:心愿	严厉的爱 (训诫、批评、惩罚) 目的:帮助	兄弟之爱 (喜欢、合作、交往) 目的:联系

图 5-3 概念和目的

注:第一行根据感觉相似性(例如翅膀)举例说明概念。第二行说明了每个类别内的事物是根据目的归类的。蝙蝠、直升机和飞盘没有感觉相似性,但它们有一个心理上的相似性:可以在空中飞行。第三行所展示的是纯心理上的相似性——根据环境不同,"爱"这个概念可以有不同的目的。

当你做出归类时,你可能觉得只是在观察世界,在物体和事件中寻找相似的东西,但事实并非如此。纯心理概念如"保护你免受蚊虫叮咬的东西"说明分类并不简单,也不是静止不变的。苍蝇拍和房子没有任何感知相似性,因此,以目的为导向的概念可以让你摆脱事物外观的束缚。当你走进一个全新的环境,你的体验不会单纯依赖于事物呈现的样子、发出的声音和气味，你的体验是以你的目的为基础的。

因此，当你进行分类时，你的大脑发生了什么？你不是在世界上发现了相似性，而是创造了相似性。当你的大脑需要一个概念时，它就会根据你过往体验到的大量实例快速构建一个，然后融合匹配，以便在特定环境下更好地实现你的目的。这是理解大脑如何炼成情绪的关键。

情绪概念是以目的为导向的概念。例如，快乐的实例就具有高度变异性。快乐时，你可以微笑、喜极而泣、尖叫、举起双臂、握紧拳头、蹦跳、击掌，甚至因震惊而一动不动。你的眼睛可能会睁大或者眯起，你的呼吸可能会加快或者放缓。你可能会因为赢了彩票心怦怦跳、兴奋、喜悦，也可能因为和你的爱人一起躺在野餐垫上感受到宁静、放松的愉悦。你也会看到其他人以各种不同的方式表达着他们的快乐。总之，各种不同体验和感知的混合可能涉及不同的行为和内在的身体变化，带来的情感感受也不相同，而且也有可能包含不同的景象、声音和气味。但是对你来说，此时此刻，这些身体变化都是为了实现某个目的。也许你的目的是希望被接受，感受愉快，实现理想，或者找到生活的意义。在这一刻，你的"快乐"的概念就是以这样一个目的为中心，与你过去体验到的多种多样的实例紧密联系在一起。

我们来看一个例子。假设你的好朋友要来拜访你，这是她第一次来看你，你们很长时间未见，你正在机场等她。当你盯着出口等待她出现时，你的大脑此时正在以毫秒级的速度忙着根据你的概念做出成千上万的预测，而这一切你并未意识到。毕竟，在这样一个环境中，你可能会体验到大量不同的情绪，如见到朋友的快乐，她

情绪

即将出现的期盼,她万一不出现的恐惧,或者担心你们不再有共同的话题可聊。也可能你现在有一些非情绪性的体验,如开很长时间的车到机场的疲惫,或者感觉胸闷,生怕自己会感冒。

利用这些海量预测,根据过去你对机场、朋友、生病以及相关情境的体验,你的大脑便赋予感觉以意义。你的大脑会根据概率评估预测,各个预测互相竞争,努力解释是什么导致了你的感觉,并确定在这种情境中你的感知、行动和情感。最终,最有可能的预测会变成你的感知:也就是说,你很高兴,你的朋友通过出口大门正走向你。但是,并不是每一个过去和"快乐"相关的实例都适合当下的场景,因为"快乐"是一个以目的为导向的概念,由各种非常不同的实例构成,但其中一些实例的零星碎片能够和当前情境恰当匹配,进而赢得竞争。这些预测与来自外界和你身体的真实感觉输入相匹配吗?还是存在预测误差,需要修正?这就是你的预测回路需要解决的问题,并且在必要的时候,你会对预测误差进行修正。

假设你的朋友安全抵达,后来你们一起喝咖啡时,她讲述了飞行过程中遇到乱流,她吓坏了。她构建了一个"恐惧"的实例,目的是为了交流当时的感觉:她用安全带牢牢把自己绑在飞机座位上,她双眼紧闭,随着飞机的晃动,她又热又想吐,她很担心自己的安全。当她提到"恐惧"这个词时,你也可以构建一个"恐惧"的实例,但不需要和她有同样的生理反应。例如,你可能不会紧闭双眼。但你依然感觉到了她的恐惧,非常同情她。只要你们的实例是发生在同一个情境中(动荡的飞机飞行),有同一个目的(察觉危险),你和你的朋友就能够很好地交流。另一方面,如果你构建了其他的"恐惧"实例,例如乘坐过山车时那种既兴奋又恐惧的心理,那么你可能就不会明白为什么这次飞行让你的朋友这么郁闷。成功的交流需要你和你的朋友概念同步。

让我们回顾一下达尔文关于一个物种的变异的重要性的观点（见第1章）。每一种动物都是由不同个体组成的种群。在这个种群内，没有哪个特征或者哪组特征是必需的，也没有哪组特征是常见的或典型的。关于种群的任何总结都是一个统计虚构，无法适用于每一个个体。更重要的是，一个物种的变异与种群内个体的居住环境相关，这一点意义重大。在一个种群内，有一些个体会比其他个体的基因更适合遗传给下一代。同样地，在某些场合，概念中的某些实例也会比其他实例更容易实现某个特定目标。它们在你的大脑中展开竞争，这和达尔文的自然选择规律很像，但实例的竞争发生在毫秒间。最后，最适合的实例会战胜所有对手，帮助你实现当下的目标。这就是分类。

・・・

那么，情绪概念来自哪里？一个概念，如"敬畏"，怎么会有那么多变化？例如，我们对浩瀚宇宙感到敬畏，对征服了珠峰的盲人登山家埃里克·韦亨梅尔充满敬畏，也会对一只小小的工蚁心生敬畏——因为一只小小的蚂蚁竟然可以搬运是自己体重5 000倍的东西。传统情绪观认为，这些概念是你与生俱来的，或者你的大脑在他人的表情中发现了情绪指纹，然后把指纹内化为概念。但是我们知道，科学家并没有发现情绪指纹，而且也没有证据表明婴儿知道什么是"敬畏"。

事实证明，在刚出生的第一年，人类大脑会主动内化一个概念系统。这个概念系统包含大量情绪概念，人类就是利用这些情绪概念体验和感知情绪的。

新生儿的大脑具有学习各种模式的能力，这个过程叫作"统计学习"。一个婴儿突然进入一个奇异的世界，在那一刻，他的大脑会遭受来自外界和身体的各种噪声及模糊信号的轰炸。这些接二连三的感官输入不是杂乱无章的，它们具有一定的结构性和规律性。婴儿的小脑袋开始计算哪些信号、景象、声音、味道、碰触、味道和内感受可以组合在一起，哪些不可以。"有些边缘形成了一个边界，有两个模糊斑点构成了一个更大的模糊斑点，有个短暂的沉默是一个分隔符。"一点一点地，婴儿的大脑以惊人的速度学会了把这海量的模糊感觉分解成不同模式：景象和声音、声音和味道、触觉和内感受，以及其他任意的组合。

关于哪些东西是人类与生俱来的，哪些是人类后天习得的，科学家已经争论了数百年，对此我并不感兴趣。在这里，我只想说一件事，即人类天生具有从周围的规律和概率中学习的能力。(实际上，从统计学上来讲，人类在母亲子宫的时候就开始学习了。因此，确定某些概念是天生的还是习得的就变得更为复杂了。)你惊人的统计学习能力以及特殊的概念系统让你具有了特定的思维模式。

人类统计学习最早发现于语言习得研究中。婴儿天生对于学说话感兴趣，也许是因为从出生开始，甚至在母亲子宫里的时候，声音就和身体预算一起出现了。随着婴儿连续不断地听到声音，他们逐渐能够辨别音位、音节和词语。从一团团模糊的声音，如"itstimefordinner, areyouhungryfordinnernow，以及dinnertimeyummyyummycarrots"，婴儿知道了哪些音节经常组合成对（如"din-ner""yum-my"），于是也就知道了哪些音节可以构成一个词语。如果两个音节相对很少同时出现，那很可能它们就属于不同的词语。婴儿很快就会学了这些规律，甚至只需要听上几分钟就可以学会。这个学习过程的作用非常大,它足以改变婴儿的大脑回路。婴儿天生就可以区分不同语言声音中的差别,但是长到一岁的时候,婴儿的统计学习能力就会退化,这时他们就只能辨别周围的人所说语言中的声音了。根据统计学习理论,这时婴儿就只会对他们的母语感兴趣了。

统计学习并不是人类获取知识的唯一方式,但是这种学习在生命的早期就开始了,并且并不局限与语言学习。研究表明,在声音和画面中,婴儿很容易习得统计规律,那么我们可以合理假设,婴儿习得其他感觉以及内感受应该也比较容易。另外,婴儿能够学习与多个感官相关的复杂规律。如果在一个盒子里装满蓝色球和黄色球,黄色球可以发出吱吱声,而蓝色球没有声音,那么婴儿就可以在颜色和声音之间建立联系。

婴儿利用统计学习预测世界,指导自己的行动。他们就像一个小小的统计员,提出假设,根据自己的知识评估概率,整合来自环境的新证据,进行测试验证。发展心理学家许飞(音译)有一项研究非常具有创造性。在研究中,在一群10~14个月的婴儿中,有些孩子喜欢粉色棒棒糖,有些孩子喜欢黑色棒棒糖,于是实验人员给了他们两个糖果罐:一个里面黑色棒棒糖多,一个里面粉色棒棒糖多。实验人员闭上眼睛,从每个糖果罐里各拿出一支糖,只让婴儿看到棒棒糖的糖棍,不让他们看到糖果的颜色。两个棒棒糖被分别放进一个不透明的杯子里,只有糖棍露在外面。根据统计,婴儿爬向杯子时,他们会选择更可能装有他们喜欢的颜色的棒棒糖的杯子,因为那根棒棒糖是从那个装有他们喜欢的颜色的棒棒糖的糖罐中抽取出来的。这个实验表明,婴儿不只是被动地对环境产生反应,他们在很小的时候,就会根据观察和学习的模式积极评估概率,最大化他们想要的结果。

　　从统计学上来讲，人类不是唯一会学习的动物：非人类的灵长目、狗和老鼠都可以学习。甚至单细胞动物也可以进行统计学习，然后进行预测：它们不仅会应对周围环境的变化，还能够预测环境变化。但是，从统计学上来讲，人类婴儿不仅仅能学习简单概念，他们也能很快了解到周围的人的大脑中关于这个世界的信息。

　　你可能已经注意到，小孩子会觉得其他人也在分享他们喜欢的事物。如果一个一岁的孩子更喜欢薄脆饼干，而不是西蓝花，她就会认为世界上的每个人都和她一样。这个孩子无法推测出其他人的心理状态，她无法像聆听马罗伊州长演讲的观众那样，推测出州长在提到桑迪·胡克小学惨案时心中的悲痛。即便如此，在婴幼儿学习统计时，许飞和她的学生还是成功地观察到了，小孩在统计学习时，他们已经掌握了心理推理的基本原理。例如，给16个月大的孩子两个碗，一个里面是无趣的白色方块，一个里面装满了有趣的彩色机灵鬼玩具。然后让这些孩子从两个碗中挑选出一个物品，不出所料，他们选择了自己喜欢的机灵鬼玩具，同时也为实验人员选择了机灵鬼玩具。但是，随后实验人员拿出第三个碗，这个碗里装着许多机灵鬼玩具和少量白色方块，然后在孩子的注视下，实验人员自己选择了5个白色方块。当实验人员请孩子们从碗中为他选一个物品时，孩子为实验人员选了一个白色方块。换句话说，孩子们可以学习了解实验人员不同于他们自己的主观偏好。意识到一个物件对其他人具有积极价值，这就是心理推理。

　　除了喜好，根据统计，婴儿甚至能够推理出他人的目的——他们能够看出实验人员是随意选择球的颜色，还是有意选择。当实验人员有意选择时，他们可以推理出实验人员的目的是选择某个特定颜色的球，他们会期待实验人员继续这样做。[1] 婴幼儿似乎会主动努力猜测隐藏在他人行动后面的目的，他们形成一个假设（根据他们过去在类似情境中的体验），然后预测几分钟之后会出现的结果！

但仅仅使用统计学习无法让人们习得纯粹的以目标为导向的心理概念，这些概念的实例没有知觉相似性！例如，有关"金钱"的概念，彩色的纸、金块、一个贝壳、一把大麦或者一把盐等，在人类历史的某个社会阶段，它们都曾充当过货币。仅凭看到它们，你是无法了解什么是"钱"的。"恐惧"情绪类别中的各个实例之间并不存在统计规律性，人脑也就无法根据知觉相似性创建概念。要想创建一个纯粹的心理概念，你需要另外一个秘密材料，即词汇。

从婴幼儿时起，人类就喜欢通过大脑加工语言信号，迅速识别语言是一种可以获得他人大脑内部信息的方法。当成人和婴幼儿说话时，提高声音、音调变化多端、多用短句、同时注重眼神交流，婴儿对这样的儿语尤其敏感。

甚至在婴幼儿理解传统意义上的词汇含义之前，词汇的发音就已经引入了统计规律，从而加速了概念习得。发展心理学家桑德拉·R. 韦克斯曼和苏珊·A. 格尔曼是这一领域的领军人物。他们认为，是词汇让婴幼儿形成了概念，但只有当成人有意识地与他们交流时这个假设才成立，如："看，宝贝儿，这是一朵花。"

韦克斯曼表明婴儿在3个月左右时就可以感受到词汇的力量。

---

[1] 如果你想知道实验人员是如何知道婴幼儿正在"期待"什么，秘密如下：婴儿更乐于关注出乎意料的事情！如果实验人员做出符合预期的事情，如选出婴儿喜欢的颜色的球，那这个婴儿对此几乎不会注意。但是，如果实验人员没有按预期选球，婴儿就会密切关注实验人员的行为，并观察很长时间，这暗示出这个选择模式是意料之外的，心理学称之为"习惯化范式"。

给婴儿看各种恐龙的照片，每次给婴幼儿看照片时，实验人员都会说一个编造的词汇"toma"。随后，当给婴儿看到一张新的恐龙照片和一张鱼的照片时，听过"toma"发音的孩子可以更准确地区分出哪张照片是"toma"，这表明这些婴儿已经在大脑中形成了简单的概念。当用播放的声音取代人类发音时，并没有出现同样的效果！

通过口语词汇，婴儿可以获得只存在于他人大脑中的信息，这些信息无法通过观察世界获得，这就是心理相似性：目的，意图和偏好。通过词汇，婴儿开始生成以目的为基础的概念，包括情绪概念。

通过大量接触周围人说的词汇，婴幼儿积累了简单概念。有些概念并不是通过词汇习得的，但词汇在概念系统形成中具有明显优势。对于婴幼儿来说，一开始一个词语可能只是一连串的声音，仅仅是统计学习包的一部分，但是情况很快就会发生变化。词汇对婴幼儿产生吸引力，诱使他们在不同的实例中创造相似性。一个词语告诉婴幼儿："看到这些外形不同的物体了吗？它们都有一个心理等价物。"这个等价物就是以目的为基础的概念。

许飞和她的学生通过实验证明了这一点。他们给10个月大的孩子展示一些物品，然后对着这些物体发出毫无意义的声音，如"wug"或者"dak"。这些物体完全不同，如小狗玩具、鱼形玩具、装饰彩色珠子的圆筒、外面覆盖泡沫花的长方形等。实验人员把每个物体给孩子时，都伴随着鸣叫声或者嘎嘎的声音。尽管如此，这些婴儿还是习得了自己的概念模式。他们在几个物品上听到同样的无意义的名字，不管这些东西的外形如何，他们都期望这些物品发出同样的声音。如果两个物体名字不同，孩子就会认为伴随它们的声音也不同。对婴儿来讲，这显然是一个了不起的壮举，因为他们通过词汇的发音预测物体是否会发出相同的声音，他们的概念习得已经不再局限于形体外观模式。词汇激励婴儿把事物描绘成等价物，帮助他们形成以目的为基础的概念。实际上，研究表明，相对于不给词汇，通过事物的物理形态定义概念，在给定词语的情况下，婴儿更容易习得以目的为基础的概念。

我不知道你会怎么想，但每次我在考虑这个问题时，都非常震惊。任何动物都能够在看到一堆类似的物体后，对它们形成一个概念。但是，你可以给人类的婴幼儿一堆不同的东西——样子不同、声音不同、触感也不同，然后你在展示物体时说一个词语（一个词语就够）。虽然这些物品的物理特征不同，但这些孩子会根据仅有的词语形成一个概念。他们明白，物品的某些心理相似性是无法立刻通过五官感知的。这种相似性就是我们所说的"概念目的"。婴儿可以创造一个全新现实，一个叫作"wug"并且可以"发出鸣叫声的"东西。

从一个婴儿的视角来看，在成人教他们之前，"wug"这个概念在这个世界上并不存在。两个或者更多人认为某个纯心理事物是确实存在的，这就是社会现实。社会现实是人类文化和文明建立的基础。婴幼儿以一种对我们（说话者）且最终是对他们自己来说一致的、有意义的、可预测的方法，学会了对世界进行分类。就这样，婴幼儿关于世界的心智模式开始变得和成年人相似，因此我们可以交流、分享体验，感知同一个世界。

当我的女儿索菲亚刚开始学走路时，我给她买了一辆玩具小汽车，当时我并没有意识到我正在帮助她扩大以目的为基础的分类，锤炼她创造社会现实的概念系统。她把小汽车放到玩具卡车的旁边，当两个玩具车"亲"到一起时，它们变成了"妈妈"和"孩子"。我有一个教女，和我女儿同岁，叫奥利维亚，她偶尔会来我们家玩。这两个小女孩会爬进浴缸，在水里面玩游戏。她们想象力非常丰富，就和演话剧似的，所有的玩具、香皂、毛巾，以及各种洗浴用品都成了她们的道具。她们其中一人会把毛巾披在头上，一手挥舞着牙刷，而另一个人则跪在她面前祈祷——人类的一个决定性时刻诞生了。

作为成年人，当我们对孩子说一个词语时，一个具有重要意义的行为就悄无声息地发生了。在那一刻，我们为孩子提供了一个扩大现实的工具——纯心理相似性，婴幼儿会把它融合进大脑此时存在的模式中，以备将来使用。正如我们所看到的，我们为孩子提供了创造和感知情绪的工具。

· · ·

婴儿刚刚出生时是看不清人脸的，他们没有"脸"的感知概念。但是他们很快就能够看见人脸，这仅凭感知规律就可以做到：上面两只眼睛，中间一个鼻子，鼻子下面是嘴巴。

如果我们通过传统情绪观的视角来观察，我们就可以说，从统计学上来讲，婴儿以相同的方法习得情绪概念，快乐、悲伤、惊讶、愤怒和其他情绪类别实例存在于身体或者他人所谓的情绪表达中，婴儿从这些实例的感知规律中习得情绪概念。很多研究人员从传统情绪观中获得灵感，简单地认为儿童有关情绪的概念是天生的，或者他们很早就可以理解面部表情。据此推测，这样就解释了儿童如何习得情绪词汇以及情绪产生的原因和带来的结果。

据我们所知，整个观点的问题在于：人的面部和身体中不存在一致的情绪指纹。婴儿想要习得情绪概念，必须寻找其他方法。

我们刚刚也看到了，词汇能使婴儿把完全不同的事物等同起来。我们可以用词汇鼓励婴儿忽视事物外在的形态，去寻找相似性，这种相似性就像是概念的精神黏合剂。通过这种方法，婴儿能够合理地习得情绪概念。"愤怒"的实例之间可能不存在感知相似性，但"愤怒"这个词可以把所有实例归为一个概念，就像婴儿把无意义的"wugs"和"daks"分类一样。这是我的推测，但这个想法与我们讨论的数据是吻合的。

我试着回忆，当我的女儿索菲亚还是一个婴儿的时候，她是如何通过我和我的丈夫有意识地对她讲的情绪词汇去了解情绪概念的。在我们的文化中，"愤怒"的一个目的是克服某个应该受到谴责的人放在你前进途中的障碍。因此，当索菲亚和其他小朋友打架的时候，有时她会哭，但有时她也会打回去。当她不喜欢吃某种食物时，有时她会吐出来，有时她会笑着把碗掀到地上。这些身体行为伴随着不同的面部表情，其行为不同，身体预算（为了和身体行为相匹配）变化不同，内感受模式也不一样。在这一连串的动作中，我和她的爸爸会不停地对她说："索菲亚，亲爱的，你生气了吗？""不要生气，宝贝。""索菲亚，你很生气吧。"

首先，这些声音对索菲亚来说必须是新奇的。但随着时间的推移，如果我的假设是正确的，通过统计学习，她把这些不同的身体模式和环境与"生气"这个词的发音联系在一起，就像把吱吱叫的玩具和"wug"读音联系在一起一样。最后，词语"生气"就会诱使索菲亚寻找一个所有实例中的相似点，即使在表面上它们看起来和感觉上都不一样。实际上，索菲亚形成了一个基本概念，这个概念的实例具有一个共同的目的特征：克服障碍。更重要的是，索菲亚了解到了在每个情境中哪些行动和情感能够最有效地实现这个目的。

用这种方法,索菲亚的大脑会自动地把"愤怒"概念引入大脑的神经元结构。当我们第一次对索菲亚说"生气"这个词时,我们和她一起构建了她的生气体验。我们让她集中注意力,引导她的大脑在每一个感官细节中储存每一个实例。"生气"一词帮助她利用她大脑中已经存在的所有其他"生气"的实例一起创造了共性。她的大脑也会捕捉在那些体验前后发生的事情。所有这些共同构成了她有关"生气"的概念。

在前面提到康涅狄格州州长丹尼尔·马罗伊时,我描述了听众是如何推测出他的情绪状态的——极度悲伤,观众是通过观察他在当时环境中的动作和声音推测出来的。我认为孩子们也学会了同样的事情。当他们了解了一个概念,如"愤怒",他们能够预测他人的动作和发出的声音,并赋予其意义——微笑、耸肩、大喊、耳语、收紧下巴、睁大眼睛,甚至是呆若木鸡,以及他们自身的身体感觉,目的是构建愤怒的感觉。或者,他们会集中精力预测他们自己的内感受以及对外界的感觉,并赋予其意义,进而构建一个情绪体验。随着索菲亚的逐渐长大,她对"愤怒"概念的理解范围也随之增大,如摔门的行为也会被加入她愤怒实例的阵营。当她看到一个人打喷嚏时会说,"妈妈,那个人生气了",然后我会纠正她,她就会再一次锤炼她的"愤怒"概念。她的大脑会利用符合情境的概念赋予感觉以意义,构建情绪的一个实例。

如果我是正确的,那么,当孩子持续形成他们的"愤怒"概念时,他们就会了解到,在每个情境中,并不是所有的"愤怒"实例都只有一个目的。"愤怒"的目的可能是为了保护自己不受侵犯,应对某个行为不当的人,想要攻击他人,想要赢得比赛或者以某种方法提高业绩,或者希望看起来比较强大。

遵循这个原则,索菲亚最终会了解到,与"愤怒"相关的词汇,如"生气""鄙视""复仇",每一个词都有不同的目的,但它们最终集合在一起构成了愤怒类别的若干实例。这样,索菲亚慢慢掌握了大量和愤怒概念相关的词汇,这为她成长为一个典型的美国青少年打下了基础。(准确来说,她平时几乎没有机会感受到鄙视和复仇这样的体验。)

我的引导假说,正如你在索菲亚成长故事中所看到的,在没有情绪指纹同时又存在大量情绪变量的情况下,情绪词汇是婴幼儿习得情绪概念的关键。注意,不是孤立的词语,而是处于婴幼儿情感空间的其他人利用情绪概念,对他们说出的词汇。这些词汇诱使孩子形成了以目的为基础的概念,如"快乐""悲伤""恐惧",以及出现的其他情绪概念。

迄今为止,我关于情绪词汇的假说还只是合理的推测,因为我对情绪科学这个问题没有进行过系统的探索。当然,我所说的系统探索和韦克斯曼、许飞、格尔曼以及其他发展心理学家所做的关于情绪概念和类别的创造性研究并不相同。但是,我们有一些令人信服的证据能够证明我的假说。

其中一些证据源于我们在实验室中对儿童的测试。测试表明,一个人直到3岁左右才会像成人一样出现"愤怒""悲伤""恐惧"这样的情绪概念。西方文化中,虽然幼儿都会使用"伤心""害怕""疯狂"这样的词汇,但那只是他们对"糟糕"意思的不同表达而已。他们的情绪粒度很低,就像测试中所显示的那样,对他们来说,"抑郁""焦虑""不愉快"是一个意思。作为父母,我们可以观察一下自己的孩子,在他们哭泣、扭动身体和微笑时,去感知他们的情绪。当然,婴儿从出生就能感觉到快乐和悲伤,他们在三四个月大时出现与情感相关的概念(愉快/不愉快)。但是大量的研究表明,和成人一样的情绪概念要在以后才会出现。至于这个"以后"是什么时候,还是一个待解决的问题。

关于我的情绪词汇假说的另一个证据,来源则比较有趣:研究大猩猩的人。詹妮弗·富盖特是一名博士后,她在我的实验室工作时,收集了大猩猩的面部形态(一些科学家称之为"情绪表达"的面部形态)照片,如"玩""尖叫""龇牙""叫嚣"时的面部形态照片。她请研究猩猩的专家和不了解猩猩的人看这些照片,想了解他们能否辨认出这些面部形态。一开始,不管是谁都无法识别出来。因此,我们做了一实验,这个实验与我们对婴儿做的实验类似:我们把这些人分成两组,每组都包括猩猩专家和不了解猩猩的人。一组人只看猩猩的面部形态照片,而另一组人不仅看照片,照片旁边还有一些编造的词汇,如"peant"代表了"玩"时的面部形态,"sahne"表示尖叫。最后,只有观看了带有词汇照片的那组人才能对猩猩的面部形态进行正确的归类,这表明他们习得了面部分类概念。

随着孩子的成长,他们必然会形成完整的情绪概念体系,包括他们在生活中习得的所有情绪概念,这些概念都有对应的情绪词汇作为名字。他们会把不同的面部和身体形态归入同一情绪类别,也会把某一个形态用于不同的情绪。存在变异性很正常。那么,把诸如"高兴"或者"愤怒"这样的概念维系在一起,有什么统计上的规律吗?答案就是词汇本身。最明显的共性是"愤怒"情绪中所有的实例都可以被称作"愤怒。"

在儿童情绪概念发展的过程中,一旦他们掌握了初级的情绪概念,这时就是词汇以外的其他因素发挥重要作用的时候了。孩子们逐渐意识到情绪会随着时间而逐渐发展。一个情绪在出现前有开头或者前因("我妈妈走进了房间"),然后是中间部分,即现在正在发生的目的本身("我很高兴看到妈妈"),最后是结尾部分,实现目标("我微笑,妈妈也对我微笑,然后抱我")。不难看出,把一连串持续很长时间的感觉输入分成不同的事件,有助于弄清楚这些感觉输入的意义。

从眨眼、皱眉或者其他肌肉震颤中,你可以看到情绪;在说话声音的高低以及语调中,你可以听出情绪;通过你自己的身体,你可以感知到情绪,但是情绪信息不只是信号本身。你的大脑并不是天生就可以识别面部表情和其他所谓的情绪表达,然后反射性地依据它们采取行动。情绪信息存在于你的感知中。大自然为你的大脑提供原材料,然后通过周围的人有意识地对你说的情绪词汇,你最终把自己和一个概念体系联结在一起,

概念习得是一个持续终身的过程,并不会终止于儿童时期。有时你的母语中可能会出现一个新的情绪词汇,进而产生一个新的概念。例如,"schadenfreude"是一个德语词汇,意思是"幸灾乐祸",现在它已经进入英语词汇中,指绝望、无助、窒息和压抑的感觉。下面我再举几个类似的例子,也许将来你会用得到。

在其他语言中有一些情绪词汇在英语中找不到对应的相关概念。例如,在俄语中有两个不同的概念表达英语中的"愤怒"情绪,在德语中有3个不同的表达"愤怒"的词,而汉语中则有5个词。如果你打算学习上述语言中的任何一种,你都需要习得这些情绪概念,用它们构建感知和体验。如果你和以上述语言为母语的人一起生活,那么你很快就能学会这些概念。你的母语中原有的情绪

概念会对你新学的概念产生影响。例如，一个母语为英语的人要学习俄语，那他一定要学着区分这两个俄语词汇，即"serdit'sia"和"zlit'sia"，两个词都表达愤怒的情绪，但前一个词是指对人生气，后一个词更多用于抽象的理由，如对政治形势感到愤怒。"zlit'sia"这个词语类似于英语中的"anger"，但是俄罗斯人经常会用"serdit'sia"。因此，说英语的人也经常使用的"serdit'sia"一词表达愤怒，但往往容易出错。这个错误并不是生物学上的错误，因为两个概念不存在生物指纹，这只是文化差异带来的错误。

从第二语言中习得的新情绪概念也可能会改变你母语中的情绪概念。在我的实验室中，有一个研究员叫亚历山德拉·图尔图格卢，她是希腊人，专门到美国学习神经系统科学。随着对英语的熟练运用，她的希腊语和英语情绪概念开始混在一起。例如，希腊语中有两个概念表达"愧疚"，一个表达对小事的愧疚，一个用于对重大错事的愧疚，而英语中表达愧疚含义的只有一个词，即"guilty"。当亚历山德拉和她的姐姐（仍在希腊）聊天，讲述自己在实验室的沙滩派对上因为吃了太多甜点感到愧疚时，她用了"enohi"——该词在希腊语中表达对重大错事的愧疚感。对她姐姐来说，亚历山德拉说得太夸张了。从这个例子可以看出，亚历山德拉在构建她的甜点经历时使用了英语中的"愧疚"的概念。

至此，我希望这戏剧性的事件能让你更明白一些。发生在现实世界的情绪事件可以像静态文件一样储存在你的大脑中，但情绪词汇与情感事件不一样。你可以利用自己的情绪知识，从纯粹的物理信号中构建不同的情绪意义。情绪词汇能反映不同的情绪意义。你习得的情绪知识，部分属于集体性知识，源于照顾你、和你谈话、帮助你创建社交圈的人的大脑。

情绪不是你对世界的反应，情绪是你构建的世界。

• • •

在你的大脑中，一旦你形成了自己的概念系统，那么在构建一个情绪实例时，你就不需要清楚回忆或者说出相应的情绪词汇了。实际上，对某个情绪实例，即使你没有恰当的词汇去表达，你也可以体验和感知到它。在"schadenfreude"这个词被引入英语很久以前，讲英语的人也有幸灾乐祸这样的情绪体验，只是没有相应的概念而已。你所需要的只是一个概念。没有词汇，你如何了解概念？在你大脑的概念系统中，有一种特殊的力量，即概念组合。这个概念能够利用你现有的概念创造一个全新的情绪概念。

我的朋友巴塔·梅斯基塔是一名研究荷兰文化的心理学家。我第一次去比利时拜访她时，她告诉我说，我们正在分享"gezellig"这个情绪。当时，我们蜷缩在她的起居室里，喝着葡萄酒，吃着巧克力。她解释说，这个词表达了和朋友或者爱人一起待在家里带来的舒适安逸的感觉。"gezellig"并不是一种对他人产生的内心感受，而是一种在世界中的自我体验方式。在英语中，没有哪个词语可以表达这个含义，但是巴塔给我解释后，我立刻就体验到了这种情绪。她使用的这个词语促使我形成了一个概念，就像婴儿一样，但是是借助概念组合力量来完成的——我自动地把我已有的概念，如"闺蜜"、"爱"、"高兴"和一些"舒适"及"安逸"的感受组合到了一起。这种翻译并不完美，因为我是以美国人的方式在体验"gezellig"，我采用的情绪概念更多关注了内在感受，而不是对情境感受的描述。

概念组合是大脑具有的一种非常强大的能力，对它的工作机制，科学家至今仍无法达成一致意见，但大家都同意，概念组合是概念系统的一种基本功能。通过概念组合，你可以根据已有的概念构建无数个新概念。这里包括以目的为基础的概念，如"保护你免受蚊虫叮咬的东西"，在这个概念中目的是非常短暂的。

虽然概念组合力量强大，但它远不及知道一个情绪词汇有效。比如，你问我今晚吃什么，我可以这样回答："番茄芝士烤面团。"但实际上，如果我用"比萨"这个词回答你则更有效。严格来讲，构建一个情绪实例时，你不需要一个对应的情绪词汇。但如果你想让一个情绪概念更有效，你想把这个概念传达给其他人，那么有了词汇就会非常方便。

在婴儿会说话以前，他们可以从这个"比萨效应"中获益。例如，婴儿大脑通常可以一次记住大约3个物品。如果你当着婴儿的面把玩具藏起来，他们最多能记住3个隐藏地点。但是，如果你在藏玩具前，把玩具分成两组，并且都给出无意义的名字，如"dax"和"blicket"，婴儿就可以记住6个玩具藏匿地点。即使所有玩具完全一样，他们也可以记住6个地点。这充分表明婴儿和成人一样，都可以有效地利用概念知识。可见，概念组合和词汇都具有创造现实的力量。

在很多文化环境中，你会发现人们拥有的情绪概念达数百个，乃至数千个，也就是说，他们展现出极高的情绪粒度。例如，在说英语的人中，人们拥有的情绪概念很多，包括愤怒、悲伤、恐惧、快乐、惊讶、愧疚、好奇、羞耻、同情、厌恶、畏惧、兴奋、骄傲、尴尬、感激、轻视、渴望、高兴、垂涎、热情和爱等。有人会用相关联的词汇表达不同的情绪，如"激怒（aggravation）""恼怒（irritation）""挫折（frustration）""敌意（hostility）""暴怒（rage）""不满（disgruntlement）"。这样的人一般都是情绪专家，他们是情绪的调配师，他们就像调酒师一样。每个词语都对应着它自己的情绪概念，每个概念至少可以服务于一个目的，但是通常都会用于不同的目的。如果说一个情绪概念就是一个工具，那么这个人就拥有了一个适合熟练工使用的巨大的工具箱。

具有中度情绪粒度的人可能没有数百个情绪概念，但他们也会有几十个情绪概念。在讲英语的人中，他们可能会拥有的概念包括愤怒、悲伤、恐惧、厌恶、快乐、好奇、愧疚、羞耻、骄傲和轻视——数量也许不超过所谓的基本情绪概念。对这些人来讲，诸如"激怒""愤怒""挫折""敌意""暴怒""不满"这样的词汇都归为一个概念，即"愤怒"。这样的人拥有的情绪概念就像一个普通的红色小工具箱，里面装了一些简单的工具。虽然没什么特别的，但足以让他们表达出自己的情绪。

情绪粒度低的人拥有的情绪概念可能只有几个。在讲英语的人中，他们可能拥有如下词汇，如"悲伤""恐惧""愧疚""羞耻""尴尬""恼怒""愤怒""轻视"等，但是这些词汇在他们看来都属于一个情绪概念，都为一个目的服务，即"感觉不愉快"。这样的人可能只有两种工具——一把锤子和一把瑞士军刀。也许他可以清楚地表达自己的情绪，但多几个工具也没什么坏处。（我丈夫开玩笑说，在我们相遇前，他只知道3种情绪，即快乐、悲伤和饥饿。）

当一个大脑的概念系统中情绪词汇匮乏时，它还能感知到情绪吗？我们实验室做的研究结果显示，回答通常是"不能"。正如你在第3章了解到的，皱眉代表愤怒，撇嘴代表悲伤，微笑代表快乐，因此我们很容易就可以干扰他人感知情绪的能力，方法就是不让他们了解情绪概念，这很简单。

如果人们缺少一个发育良好的情绪概念系统，那么他们的情绪生活会是怎样的？他们是否只能体验到情感？这些问题很难通过科学方法进行测试验证。情绪体验在人的面部、身体和大脑里并不存在对应的客观指纹，因此我们无法计算出答案。我们能做到最好的事情就是去询问人们的感觉，但他们只能用情绪概念回答问题，如果这样，也就无法实现我们的实验目的了。

解决这个难题的方法是研究那些天生情绪概念系统匮乏的人，这种不足被称为"抒情障碍"。据估计，世界上大约有10%的人患有这种障碍。就像情绪建构论所预测的，患有这种症状的人很难体验到情绪。在某个情境中，如果情绪概念系统完备的人体验到了愤怒，那么患有抒情障碍的人感觉到的可能是胃痛。他们会抱怨身体不舒服，虽然能说出情感方面的感受，但无法体验到情绪。患有抒情障碍的人也很难感知他人的情绪。如果一个情绪概念系统完备的人看到两个人对着大喊，她可能会做一个心理推理，然后感知到他们的愤怒情绪；而患有抒情障碍的人虽然拥有情绪词汇，但数量非常有限，而且他们很难记住情绪词汇。这些线索进一步证明了概念在体验和感知情绪中的重要作用。

· · ·

概念关系到你做的和感知到的每件事。正如你在前一章所了解到的，你所做的以及你感知到的每件事都和你的身体预算有关。因此，概念必然也和你的身体预算息息相关，事实上也的确如此。

在你刚出生时，你无法控制你的预算，是照顾你的人在帮你进行预算。每当妈妈抱起你，给你喂奶，多种感知就会有规律地出现：看见妈妈的脸，听到她的声音，闻到妈妈的味道，感受妈妈的抚触，品尝母乳（或者奶粉）……你的内感受感觉和妈妈的怀抱以及喂奶联系在一起。在这一刻，你的大脑捕捉到了整个感觉情境，包括视觉、听觉、嗅觉、味觉、触觉和内感受感觉，它们共同构成一个模式。一开始，概念就是这样形成的。你通过多种感觉方法习得概念。不管你能否意识到，你身体的内部变化以及变化带来的内感受的结果就是你习得的概念的一部分。

当你用多种感觉概念进行分类时，你也是在调整自己的身体预算。当你和一个婴儿玩球时，你的感觉不仅包括球的颜色、形状和构造（以及房间里的味道，地板带给你手和膝盖的感觉，你刚刚吃过的东西的余味，等等），还包括你在那一刻的内感受感觉。通过内感受感觉，你可以预测自己的行为，如用力拍打球或者把它放进你的嘴里，进而影响你的身体预算。

作为一个成年人，你知道一件事就是情绪的一个实例，例如"尴尬"；同样，你把自己感知的和这件事有关的视觉、听觉、嗅觉、味觉、触觉以及内感受感觉组合在一起，形成了你的概念。当你使用这个概念创造意义时，你的大脑会重新思考你所处的整个情境。例如，当你被海浪从海里冲到沙滩上时，你发现自己的泳衣掉了，你的大脑可能会构建一个"尴尬"的实例。你的概念系统会从你过去裸身的尴尬实例中抽取一个样本。这种裸身比你身心清爽地从桑拿房里裸身出来，或者和爱人共度一个激情午后时的裸身完全不同，前者消耗的身体预算更多。根据当时的具体情况，你的大脑也许会从过去的经历中选取一个虽然穿着衣服，但依然会让你感觉自己被"剥光"的尴尬时刻的体验（如在全班同学面前回答错了问题），但这时候一般提取的不是私下里感觉到的尴尬（如忘了朋友的生日）。正如你所看到的，依据你在特定情境中的目的，你的大脑会从一个更为广泛的概念系统中抽取样本，被抽取出来的样本实例会引导你恰当地调整你的身体预算。

所有的分类都基于概率。例如，你正在巴黎度假，在地铁车厢里，你感知到一个陌生人对你皱眉。虽然过去你和那个陌生人以及那辆车没有过任何接触，你以前也从未到过巴黎，但你的大脑中有过这样的体验：在不熟悉的环境中，陌生人对你皱眉。因此，根据过去的体验和概率，你的大脑就可以构建一个概念样本进行预测。每增加一个环境细节（你是一个人吗？这个车厢拥挤吗？）都会提升你的大脑的预测概率，直到你确定了一个最适合的、能够最大限度地减小预测误差的概念。这就是利用情绪概念进行分类。你不是在他人脸上探测或者识别情绪，也不是在识别自己体内的生理模式，你是在根据概率和过去的体验预测和解释那些感觉。每次当你听到一个情绪词汇，或者面对一连串的感觉时，这种分类都会发生。

所有这些分类、事情发生的情境以及预测概率看起来完全违反了直觉。当我穿过小树林时，在路上看到了一条巨大的蛇，我当然不会对自己说："好吧，在一大堆相互竞争的概念中，我对这条蛇进行了积极预测，这些概念都是根据过去的体验构建的，和当前的一系列感觉有某种程度的类似，然后就此创造了感知。"我只是"看见了一条蛇"。当我小心翼翼地转身逃离时，我也不会想"我反复思考了很多预测，最后发现最适合当下的情绪类别是'恐惧'，因此我才逃跑的"。我不会这样想，我只是感到害怕，想要立刻逃走。恐惧的出现突然而不可控，就像一个刺激（蛇）触发了一个小炸弹（神经指纹），从而导致了反应（恐惧和逃跑）。

后来，当我和朋友喝咖啡时，我向他们讲述了这个蛇的故事，但我不是这么对他们讲的："利用我过去的体验，我的大脑构建了一个最适合当下情境的'恐惧'实例。在蛇出现在路上之前，我的大脑改变了我的视觉神经元的激活情况，为我看到蛇然后向相反方向逃离做好了准备。在我确定预测、分类感觉之后，我立刻就根据一个目的构建了恐惧体验,解释我的感觉,然后做了一个心理推理,感知到那条蛇是我恐惧的原因,于是我转身逃走了。"我当然不会这样和朋友说,我的故事很简单:"我看见一条蛇,然后尖叫着跑开了。"

遇到蛇这件事并不能说明我是整个体验的构建者。尽管如此,不管我是否明确感知到了,我都是自己体验的建筑师,就如你把一堆黑色斑点最终构建成了一只蜜蜂一样。甚至在我意识到蛇之前,我的大脑就在构建一个恐惧的实例了。如果我是一个8岁的小女孩,某天希望养一条蛇做宠物,我可能会构建一个兴奋的实例。如果我是小女孩的妈妈,那么这条蛇想要进入我的房子,除非踩着我的尸体——这时我可能构建的是"暴怒"的实例。大脑的刺激-反应模式非常神秘,预测和修正是大脑的活动,我们不知不觉地构建了情绪体验。这种解释符合大脑的结构和运作。

简单来说:我并非看见蛇,然后才进行分类。我不是先感觉到逃跑的渴望,然后进行分类,也不是因为感觉到了心怦怦跳才进行的分类。我对感觉分类是因为看到蛇,感觉自己心脏怦怦跳,然后逃跑。我准确地预测了这些感觉,然后用"恐惧"概念的一个实例解释了这些感觉。这就是情绪炼成的过程。

至此,当你读到这些内容时,你的大脑和一个强大的情绪概念系统联结在了一起。它一开始只是一个单纯的信息获取系统,通过统计学习,你习得了关于生活环境的知识。但因为有了词汇,你学习到的就不仅仅是物理规律。通过词汇,与其他人的大脑相联系,你创造了自己的世界。你创造了强大的、纯粹的心理规律,这个规律有助于你控制身体的预算,让你在这个世界上生存下去。其中的一些心理规律就是情绪概念,它们从心理角度解释了在某些情境中,为什么你的心脏会跳动剧烈，为什么你会脸红，为什么你有这样或那样的感觉，为什么你会采取某种行动。通过分类，我们的概念实现了同步，当我们彼此分享这些抽象概念时，我们就可以感知到彼此的情绪，并进行交流。

总而言之，这就是情绪建构论——不需要任何情绪指纹，这个理论就可以轻松解释你是如何体验和感知情绪的。在婴儿时期，当你在各种不同情境中，一遍又一遍地听到某个情绪词汇时（如"烦恼"），你就种下了情绪的种子。词汇"烦恼"把同一群体内不同的实例组合在一起，就形成了"烦恼"的概念。通过这个词，你会寻找那些实例的共同点，即使那些相似性只存在于某些人的思维中。一旦你的概念系统确定了这个概念，即使面对变化极大的感觉输入，你也可以构建"烦恼"的实例。如果在分类时，你关注的焦点是你自己，那么你就是在构建一个烦恼实例。如果你把注意力放到其他人身上，你构建的就是感知烦恼。不管是哪种情况，你的概念都会对你的身体预算进行调节。

在路上行驶时，如果有人突然超车到你前面，你会血压升高，手心出汗，大叫着猛踩刹车，然后非常生气……这就是一个分类行为。当你的孩子拿起一把尖锐的刀，你会放缓呼吸、手心干燥、面带微笑、平心静气地请她把刀放回去，但这时你的内心是很愤怒的……这也是一个分类行为。当你看见其他人睁大眼睛，奇怪地盯着你时，你会感觉他在生气，这也是一个分类行为。在所有的这些实例中，你拥有的"烦恼"的概念知识导致了这些分类，你的大脑创造了和环境相关的意思。在第 2 章中，我曾提到在读研究生时，一个男生请我吃午饭，我当时觉得自己对那个男孩有好感，但事实证明我只是感冒了，这是分类的另一个例子。病毒干扰了我的身体预算，但是我把体验到的情感变化看成我对那个男孩的好感，因此构建了一个迷恋的实例。如果换个环境对我的症状进行分类，我就可以知道那些变化只是因为我感冒了，这种症状只需要几片感冒药和好好休息几天就可以治好。

你的基因决定了你的大脑，大脑把它自己和它的生理和社会环境联系在一起。在你所处的文化中，你周围的人利用他们拥有的概念维系着周围的环境，他们把大脑中的概念传输给你，帮助你适应周围的环境。然后，你会把你大脑中的概念传递给下一代。人类大脑是无法独自创造人类思维的，它需要多个大脑的共同合作。

接下来，我将从生物分类的角度解释大脑的内部运作机制。例如，大脑网络是什么？情绪炼成的过程是如何与你大脑固有的预测能力联系在一起的？它是如何影响你重要的身体预算的？这些都是我接下来要与大家探讨的，这也是"情绪是如何炼成的"这个谜题中的最后一个问题。

第 6 章　如何利用情绪进行预测？

你是否想过揍老板一顿？当然我不是在提倡办公室暴力，而且很多老板都是非常好的合作伙伴。但是，有时老板的行为真会让你充分认识到一个德国的情绪词汇，即"backpfeifengesicht"，意思是"欠揍的脸"。

如果你有一个这样的老板，在将近一年的时间里，他一直让你加班，做一些并非你分内的工作。你心中充满期待，觉得自己的良好表现可以获得升职，但是他刚刚通知你，他把这个升职机会给别人了。此时你有什么感觉？

如果你生活在西方文化中，你可能会感到愤怒。你的大脑会同时产生无数和"愤怒"相关的预测：一种预测可能是一边用拳头砸办公桌，一边对你的老板大声抗议。另一种预测是你会站起来，慢慢穿过办公室，走向你的老板，当靠近你的老板后，你就恶狠狠地小声对他说："你会后悔的！"也有可能你只是安静地坐在座位上，筹划着暗中破坏你老板的事业。

这些对"愤怒"的不同预测都有相似之处，如老板、失去升职，而且它们都有一个相同的目的：报复。这些预测也有很多不同之处，如抗议、低语和沉默，因此需要不同的感觉和行动预测。在每个预测中，你的行为不同（砸桌子，靠近老板，坐着），你的身体内在变化和身体预算结果也不同，因此内感受和情感结果也是不同的。最终，通过一个我们稍后将讨论的过程，有一个"愤怒"实例获胜，你大脑选择它是因为它在这种特定情境中最符合你的目的。这个获胜实例决定了你的行为和你会有什么样的体验。这个过程就叫"分类"。

但是，遇到这样的老板你也可以演绎出不同的版本——你依然很愤怒，但目的不同了，你的目的不是复仇，而是说服老板改变主意，也可能是和那个顶替你升迁的人保持联系。或者，你可以重新构建一个完全不同的情绪实例，如"遗憾"或者"恐惧"情绪的实例；或者，你可以构建一个非情绪实例，如"解放"；或者构建一个生理症状方面的实例，如"头疼"；或者，你可以感知你的老板是一个"白痴"。在每种情况中，你的大脑都遵循了一个类似的过程，根据过去的体验进行分类，找出最适合整个情境和你的内在感觉的类别。分类意味着选出一个最恰当的实例，这个实例不仅是你的感知，同时也是你的行动的指导。

正如你在前一章读到的，构建一个情绪需要很多个概念。现在，你将了解到你的大脑在你婴幼儿时期是如何习得并使用你的概念系统的。同时，你也将了解到你前面看到的几个重要主题的神经基础：情绪粒度、群体思维；为什么人们普遍感觉是被激发的，而不是构建的；为什么你的身体预算分配区域可以影响你做的每一个决定，影响你采取的每一个行动。总的来说，对上述问题的解释都指向了"大脑如何创造意义"这个统一框架，这是人脑最奇特的奥秘之一。

婴儿的大脑与成人的大脑相比，很多概念都还没有形成。婴儿不知道望远镜、海参、野炊是什么，更不用说一些纯粹的心理概念了，如"反复无常"或者"幸灾乐祸"。婴儿没有什么人生经验。这也就难怪婴儿的大脑不能很好地进行预测。一个成年人的大脑中预测占主导地位，但是一个婴儿的大脑即使进行预测也总是出错，所以婴儿的大脑在塑造周围环境前，必须通过感觉输入了解周围的世界。这种学习是婴幼儿大脑的主要任务。

一开始，涌入婴幼儿大脑中的感觉输入大部分都是陌生的，意义也是不确定的，因此很少会被婴幼儿忽视。如果说感觉输入进入成人大脑就像在大海中投了一颗石子，那对婴儿来说，这个石子就犹如一块巨石。发展心理学家艾莉森·高普尼克认为，婴儿的注意力犹如一个"灯笼"，会发光，但光是散射的。相比较而言，成人的大脑有一个网，这个网可以排除那些干扰你预测的信息，让你专注做事。比如，读书时全身心投入，这时，你的注意力就像一个"聚光灯"，会专注于某些事情，比如书中的词汇，而其他东西则被留在黑暗中，被屏蔽掉了。婴儿的大脑犹如"灯笼"一样，无法像成人一样集中精力。

几个月之后，如果一切正常，婴儿的大脑预测功能会逐渐发展起来。外部世界的感觉在婴儿的世界模型中已经变成了概念，外在的现在变成了内在的。随着时间的推移，这些感觉体验会为婴儿大脑创造机会，多个感官同时做出协调一致的预测。肚子咕咕叫，如果刚睡醒，且在一个明亮的房间里，意味着早上了；如果是在一个湿热的房间，头上有一盏明亮的顶灯，那意味着是晚上洗澡的时候。当我的女儿索菲亚只有几周大的时候，我们就是利用这种多感官预测帮助她养成睡觉习惯的，这样我们也可以有充足的睡眠，不至于成为睡觉不足的僵尸了。我们通过给她唱不同的儿歌、讲不同的故事、盖不同颜色的毯子，以及其他的方式，让她区分午休时间和就

情绪

寝时间，这样在午休时她睡的时间就会很短，就寝时她睡的时间就会很长。

婴儿的大脑中只有少量的具体概念，而且预测总是出错，那么他们的大脑最后是如何包含成千上万的如"畏惧"和"绝望"这样复杂的、纯粹的心理概念的？每一种概念都包括一个族群的不同实例。这实际上是一个工程问题，解决方案存在于人类大脑皮质的结构中。这一切都归结为一些效率和能量的基本问题。随着环境的变化，婴儿的大脑会不停地习得更新它的概念。这项任务需要一个强大而高效的大脑，但是婴儿的大脑有些实际限制。大脑的神经元网络只能长那么大，以头骨大小为限，婴儿出生时，头骨需要穿过女性的骨盆。神经元是维持生命必需的昂贵的小细胞（它们需要大量的能量），因此大脑可以支持的代谢和持续工作的联结数量是有限的。因此，婴儿必须通过将信息传递给尽可能少的神经元来完成更有效的信息传递。

解决这个工程难题的方法是使用代表概念的大脑皮质，只有这样才能够分离相似性和差异性。这种分离随后你会看到，它可以最大限度地实现优化。

无论你什么时候在视频网站上看视频，都能目睹类似的有效信息的传递。视频是一系列静态影像或者快速连续显示的"帧"的序列。从一帧到另一帧，存在着大量的冗余信息，因此当视频网站通过网络向你的电脑或者手机发送连续视频信息时，并不需要发送每帧的单个像素。只传达从一帧到另一帧的变化，通信会更有效，因为前一帧的所有静态区域都已经被发送出去了。视频网站对视频的相似性和差异性进行了分离，加速了传送速度，然后你的电脑或者手机上的软件会将这些碎片组合到一起，形成连贯的视频。

人脑在处理预测误差时采用了相同的方式。通过视觉获得的感觉信息存在高度冗余的情况，如视频，通过听觉、嗅觉和其他感官获得信息也是一样。这些信息在大脑中表现为神经元的活动模式，表征这些信息用的神经元越少越有利，也越有效。

例如，视觉系统把一条线段看成初级视觉皮质的一个神经元活动模式。假设第二组神经元被激活，代表和第一条线段成90度角的第二条线段。第三组神经元就会对这两条直线之间的统计关系进行有效总结，然后得出一个简单的"角"的概念。婴幼儿的大脑可能会碰到100对儿这样的线段，这些线段非常有趣，长度、宽度和颜色各不相同，但是从概念上来看，这些对儿线段都是"角"概念的实例，每个实例都是由一小组神经元有效总结出来的。这些总结消除了冗余。用这种方法，大脑把统计上的相似性和感觉上的差异区分开来。

用同样的方法，"角"概念的实例又成了其他概念的组成部分。例如，婴儿从多个不同的角度接收到关于妈妈面部的视觉输入：如在哺乳时，在早上或者晚上和妈妈面对面坐着时。对婴儿来说，这个"角"的概念就成了"眼睛"概念的组成部分，后者总结了妈妈的眼睛在不同角度和不同亮度下不断变化的线条和轮廓。激活的神经元组不同，所表征的"眼睛"概念的实例也不同。虽然每次感觉都不同，但婴儿依然可以知道那是妈妈的眼睛。

随着我们从具体概念逐渐转到一般概念（例如，从线到角，再到眼睛），大脑就会创造相似性，这些相似性慢慢地就发展成了更为高效的信息总结。例如，"角"是对线段的有效概括，但对眼睛来说却是感官细节。这个逻辑同样适用于"鼻子"和"耳朵"等概念。这些概念集合在一起，又都是"脸"这个概念的组成部分，脸的实例更有效地总结了面部特征的感觉规律。最后,婴儿大脑在习得了足够的视觉概念后进行总结,尽管在低级感官细节上经常会有各种变化,但婴儿可以看见一个稳定的物体了。想一下:每次当你看到"一本书"时,在看到书的瞬间,你的眼睛就会发送数以百万计的微小信息到你的大脑。

这个原则——发现相似性有助于提高效率——不仅适用于视觉系统,其他感觉系统(听觉、嗅觉、内感受等)同样适用,也适用于不同感觉的组合。试想一个纯心理概念,如"妈妈"。一天早上,当一个婴儿吃奶时,她的各个感觉系统的不同神经元组被激活,以统计上的相关模式,表征妈妈的样子、声音、味道、拥抱时的触觉、吃奶带来的能量增加、肚子饱了的感觉,以及吃饱后被妈妈拥抱带来的愉悦感。所有这些表征都彼此关联,它们的总结也可以体现在其他方面,如在小规模神经元的激活模式里,作为"妈妈"这个概念的一个基本的、涉及多种感觉的实例。那一天后来再吃奶时,婴儿利用相似的但不相同的神经组对"妈妈"概念的其他方面进行总结。另外,当婴儿拍打挂在婴儿床上的玩具,看着玩具在空中摆动,感觉到相关触觉和内感受时,由于她的活动,所有这些都和能量消耗联系在一起,她的大脑会对这些统计上相关的事件进行总结,把它看成是"自我"概念的一个基本的、多感官的实例。

以这种方式,婴儿的大脑将广泛分散的各个感觉活动模式提炼成一个多感觉总结。这个过程减少了冗余,并把信息压缩成一个最小的有效形式,以备将来使用。这就像脱水食物,可以节省空间,但在吃前需要重新恢复一样。这种有效形式对大脑形成一些基础概念非常实用,如通过习得获得的"妈妈"和"自我"的概念。

随着孩子的逐渐长大,她的大脑开始利用她的概念进行有效预测——当然，她依然会犯错误。例如，在索菲亚3岁时，我们一起逛商场，她注意到我们前面有一个梳着脏辫的男人。那时，索菲亚只认识3个梳脏辫的人，分别是她敬爱的凯文叔叔——他中等身材，黑皮肤；另一个是一个熟人，也是黑人，但这个人是宽肩膀高个子；还有一个就是我们的邻居，她是一位女性，浅色皮肤。在那一刻，索菲亚的大脑一下子涌出了多个预测相互竞争，这些预测有可能成为她的体验。为了便于讨论，我们假设这些预测有100个是关于凯文叔叔的，预测源于索菲亚过去在不同地点、时间和视角的体验；有14个预测是关于她认识的人的；60个预测是关于那个女邻居的。每个预测都是由她大脑中的零碎的模式组装出来的，所有这些信息都混合在一起，进行着匹配。这174个预测也包含了索菲亚以前体验中其他人、地点以及事件的预测——任何与她面前情景统计相关的事情。

总之，索菲亚的174个预测构成的群体，就是我们一直称作"概念"的东西（在这里，概念就是"梳着脏辫的人"）。注意，这些实例是被"归入"一个概念组合，索菲亚的大脑中没有存储任何"组合"。任何给定的概念都不是在一组神经元的信息流中被表征的；每个概念都是由多个实例构成的群体，在每个场合，这些实例通过不同的神经模式展现出来。（这就是简并。）在那一刻，概念临时构建。在这些大量的实例中，其中一个可能和索菲亚当前的情境最为类似（通过模式匹配）。这个实例就是我们一直以来所说的"获胜实例"。

就在那一天，索菲亚跳出婴儿车，她奔跑着穿过商场，用她的小胳膊抱住了那个男人的大腿，并大叫："凯文叔叔！"但她的快乐

情绪

是短暂的，因为她的凯文叔叔正在 600 英里[①]以外的家里。她抬头看见一张全然陌生的脸，大叫了起来。（幸运的是，这个人凑巧也叫凯文。）

纯心理的概念（如"悲伤"）也会出现同样的过程。一个孩子在 3 个不同的情境中听到"伤心"这个词。这 3 个实例在这个孩子的大脑中留下了零星碎片，但并没有以任何具体方式组合在一起。第四次，在教室里，她看到一个男孩在哭，当时老师就用了"伤心"这个词。这个孩子的大脑将之前的 3 个实例构建为预测，同时也构建了其他任何与当前情境具有统计相似性的预测。这些预测的集合就是在那一刻构建的一个概念，通过"悲伤"实例具有的某些纯心理相似性创造的一个概念。再一次，与当前情境最相似的预测变成了她的体验——一个情绪实例。

· · ·

到目前为止，有一件事我一直在暗示，却没有明说，现在是时候直接解释一下了——我们一直在讨论的两个现象其实完全是一回事，就是我所说的"概念"和"预测"。

当你的大脑"构建一个概念实例"时，例如"快乐"概念的一个实例，其实就是说你的大脑对快乐"进行了一次预测"。当索菲亚的大脑提出 100 个关于凯文叔叔的预测时，在她抓住陌生人的大腿前，每一个都是她形成的"凯文叔叔"这个瞬间概念的一个实例。

前面我把预测和概念分开阐述，只是为了简化某些解释。在本书中，我可以通篇都使用"预测"这个词，根本不提"概念"这个词，反之亦然。在理解信息传输时，我们使用时刻存在于大脑中的

[①] 1 英里 ≈1.6 公里。——编者注

"预测"更容易；而在理解知识时，使用"概念"一词更容易。既然我们正在讨论大脑中概念的工作原理，我们必须承认，概念就是预测。

小时候，你根据来自身体和外界的详细的感觉输入（预测误差）构建概念。你的大脑高效地精简它收到的感觉输入，就像视频网站的精简视频一样，从差异中抽取相似性，最终创造了一个高效的、多感觉的总结。一旦你的大脑以这种方式习得了一个概念，它就可以以相反的方式运行这个过程，把相似性放大，从中发现差异，进而构建一个概念实例，就像你的电脑或者手机会把接收到的视频展示出来一样。这是一个预测。把预测看成"应用"一个概念，它调节你的主要感觉区和运动区的活动，在需要时进行修正和完善。

想象一下，你正在一家商场里，就像我和我的女儿一样，从一家店逛到另一家店。商场里人流如梭，嘈杂热闹。店铺橱窗中展示着精美的商品。你的大脑和往常一样，正忙着做出数以千计的同步预测。"我前面有人在动。""我左边有人在动。""我呼吸正在变慢。""我肚子正在咕咕叫。""我听到了笑声。""我很冷静。""我很孤独。""我看见了我的邻居。""我看见那个在邮局工作的好心人。""我看见了我的凯文叔叔。"最后 3 个关于人的预测是"快乐"的概念的实例，这是和朋友相关的一种感受。根据你过往意外巧遇朋友的类似情境中的体验，你的大脑同时构建了很多这个概念的实例，每个实例在那一刻都有可能是正确的。

现在我们来认真看一下上述实例中的一个，也就是你的预测，即你在一个商场中意外碰见了你尊敬的凯文叔叔。你的大脑做出这个预测是因为在过去的某个时间，你在类似的情境中看到过凯文叔叔，体验过那种快乐的感觉。这个预测与你现在的感觉输入匹配度如何？如果它比其他预测匹配度高，那么你将会体验到"快乐"的一个实例。如果匹配度不如其他预测，那么你的大脑将会调整预测，然后你可能会体验到一个"失望"的实例。或者，如果需要的话，你的大脑会把这个预测和感觉输入匹配在一起，你就会误把其他人看成你的凯文叔叔，就像那天索菲亚在商场中做的那样。

所以，你站在商场里，你的大脑一定会确定凯文叔叔的预测最终是否会变成你的预测，从而指导你的行动，或者是否需要一个预测修正过程。为了确定细节，大脑会把所有感觉输入的汇总信息解压到一个装满更多细节预测的超大盒子中，就像为了观看优兔（YouTube）压缩视频先要解压一样，给脱水食物加水让它可食用的过程也与此类似。如图6–1所示，这个过程和利用细节构建概念的过程相同，只是方向相反。

例如，当对"快乐"的预测到达视觉系统的上部时，这个预测可能就会详细到凯文叔叔出现的细节，比如凯文的外貌，他是走向你还是远离你，他穿的是什么衣服。这些细节本身就是以概率为基础的预测（例如，凯文叔叔从不穿格子呢衣服），因此你的大脑可以把这个模拟和真实的感觉输入进行对比，然后就可以计算和解决任何预测误差。这种解析不是一步完成的，要经过无数个步骤才能完成。每个视觉细节都被解压为更为详细的预测，例如颜色、衬衫质地等，每一个细节都涉及更多的预测回路、级联和解压过程。级联终止于大脑初级视觉皮质，初级视觉皮质在海量的线段和边缘中代表着最低层次的视觉概念。

级联开始于所有地方，开始于我们的老朋友内感受网。（需特别指出的是，众所周知的默认模式网络就是内感受网的一部分。附录4将会对此做出详细论述。）内感受网也是多感觉总结在你的大脑中进行构建的场所。级联结束于你的初级感觉区,这里呈现的是你细微的体验细节,不仅包括我们的视觉体验,还包括视觉、触觉、内感受以及你的其他感觉。

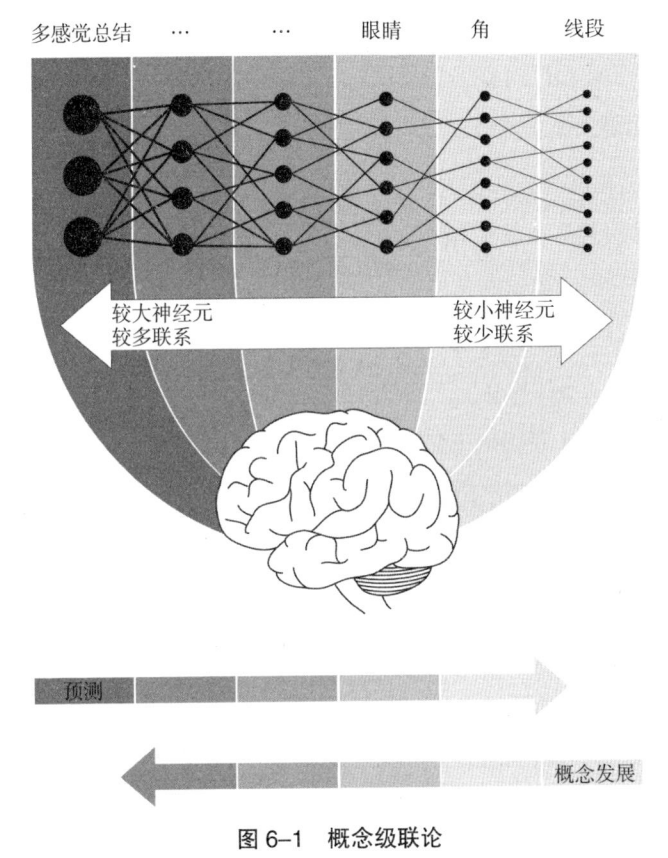

```
多感觉总结    ...    ...    眼睛    角    线段
```

← 较大神经元 较多联系 　　 较小神经元 较少联系 →

预测 →

← 概念发展

图 6-1 概念级联论

注:当你形成一个概念(从右到左)时,感觉输入被压缩成高效的、多感觉的总结。当你通过预测(从左到右)构建一个概念实例时,那些高效的总结就解压缩为更详细的预测,然后在每个阶段与真实感觉输入进行核对。

如果一个预测级联解释了传来的感觉输入——凯文叔叔真的在你面前,头发以一种特殊的方式向后梳,穿着一件特别的衬衫,他的声音听起来也很有特色,你的身体处于一种特殊状态,等等——那么,你就构建了一个与朋友相关的"快乐"实例。也就是说,当你看见凯文叔叔时,整个级联就是"快乐"概念的实例。在那一刻,你感受到了快乐。

概念级联从神经学方面对我前面提到的几个观点给出了解释。首先,预测级联解释了为什么一个体验(如快乐)是构建的,但感觉上却更像是被激发的,甚至在分类完成之前,你就模拟了一个"快乐"的实例。也就是说,在你对运动行为还没有任何感觉的时候,你的大脑就在准备执行面部和身体的动作了,在感觉输入到达之前,你的大脑就在预测了。因此情绪似乎是"凑巧"发生在你身上的,事实上是你的大脑主动构建了这个体验,只不过这个体验被外界和你的身体抑制了。

第二,级联揭示了我在第 4 章的一个主张,即在你的生命中,你构建的每个思想、记忆、情绪或者感知都和你身体状态的某个方面有关。你的内感受网络会调整你的身体预算,也是这个网络发出级联预测。你所做的每一个预测、你大脑完成的每一个分类都和你的心脏和肺的活动、你的新陈代谢、免疫功能,以及其他有助于你身体预算的活动息息相关。

第三,级联也凸显了高情绪粒度的神经优势,在第 1 章中,我们介绍了具有高情绪粒度的人能够构建更为精确的体会情绪。在看到凯文叔叔时,你的大脑构建了多个"快乐"实例,你必须选出一个与你当前感觉输入最类似的,这个被选出来的就是"获胜实例"。这对你的大脑来说是一项大工程,伴随着一定的代谢消耗。但是,想象一下,如果英语语言里有一个比"快乐"更具体的词语能表达出对朋友的依恋之情,例如韩语中的"jeong"(정),你的大脑就不需要费力构建这个更为精确的词语了。如果你的大脑中有一个特定

词语可以用于表达"与凯文叔叔亲近带来的快乐",那么在确定获胜实例时,你的大脑会更有效。如果能这样,就更好了。另一方面,如果你构建的是一个更为广泛的概念,如"愉悦情感"而不是"快乐",那么你的大脑的任务就更艰巨了。精确带来效率,这是高情绪粒度在生物学方面的优势。

最后,我们看到在大脑中,群体思维一直在发挥作用,因为在当时多个预测构成一个概念。你不会只构建一个"快乐"实例,然后就体验它。你会构建大量预测,每个都有自己的级联。这个群体就是一个概念,但它并不是你所知道的和快乐有关的一切事物的综合,它只是符合你目的的总结——巧遇朋友。在一个不同的、和快乐相关的情境中,比如收到一个礼物,或者听到你最喜欢的歌曲,你的内感受网络会做出完全不同的总结(和级联),表达在那一刻的"快乐"概念。这些动态的构建从另一个方面展现了大脑的高效率。

科学家知道,知识源于过去,它们被联结到大脑网络,进而创造未来的模拟体验,例如想象。一些科学家对这种知识如何创造当前的体验非常感兴趣。诺贝尔奖得主、神经系统科学家杰拉尔德·M.埃德尔曼把人们的经验称作"被铭记的现在"。今天,由于神经科学的发展,我们知道埃德尔曼说得没错。作为一个完整的大脑状态,一个概念实例就是提前发生的预测,预测你在当前如何采取行动,你的感觉意味着什么。

我所介绍的概念级联只是一个更大的平行过程的梗概。在真实生活中,你的大脑无法对一个概念进行彻底分类,也不会完全不分类,因为预测比分类具有更大的不确定性。每一刻,你的大脑进行的预测都数以千计,具有很大的不确定性,这些预测从来不会在某一个实例上纠缠不休。当你在瞬间同时对凯文叔叔构建100个不同

情绪

的预测时,每一个都是一个级联。(如果你对神经科学感兴趣,想要了解更多信息,请参看附录4。)

· · ·

每当你对概念进行分类时,在感觉输入的连番轰炸下,你的大脑就会创造许多预测,这些预测彼此竞争。哪一个预测会成为最后的赢家?哪种感觉输入重要,哪种输入只是杂音?你的大脑具有一个网络,可以帮助你解决这些不确定性,这个网络即控制网。同样,也正是这个网络把婴儿的注意力"灯笼"转变为成人,也就是你所拥有的注意力"聚光灯"。

图6-2就是著名的视错觉图,这幅图说明了你的控制网络的工作机制。如果你横着看,中间部分你看到的就是字母"B",如果竖着看,中间部分就是数字"13"。每一次,都是你的控制网络帮你选择了获胜概念——字母或者数字。

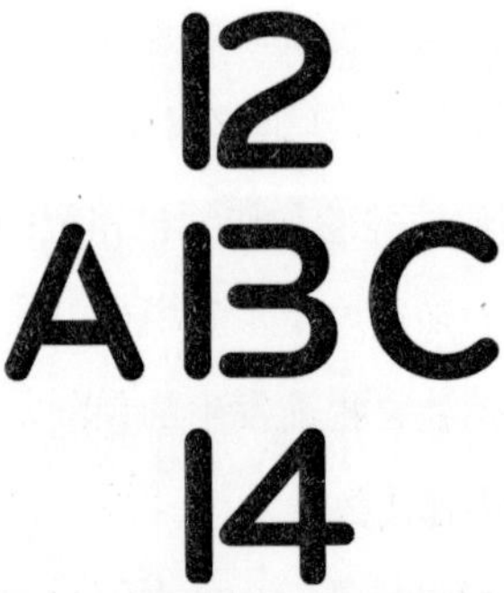

```
    12
  A B C
    14
```

图6-2 在潜在分类中,控制网络帮助大脑做出选择,如本图中的"B"或"13"

你的控制网络也可以帮助你构建情绪实例。假设你最近和你的伴侣吵架了,现在你感到胸痛。这是心脏病、消化不良、焦虑的症状,还是感觉你的伴侣不讲道理?为了解决这个难题,你的内感受网络会启动数百个不同概念的彼此竞争的实例,每个实例都有一个遍布全脑的级联。在这些备选的实例中,因为有了控制网络的帮助,你的大脑才能够快速有效地构建和选出一个获胜实例。控制网络会帮助神经元有选择性地参加构建活动,在增加一些概念实例活力的同时,抑制另一些概念实例。这个结果和自然选择类似,只有最适合当前情境的实例才能脱颖而出,从而塑造你的感知和行动。

"控制网络"这个名字取得不太成功,因为它暗指该网络具有核心影响力,就好像这个网络正在做决策,负责管理整个过程。但事实并非如此,你的控制网络更像一个优化控制器。它不停地在神经元之间调整信息流,提高某些神经元的活性,降低其他神经元的活性,在你的注意力聚光灯内或移除或放进感觉输入,让一些预测符合情境,其他的则变得无关紧要。它就像一个赛车团队,不停地完善发动机和车身,以求赛车变得再快一点儿,再安全一些。这种调整也可以帮助你的大脑调整你的身体预算,从而产生一个可靠的预测,启动一个行动。

你的控制网络帮助你做出选择,如在情绪和非情绪概念(如焦虑或者消化不良)之间、不同的情绪概念之间(兴奋或者恐惧)、一个情绪概念的不同目标之间(感觉到恐惧,我应该逃跑还是战斗),以及不同实例之间(当选择逃跑时,我该不该尖叫)。当你在看电影时,你的控制网络可能会支持你的视觉和听觉系统,把你带入故事中。其他时候,你的控制网络可能不会着重支持传统五官的感觉,反而倾向于更为激烈的情感,结果就是引起情绪体验。很多时候,你根本意识不到这种调整的发生。

一些科学家把控制网络看成一个"情绪调节"网络。他们假设情绪调节是一个认知过程，是与情绪截然不同的一个存在。也就是说，你对你的老板感到非常愤怒，但是你克制住自己没有揍他。但是就大脑而言，调节就是分类。当你感觉到你所谓的理智正在缓和你的情绪时——这种神秘安排大脑回路并不支持——你正在构建一个实例，一个"情绪调节"概念的实例。

你的控制网络和内感受网，正如你所看到的，对构建情绪至关重要。而且，这两个核心网络包含了整个大脑沟通的主要交流枢纽。想象一下世界上为多家航空公司服务的最大的机场。在纽约肯尼迪国际机场，旅客可以在美国航空公司和英国航空公司之间进行换乘，因为两家公司在那里都有业务。同样，通过内感受和控制网络中的主要枢纽，信息可以高效地在两个不同网络间有效地传递。

这些主要的枢纽有助于同步你大脑的大部分信息流，这是意识形成的先决条件。如果这些枢纽中的任何一个损坏了，你的大脑就会遇到大麻烦，很多病症都和枢纽损害有关，如抑郁症、恐慌症、精神分裂症、孤独症、阅读障碍、慢性疼痛、痴呆、帕金森病以及多动症等。

内感受网络和控制网络中的这些主要枢纽证实了我在第4章介绍的内容，即你的日常决策是由你的身体预算分配区域驱动的。你的身体预算分配区域就像一个存在于你体内的科学家，爱高谈阔论，但绝大多数时候听而不闻，而且喜欢戴有色眼镜看世界。你瞧，你的大脑预算区就是主要枢纽。通过大量的联结，这些中心枢纽发出预测，修改你的所见、所闻和所感。这就是为什么在大脑回路层次上没有哪个决定可以不受情感的影响。

・・・

我已经多次强调过，大脑的行为就像一个科学家。大脑通过预测提出假设，然后测试感觉输入的"数据"。通过预测误差纠正自己的预测，就像一个科学家通过反面证据调整他或她的假设一样。当大脑的预测和感觉输入相匹配时，就构成了当时世界的模型，这就像科学家认为正确的假设就是通向科学确定性的路径一样。

几年前，我们一家人正在波士顿家里的餐厅吃饭，正在这时，非常突然地，我们所有人都有了一种感觉，一种从未体验过的感觉。我们的椅子先向后倾斜，然后恢复原位，就像在海浪上一样，前后晃动了一下。这种全新的体验我们以前从未有过，因此开始形成假设。我们是否只是暂时失去了平衡？不，不可能3个人同时失去平衡。是不是房子外面发生车祸了？不可能，我们没有听到任何动静。是不是很远地方的建筑物爆炸让地面产生了震动？可能太远了，我们没有听到声音。是不是地震了？也许是，但是以前我们从没经历过地震，而且这种晃动只持续了一秒钟，时间远少于我们在电影中看到的地震爆发的时间。但是，这种起伏的形状和正弦运动类似，又非常符合我们对地震的了解。地震与我们的知识最为匹配，因此，最后我们假设地震了。几个小时后，我们获悉缅因州附近发生了4.5级地震，波及了整个新英格兰地区。

我们全家人有意识地排除了一些可能性，同样的过程在大脑内部进行得极其快速，而且是自然而然发生的。你的大脑对世界有一个心理模型，这个模型源于你过去的体验，将会在下一刻出现，这就是利用概念从世界和身体中创造意义的现象。在清醒的每一刻，你的大脑都在利用这种体验，组合概念，引导你的行动，赋予你的感觉以意义。

我一直以来都把这个过程叫作"分类"，但在科学界它还有很多其他叫法，如体验、感知、概念化、模式完成、感知推理、记忆、模拟、注意、道德、心理推理。在关于日常生活的大众心理学中，这些词汇代表着不同的事情。科学家在研究它们时，通常也将它们看作不同的现象，并假设它们中的每一个都是由大脑中不同的过程产生的。但是实际上，它们都是经由相同的神经过程产生的。

当我的小侄子雅各布兴奋地用他的小手圈住我的脖子，拥抱我，让我感觉愉快时，这通常被称作"一个情绪体验"。当我看到他因为拥抱我而面带微笑且心情愉快时，这时我不是在体验，而是在"感知"。当我回想起这个拥抱，以及它带给我的温馨感受时，这时就不是"感知"，而是"记得"了。当我思考我是感觉快乐还是伤感时，我这时就是在"分类"，而不是"记得"了。我觉得，这些词并没有显著差别，它们都可以用相同的大脑材料来创造意义。

创造的意义比给定的信息要丰富。快速跳动的心脏有一个生理功能，如获得足够的氧气为你的四肢供应能量，让你能够运动，但分类使它成了一种情绪体验（如快乐或者恐惧），赋予了它一种在你的文化中可以理解的附加意义和功能。当你通过不愉快效价和高度唤醒体验情感时，你会根据分类创造意义：这是个恐惧情绪的实例吗？是因为喝太多咖啡因导致的兴奋吗？还是感知到了和你谈话的是一个大傻瓜？分类为生物信号赋予了新功能，但不是凭借物理性质，而是通过你的知识和你所处的情境。如果你把这些感觉划归为恐惧，你就是在创造意义，也就是说，"恐惧导致了你身体的这些生理变化"。当相关概念就是情绪概念时，你的大脑就会构建情绪实例。

当你把第 2 章开头出现的一团团黑色斑点感知成一只蜜蜂时，你就是从视觉感觉中创造了意义。你的大脑通过预测蜜蜂，模拟线条连接黑色斑点，完成了这一创举。以前的体验——看见一张真实的蜜蜂的照片——支持你的大脑留下这个未经修正的预测。因此，你在一团团黑色斑点中感知到了一只蜜蜂。你以前的体验塑造了瞬间感觉的意义，这个神奇的过程创造了情绪。

情绪即意义。根据相关情境，情绪对你的内感受变化和相应的情感感受做出解释。情绪是行动的指示。大脑系统如内感受网络和控制网络，实施概念，它是一门创造意义的生物学。

至此，你知道情绪在大脑中是如何炼成的了。我们会进行预测和分类。我们和所有动物一样，调节身体预算，但我们会用在那一刻构建的纯心理概念，如"快乐"和"恐惧"，来包装这种调节。我们和其他成年人分享这些纯心理概念，我们把它们教给我们的孩子。我们在每天的生活中创造全新的现实，而我们往往意识不到我们正在做的这一切。这就是下一章我们要讨论的主题。

第7章 社会文化对情绪有什么影响？

如果森林里一棵树倒了，没人在现场，也就没人听到，那它是否发出声音了呢？这个问题很老套，哲学家和小学老师时不时地就会提到这个问题。但是，这个问题也揭示了人类体验中的某个关键事物，尤其是我们是如何体验和感知情绪的。

根据常识，我们都知道，树倒下当然会发出声音，因此答案是肯定的。如果在那一刻，我和你正好路过，那么我们会清楚地听见树木开裂，树叶沙沙作响，以及当树干倒向地面时产生的巨大声响。显然，即使你我不在现场，这种声音也是存在的。

但是，从科学的角度来回答这个问题时，答案则是否定的。一棵树在倒下时是不会发出声响的，所谓的声响只是树木倒下时在空气中和地面上产生了振动。只有当某个特殊的东西在现场接收和传送这些振动时，它们才会变成声音：即与大脑相连的耳朵。任何哺乳动物的耳朵都可以清楚地听到这个声响——外耳收集空气压力产生的变化，集中到鼓膜，然后在中耳产生振动。这些振动在内耳通过微绒毛流动，微绒毛可以把压力变化转换成大脑可接收的电信号。没有这个特殊过程，就没有声音，只有空气运动。

甚至在大脑接收到这些电信号后，大脑的任务也没有完成，这种波动还必须转换成大树倒下的声音。因此，大脑需要一个"树"

的概念，并知道树可以做什么，如在树林中倒下。这个概念可能源于过去对树的体验、在某本书中了解到的内容，或者从其他人的讲述中获得的信息。没有这个概念，大脑中就不会有倒下的大树，只会有从未体验过的、无意义的噪声。

因此，声音不是在这个世界上被探测到的结果，而是当世界与某个身体互动时构建的体验。这时，是这个身体探测到了空气压力的变化，然后大脑赋予那些变化以意义，才有了声音。

没有感知者，就不存在声音，只有物理现实。在本章中，我们将探索另一种现实，即我们人类构建的现实，它只存在于那些具备感知能力的人身上。这个能力可以轻松获得，它不仅回答了"情绪是什么"的问题，也解释了在没有生物指纹的情况下，情绪是如何代代相传的。

接下来，让我们来看另外一个问题："苹果是红色的吗？"这也是一个令人费解的问题，只是不如树倒下的问题那么明显。通常，根据常识，我们的回答是肯定的：苹果是红色的（如果你喜欢，也可以说是黄色或者绿色的）。但是，科学界的回答依然是否定的。"红色"不是一个物体中包含的颜色，它是一种和光反射、人眼、人脑相关的体验。只有物体（在其他波长的反射中）反射某个波长（如600纳米）的光时，只有接收器把这个对比强烈的光转变成视觉时，我们才会看到红色。人类的接收器是视网膜，视网膜利用它的三个光感受器，即视锥细胞，把反射的光转变成电信号，然后由大脑赋予信号以意义。在视网膜里，如果缺乏对较长波长光线敏感的视锥细胞，人们就感受不到波长为600纳米的红色，只能看到灰色。在这个世界上，若没有大脑，就不会存在颜色体验，只有反射光。

而且，即使具有了合适的装备（眼睛和大脑），你也不一定会有红色苹果的体验。大脑如果想把一个视觉转化为红色体验，它必须拥有"红色"这一概念。这个概念可能源于你过去对红苹果、红玫瑰以及其他红色物体的体验，也可能来自你从其他人那里了解到的与红色相关的信息。（即使是天生的盲人也有一个"红色"概念，他们的概念是从谈话或者书中获得的。）没有这个概念，苹果给你带来的体验必然会不同。例如，对于巴布亚新几内亚的波里莫族人来讲，反射波长为600纳米光的苹果是褐色的，因为波里莫的颜色概念对连续光谱进行了不同的划分。

作为感知者，关于苹果和大树的谜题让我们陷入了两个互相对立的斗争中。一方面，常识告诉我们声音和颜色存在于我们身体之外的世界中，我们可以通过眼睛和耳朵把信息传给大脑，然后检测到声音和颜色。另一方面，就像我们之前了解到的，我们是自己的体验的建筑师，我们不会被动地探测世界上的物理变化。虽然我们多数时候并没有意识到，但我们会积极主动地构建自己的体验。看上去是一个物体把它的颜色信息传递到了你的大脑，但你体验颜色所需的信息主要源于你的预测，然后通过你的大脑从世界接收到的光来进行修正。

利用预测，你可以根据需要在你的脑海中"看见"颜色。现在试试看见茂密的原始森林的绿色。这个颜色可能不像平时那么生动，这个体验可能会瞬间消失，但你可以做到这一点。在这样做的时候，你视觉皮质的神经元改变了它们的兴奋性。你正在模拟绿色。你也可以想象一棵倒下的大树，在你的脑海中听到声音。这样尝试时，你听觉皮质的神经元将会改变它们的兴奋性。

外部环境中存在着空气压力和光波长度的变化，但是对我们来说，它们是声音和颜色。我们通过接收到的信息，利用从过去体验中获得的知识,即概念,从这些信息中创造意义。每一个感知都是由感知者构建的,感知者把源于外界的感觉输入作为一种原料构建了感知。当树木倒下时,只能听到空气压力的某些变化。只有某些波长的光到达我们的视网膜才会被转变成红色或者绿色。朴素实在论不相信这些,朴素实在论认为感知即现实。

　　第三个也是最后一个难解之题是:"情绪是真的吗?"你可能会觉得这个问题非常可笑,但是没有学术界不敢提出的问题。情绪当然是真的。想想上一次你激动、悲伤或者愤怒的时候,这显然都是非常真实的情感。但事实上,这第三个谜题就像大树倒下和红苹果谜题一样:都是一个两难的推理,情绪到底是真实存在的,还是只存在于你的大脑。这个谜题迫使我们直面我们对现实本质的假设以及我们在创造它的过程中所扮演的角色。但是在这里,答案有些复杂,因为它取决于"现实"对我们意味着什么。

　　如果你和一个化学家交谈,他会告诉你,"现实"就是分子、原子和质子。物理学家则会说,"现实"是夸克(理论上一种比原子更小的基本粒子),是希格斯玻色子,有可能是十一维空间一连串的微弦振动。不管人类存在与否,它们应该都存在于自然界——也就是说,它们是独立于感知的类别。如果明天,所有人类都离开地球,亚原子粒子依然存在。

　　但是,进化赋予了人类思维一种能力,让我们可以创造另一种现实,这种现实完全依赖于一个人的观察。根据气压变化,我们构建了声音;根据光的不同波长,我们构建了颜色;从烘焙食物中,我们构建了纸杯蛋糕和小松饼,两者除了名字之外没有什么不同。几个人同意某个事物是真实的,并给它起个名字,他们就是在创造现实。所有大脑功能正常的人都可能拥有一点这样的小魔法,而且

第 7 章 社会文化对情绪有什么影响？

我们一直都在使用它。

如果你不相信自己是一个魔术师，可以创造现实，那么看一下图 7-1。这是一种叫胡萝卜的植物，但人们更熟悉的名字是"安妮女王的花边"。这种花有着白色花边，也有一些是粉色的——但是非常稀少（它们反射光的波长在西方文化体验中被认为是粉色的）。我的朋友凯文（就是前一章提到的"凯文叔叔"）就曾费尽心机地购买了一朵粉色的"安妮女王的花边"，然后把它种在了花园的中间。一天，我们两个在他的院子里喝茶，这时另外一个朋友来访。我和凯文进屋为她倒茶，当我们出来时，恰好看见这个朋友一边摇头、一边弯腰，凭借着几十年的经验，她娴熟地把那朵粉色的"安妮女王的花边"拔了出来。

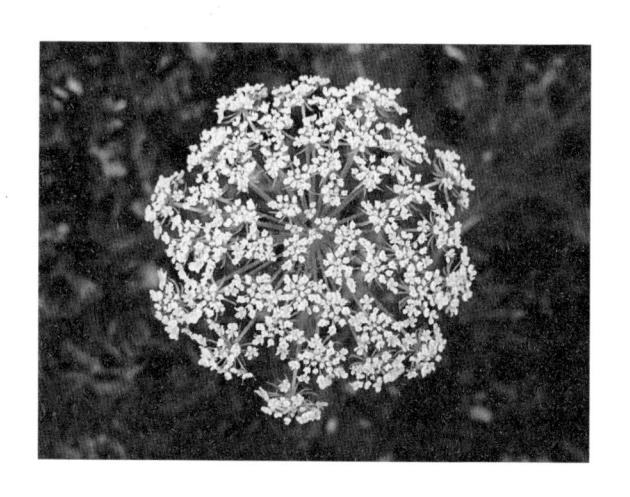

图 7-1　安妮女王的花边

在自然界中，没有任何东西能说明一株植物是花还是草。对凯文来说，"安妮女王的花边"是花，而对他的朋友来说，"安妮女王的花边"是杂草，这种区分取决于感知者。一朵玫瑰通常被认为是花，但是如果你在一大片蔬菜中发现了它，它就变成了杂草。蒲公英通常被认为是野草，但是和一束野花放在一起时，它就变成了花。对两岁大的孩子来讲，它也可能成为一个礼物。植物在自然界客观存在，是花还是草则取决于人的感知。它们的分类和感知者息息相关。阿尔伯特·爱因斯坦清晰地阐述了这个观点，他写道："物理概念是人类心灵的自由创造，无论它表面上看起来怎样，都不是唯一由外部世界决定的。"

常识让我们相信，情绪本质上是真实的，它是独立于任何观察者而存在的，就像希格斯玻色子和植物一样。情绪似乎存在于拧眉皱鼻中，存在于耸肩和汗湿的手掌中，存在于心跳加速和皮质分泌中，存在于沉默、尖叫和叹息中。

但是科学告诉我们，情绪需要一个感知者，就像颜色和声音一样。当你体验或者感知情绪时，感觉输入转变为放电神经元模式。这时，如果你把注意力集中在你的身体上，你就会体验到情绪，就好像它们恰巧发生在你的身体里，就像你体验到苹果的红色以及树倒下的声音一样。如果你关注的焦点是外部世界，你体验到面部、身体和声音，好像它们表达了你需要解码的情绪。但是正如我们在第5章了解到的，你的大脑会利用情绪概念分类，目的是为了赋予这些感觉以意义，结果就是你构建了快乐、恐惧、愤怒，或者其他情绪类别的实例。

情绪是真实的，但这种真实和大树倒下时的砰然巨响，一个人看见的红色以及花和草之间存在差异的真实是一样的，都是由感知者在大脑中构建的。

你的面部肌肉时刻都在运动。你皱眉、撇嘴、皱鼻子，这些行为是独立于感知者存在的，它们帮助你体验感觉世界。比如，睁大眼睛可以扩大你的视野，让你更容易探测周围的物体；眯眼可以提高你的视敏度，让你看清你面前的物体；皱鼻子有助于阻止有害化学物质吸入。但是，这些运动从本质上来讲不是情绪。

在你的身体内，你的心跳、血压、呼吸、体温和皮质醇分泌水平全天都处于变化中。这些变化的生理功能就是调节你的身体，这些变化和知觉无关。从本质上来讲，它们同样不是情绪。

只有当你对肌肉运动和身体变化进行分类，把它们看作体验和感觉，赋予它们新的功能，它们才能作为一个情绪实例发挥作用。没有情绪概念，这些新功能就不存在，有的只是面部运动、心脏跳动、激素循环等。如果没有颜色概念，"红色"和倒下的树的声音将不复存在，有的也只是光和振动。

多年来，诸如"恐惧"和"愤怒"这样的情绪分类是真实存在的还是一种错觉，科学家一直争论不休。之前我们了解到，坚持传统情绪观的人认为情绪类别是天生的，比如说所有的"恐惧"实例分享了一个生物指纹。他们认为，大脑中的情绪概念和那些自然类别是分开存在的。反对者抨击说，愤怒、恐惧只是一些和大众心理学相关的词汇，不值得进行科学研究。在对情绪研究之初，我支持后一种观点，但现在，我认为还有一种更真实的可能性。

"本质真实"和"错觉"存在差异，这本身就是一个错误的二分法。恐惧和愤怒对一些人来说是真实的，他们同意身体里、面部等发生的某些改变具有情绪意义。换句话说，情绪概念具有社会现实性。人脑属于自然的一部分，人类思维诞生于人脑，而情绪存在于人类思维中。生物分类过程创造了具有社会意义的真实类别，这些过程基于生理现实，在人脑和身体中能够观察得到。大众心理学的概念，如"恐惧"和"愤怒"，它们不应该成为惨遭科学思想抛弃的词汇，它们在大脑如何炼成情绪中发挥着关键的作用。

• • •

社会现实并不是只包含一些听起来不重要的东西，如花、草和红苹果。人类文明就是以社会现实为基础建立的。你生活中的绝大多数事情都是被社会构建的，如你的工作、你的地址、你所属的政府和遵循的法律、你的社会地位。战争发动，邻居反目成仇，所有这一切都是因为社会现实。巴基斯坦前总理贝娜齐尔·布托说，"你可以消灭一个人，但你无法消灭一个想法"，她宣扬的是用社会现实的力量去重塑世界。

金钱是社会现实的典型例子。如果给一群人一张印有已故领导人头像的长方形的纸、一个金属片、一个贝壳或者某种大麦，人们把它们划归到金钱类别，那它们就变成了货币。股票市场是一个社会现实，每天我们在这里交换的是以亿计的美元。我们根据科学方法，利用复杂的数学方程式研究经济。2008年次贷危机引发全球金融危机，带来了灾难性的后果，这个后果就是社会现实的产物。一系列房屋贷款——本身就是社会现实的构成——一下子从巨额资产变得一文不值，将人们推入经济废墟。在生物学和生理学领域，任何客观因素都能导致这样的恶果。这只不过是想象力的一次大规模的毁灭性变化。思考一下：200张1美元纸币和一幅画着200张一美元纸币的绢印版画，二者之间差别多大？答案是，大约4 380万美元。这个数字就是2013年安迪·沃霍尔的作品《200张1美元》的售价。这幅画就像它题目所显示的，上面画了200张1美元纸币，与真实纸币几乎没有什么不同。二者价值上的巨大差异完全取决于社会现实。这幅画的售价也是不断变化的——20世纪90年代，这幅画的售价只有30万美元，这也反映了社会现实。如果4 380万美元对你来说是一笔巨款,那么你就已经参与到这个社会现实中了。

编造一个事物,给它起个名字,至此,你就创造了一个概念。把你的概念教给其他人,只要得到他们的认可,你就创造了某个真实的东西。那么,我们如何让这个创造魔力发挥作用?那就是分类。把存在于自然界的事物进行分类,除了它们拥有的物理特性,再赋予它们新功能。然后,我们将这些概念传递给彼此,将彼此的大脑与社会现实连接起来,这就是社会现实的核心。

情绪是社会现实。我们构建情绪实例,所用方法与构建颜色、倒下的大树以及货币的方法完全一样:利用概念系统在脑网中完成。我们把从外界和身体获得的、独立于感知者而存在的感觉输入,在一个概念情境中,转换成一个情绪(如快乐)实例。"快乐"是人类思维常见的情绪,这个概念为这些感觉增加了新功能,创造了以前没有的现实:一种情绪体验或者一个情绪感受。

你不要再问,"情绪是真实的吗",而应该问"情绪是如何变成现实的"。理论上要想回答这个问题,需要建造一座桥梁,把独立于感知存在的生物大脑以及身体和我们日常生活中都会遇到的大众心理学概念,如"恐惧"和"快乐"联结起来。

情绪变成现实需要两种人类能力,它们是形成社会现实的先决条件。第一个能力是,你需要一群人认可一个概念的存在,如"花"、"现金"或者"快乐"。这个共享知识叫作集体意向性。人们并不太在意集体意向性,但它是每个社会构成的基础。即使你自己的名字也是通过集体意向性变成事实的。

在我看来,情绪分类是通过集体意向性变成事实的。要想让其他人知道你很愤怒,你们需要就"愤怒"这个概念达成共识。如果在一个给定情境中,人们对一组特定的面部运动和心血管变化达成一致意见，认为这就是愤怒，那么它就是。你们不需要明确意识到这种一致性。你们也没必要认定某个特别实例就是愤怒。你只需要大体上认定愤怒的存在，并且具有某些功能即可。在那一刻，人们能够在彼此之间非常有效地传递愤怒的概念信息，就好像愤怒是天生的一样。如果在某个特定情境中，我和你意见一致，认为皱眉就意味着生气，那么我皱眉，我就是在有效地和你分享信息。我皱眉的动作本身并不会把愤怒含义传达给你，这个动作就像空气中的振动传送声音一样。根据我们共同分享的"愤怒"概念，我皱眉在你的大脑中发起了一个预测……这是人类独有的神奇能力，它是一种合作行为的分类。

集体意向性是构建社会现实的必要不充分条件。除人类之外，某些哺乳动物也具有基本的集体意图，但它们无法构建社会现实。为了一个共同的活动，所有蚂蚁会一起劳动，蜜蜂也是如此。鸟群和鱼群会作为一个整体同时行动。某些族群的猩猩会使用工具，例如用棍子探路和吃白蚁，用石头砸坚果，而且会把工具的用法传给下一代。通过识别不同形状的东西可以完成同一个任务，猩猩似乎还掌握了"工具"的概念——例如，用拿在手里的某个东西获取食物，如木棍或者螺丝刀。

但人类是独一无二的，因为我们的集体意向性与思维概念相关。当我们看到一把锤子、一把电锯以及一个碎冰锥，我们可以把它们归为"工具"类别。我们可以赋予它们以前不存在的全新功能，进而创造现实。我们可以做到这一点，是因为我们具有社会现实形成的第二个前提条件：语言。

其他动物的集体意向性都没有和语言组合在一起。只有少数几个物种的动物同类间可以象征性地进行沟通。大象似乎可以通过低频叫声进行交流，它们的叫声传播距离有 1 英里。某些类人猿似乎可以利用有限的符号语言进行交流，这种程度相当于一个 2 岁的人类小孩，但它们这样做通常是为了获得一个奖励。只有人类同时拥有语言和集体意向性。这两种能力以一种复杂的方式相互构建，但正因如此，人类婴儿的大脑中自主形成了一个概念系统，改变了大脑的联结。这种组合也让人们可以合作地进行分类，协同分类是交流和社会影响的基础。

正如我们在第 5 章所了解的，词汇促使我们形成概念，为了某种目的，可以把外形不同的事物划归一类。喇叭、定音鼓、小提琴和军用火炮看起来完全不同，但因为它们都可以满足一个目的，所以都可以划入"乐器"类别——例如它们都可以用来表演俄国作曲家柴可夫斯基的《1812 序曲》。"恐惧"这一概念包含各种实例，这些实例不仅发生时刻不同，内感受和引发的时间也不同。即使是还没有掌握语言的婴儿也会利用语言形成概念，如球和噪声制造者，只要成人有意识地对他们说这些词汇。

据我们所知，在一个群体间交流共享概念，词汇是最有效、最简短的表达方式。当我点比萨时，我绝对不会这样说：

我："你好，我想点餐。"

电话那边传来的声音："好的，你想点什么？"

我："我想要一块揉成圆形或者方形的面团，上面放上番茄酱和芝士。面团要放在热烤箱里烤足够长的时间，烤到芝士融化，面团表面变成棕色。我要吃这个面团。"

电话那边传来的声音："总共 9.99 美元。我们将在分针指向 12、时针指向 7 时为您准备好。"

实际上，一个词语"比萨"就可以大大缩短打电话的时间，因为在我们的文化中，我们对比萨有着共同的体验和知识。如果我向某个人详细地描述比萨，那这个人以前一定是没有见过比萨，同样，这个人也会愿意听我一条一条地详述比萨的特性。

词汇也有力量。通过词汇，我们把自己的想法直接传到他人的大脑中。如果我让你坐在椅子上一动不动，然后对你说"比萨"这个词，你的大脑神经元会自动改变它们的放电模式，进行预测。当你模拟出蘑菇和意大利香肠的味道时，你甚至会流口水。词汇给我们提供了心灵感应的特殊形式。

词汇有助于进行心理推理：理解他人的意图、目的和信仰。我们在第5章提到过，婴儿可以学习存在于他人大脑中的关键信息，这种信息推理需要通过词汇来完成。

当然，词汇不是概念交流的唯一方法。如果我结婚了，而且想让全世界都知道，那么我没有必要到处去说："我结婚了，我结婚了，我结婚了。"我只需要戴上一枚戒指（一枚钻戒更好），或者（在印度北部地区）在眉心点上一个红点，都可以证明我结婚了。同样，如果我快乐，我不需要通过词汇表达，只需要微笑，周围的人通过集体意向性就能明白，这时他们的大脑中形成了大量的预测。在我的女儿上小学前，我一瞪眼睛，无须说话，她就不敢再顽皮。

即使如此，在教授一个概念时，你依然需要一个词语，因为这样会更有效率。集体意向性要求一个群体中的每个人分享一个类似的概念，如"花""草""恐惧"。在这些概念中，每个概念实例的物理性质差异很大，几乎找不到统计规律，但是群体中的成员都曾以某种方式习得过这些概念。事实上，这种习得需要一个词语。

那么，先有概念，还是先有词汇？在科学界和哲学界，对这个问题的争论一直存在。在这里,我们也没办法给出答案。但是,显然,人们在知道一个词语之前就已经形成了某些概念。我们提到过,婴儿出生几天后,很快就会习得脸的感知概念,但他们却不知道"脸"这个词,因为脸具有统计规律:两只眼睛,一个鼻子和一张嘴。同样,无须通过词汇,我们也能够区分"植物"和"人类"两个概念:植物能够进行光合作用,而人类不能。不管为这两个概念起什么名字,它们之间的差异都和感知无关。

另一方面,某些概念需要词汇。思考一下这个类别:假装打电话。我们都看到过,孩子拿着一个东西放在他们耳边,模仿父母打电话的行为,然后对着它说话。这个物体可以是很多东西:可能是一个香蕉、一只手、一个茶杯,甚至是一个安全毯。这些实例没有什么重要的统计规律可言,但一位父亲可能会把一个香蕉递给他的儿子,说:"丁零零,你的电话。"这种简单表达足以让双方对接下来做什么有充分的了解。另一个方面,如果你不知道"假装打电话"这个概念,那么你看见一个两岁的孩子把玩具汽车放到耳边然后开始讲话,你看到的可能只是一个孩子把玩具放在脸的一边,正在说话。

同样,通过情绪词汇,情绪概念更容易习得。你已经了解,在你的面部、身体或者大脑中,情绪类别没有一致的指纹。这意味着单个情绪概念的实例,例如"惊讶"不需要具备物理相似性,才会被你的大脑分到一组。任何两个情绪概念,如"惊讶"和"恐惧",都不需要一致的指纹才能够被准确区分。因此,作为一个文化群落,我们通过词汇提出了心理相似性。从小时候起,在某些特定情境中,我们会听到人们说"恐惧"或者"惊讶"。每个词语的声音(长大后学会每个词语的书写)在每个类别内创造了足够多的统计规律,并找出了彼此之间存在的统计差异。没有"恐惧"和"惊讶"的词汇，这两个概念很可能无法在人们之间传播。没有人知道到底是先有概念还是先有词汇，但是很明显，词汇与我们发展和传递纯心理概念关系密切。

• • •

传统情绪观的理论家一直争论不休的问题是："情绪到底有多少种？爱是情绪吗？敬畏是吗？好奇呢？饥饿呢？像'快乐'、'愉快'和'高兴'这些同义词代表了不同的情绪吗？欲望、渴望和酷爱呢？它们有差别吗？它们是情绪吗？"从社会现实的角度来看，这些争论毫无意义。只要人们一致认为，爱（或者好奇、饥饿等）的实例具有情绪功能，那么爱就是情绪。

在上一章我们已经介绍了一些情绪功能。第一个情绪功能和所有的概念一样，即情绪概念创造意义。假设你发现自己呼吸加快，浑身出汗，那么你是感觉兴奋、恐惧，还是觉得身心疲惫？不同的分类表达了不同的意义：也就是说，根据过去的经历，你对目前的身体状态可能有不同的解释。一旦你根据一个情绪概念做了分类，构造了一个情绪实例，那么它们就可以解释你的感觉和行动。

第二个情绪功能是概念规定行动。如果你呼吸加速，全身出汗，你应该做什么？你是会兴奋地咧嘴大笑，还是会害怕地逃跑，或者躺下来睡一小觉？预测构建情绪实例，情绪实例以过去的经验为指导，为在特定情境下达到某一特定目的而规划你的行动。

第三个功能和概念调节身体预算的能力有关。你对身体出汗、气喘吁吁，以及身体预算的分类不同，它们产生的影响也会不同。如果认为这是兴奋的表现，皮质醇适度释放（如举起手臂）；如果认定是恐惧，那么皮质醇释放会增多（因为你要准备逃跑）；而小睡不需要额外的皮质醇分泌。分类会让你的体内发生变化。每个情绪实例都会为不久的将来做一些身体预算。

这三个功能有一个共性：它们只和你有关。创造意义、采取行动或者调节身体预算时，你不需要其他任何人参与你的体验。但情绪概念有两个功能可以吸引其他人参与到你的社会现实圈内。一个功能是情绪沟通，情绪沟通时，两个人对概念的分类会实现同步。你看见一个人气喘吁吁、浑身大汗，如果他身穿一套运动服，那他可能在运动，但如果他穿着一套新郎礼服，那就是另外一回事了。在这里，分类不仅传达了意义，还对人们当时的行为做出了解释。另外一个功能就是社会影响。如"兴奋"、"恐惧"和"疲惫"这样的概念是你调节其他人身体预算的工具，而不是调节你自己的。如果你能让其他人认定你气喘吁吁、浑身大汗是因为恐惧，那么你就会影响他们的行为，这是单纯的呼吸加快和浑身大汗无法做到的。可见，你也可以成为其他人的体验的建筑师。

这两个功能需要其他人——与你正在沟通或者你正影响的——和你持相同的观点，即在某种情境下，某些身体状态和身体行动具有某些特定的功能。没有这种集体意向性，一个人的行动，不管对他自己多么有意义，对他人来讲都是无意义的噪声。

如果你和朋友正在散步，你们看见一个男人在人行道上使劲跺脚。你经过分类，觉得这个人在生气，而你朋友认为这个人是灰心沮丧。但是，这个人认为自己只是在甩掉粘到鞋上的泥块。这是不是说你和你的朋友错了呢？这个人会不会并未意识到当时自己的情绪？在这个例子中，谁是正确的？

如果这是一个物理现实问题，你可以非常明确地解决这件事。如果我说我衬衫的材质是丝的，而你说是涤纶的，我们可以做一个化学实验来寻找答案。但就社会现实而言，不存在这样的准确性。如果我说我的衬衫漂亮，而你认为不好看，从客观上来讲，我们两人谁都不正确。感知那个跺脚的男人的情绪也是一样。情绪没有指纹，因此也就没有准确性一说，而你需要做的就是找到共识。关于我的衬衫或者那个跺脚的人，我们可以问其他人是否同意你或者我的看法，或者我们可以把我们的分类和我们的文化标准进行一下比较。

你，你的朋友，以及那个跺脚的男人，你们每个人都通过预测构建了一个感知。跺脚的那个人自己可能感受到了不愉快唤醒，他可能会把自己的这种内感受，连同他根据外界做出的预测一起构成这样一个实例，即"清除鞋上的泥块"。你可能会构建一个愤怒实例，而你的朋友可能会构建一个沮丧实例。每个构建都是真实的，因此从严格的客观角度来讲，我们没法说谁是准确的。这并不是科学的局限性：它只是一开始就问错了问题。仅凭观察者的评估不可能准确而又明确地裁决此事。你在计算准确性时，如果无法找到一个客观标准，那么就只剩下共识了。这提示你，你现在处理的是社会现实，而不是物理现实。

这一点很容易被误解，因此我需要明确解释一下。我并不是说情绪是错觉。情绪是真实的，情绪是一种社会现实，就像花和草一样。我不是说每件事都是相对的。如果那样，文明将会崩溃。我也不是说情绪"只存在于你的大脑中"，这种说法削弱了社会现实的力量。金钱、名誉、法律、政府、友谊以及所有我们最狂热的信念都是"只"存在于人类的大脑中，但它们是我们可以为之生死拼搏的东西。它们是真实的，是因为人们认为它们是真实的。但是，它们和情绪一样只存在于人类感知者面前。

第7章　社会文化对情绪有什么影响？

• • •

当你把手伸进袋子，发现你刚才吃掉的就是最后一块薯片了。想象一下，你是什么感觉。袋子空了，你可能感觉有点儿失望，但又因为不再摄入更多的卡路里而松了口气，同时也有一丝丝愧疚，因为你吃了一整包薯片，却还是很饿，想再吃一包。我刚刚发明了一个情绪概念，在英语中找不到对应的词来描述。但是读了对这种复杂情感的大段描述，你有可能模拟出整个过程，甚至是薯片袋子上的褶皱和袋子里剩下的最后那点儿可怜的碎屑也能模拟出来。虽然不能用一个词语把这种情绪表达出来，但你已经体验到了它。

通过把已经知道的概念实例（如"袋子""薯片""失望""松了口气""愧疚""饥饿"）组合在一起，你的大脑就完成了这一壮举。之前我们介绍过，我们将大脑这种强大的能力称之为"概念组合"。通过概念组合，你的大脑创造了与薯片相关的全新情绪类别的第一个实例，为模拟做好了准备。现在，我给这个新创造起个名字，就叫作"无薯片"，然后把它教给我周围的人，它就会成为"快乐"和"悲伤"一样真实存在的情绪概念。人们会利用它进行预测、分类、调整身体预算，在不同的情境中构建各种各样的"无薯片"实例。

至此，我们遇到了本书最具挑战性的一个观点：你需要有一个情绪概念，才能体验或构建相关情绪。这是一个要求——没有"恐惧"的概念，你就体验不到恐惧；没有"悲伤"的概念，你就无法在他人身上感知到伤心。你可以学习必要的概念，也可以通过概念组合瞬间构建，但是你的大脑必须能够形成这个概念，并能够用它进行预测，否则你根本体会不到这种情绪。

我知道，这个说法听起来似乎违反常理，下面我们来看几个例子。

你可能不熟悉这种情绪，即化愤怒为力量（liget）。这是一种极具攻击性的情绪，源于菲律宾一个叫伊隆戈的部落，这个部落有猎头的习俗。这种情绪出现在一组人和另一组人的残酷争斗中，包含强烈专注、激情和精力。危险和精力让一组人团结在一起，有了归属感。"化愤怒为力量"不仅是一种精神状态，它所蕴含的情况也十分复杂，包括一些社会规则，如哪些活动可以让这种情绪持续下去，什么时候感觉到它是合适的，在这时，其他人会如何对待你。就像快乐和悲伤对你来说是真实的一样，"化愤怒为力量"对于伊隆戈部落的人来说也是真实的情绪。

西方人一定有过愉快进攻的体验。运动员可以在激烈的比赛中感受到这种体验。视频游戏玩家可以在第一人称射击游戏中感受到。如果不利用概念组合构建"化愤怒为力量"这一情绪，不管是运动员还是视频游戏玩家，即使他知道化愤怒为力量的完整意义、规定的行动、身体预算变化、交流和社会影响，但依然体验不到化愤怒为力量的情绪，除非他能够通过概念组合构建"化愤怒为力量"。化愤怒为力量是一个完整的概念包。如果你的大脑不能构建这个概念，那么你就体会不到完整的化愤怒为力量的情绪，也许你可以体会到一部分：愉快、高度唤醒情感、进攻、追求惊险挑战的刺激，或者来自一组成员之间的兄弟或姐妹情谊。

下面，让我们来看一个美国文化中最近采用的情绪概念。在最近一次与我的实验室成员的会议上，我了解到，一个熟人（暂且称他为罗伯特）与诺贝尔奖失之交臂。过去他对我不太友善（用一个礼貌的科学家的说辞就是"他表现得像个傻瓜"），所以，当我听到这个消息时，我承认我当时的感觉很复杂：我对他有一些同情，但对他的不幸遭遇又有点儿幸灾乐祸，因为这种小气行为我又感觉有点愧疚，想到可能会有人发现我这种不厚道的想法，心里又有点儿尴尬。

想象一下，如果我向实验室的同事描述我的概念组合："罗伯特对于自己没得奖一定感觉糟透了，但我感觉很高兴。"我这样说当然非常不合时宜。在我的实验室里，没有人知道我和罗伯特的过节，也没有人知道我当时感到的内疚和尴尬心情，因此他们不会理解我的想法，而且很可能还会把我看成一个混蛋。相反，如果我说："我感觉有点儿幸灾乐祸（schadenfreude）"，那么实验室里的每个人都会笑一下，点头表示同意。一个词语有效地表达了我的情绪体验，并得到了社交认可，因为实验室里其他人都有这个概念，能够构建一个"幸灾乐祸"的感觉。在其他人遭遇不幸的时候，我们不能只用带有愉悦效价的情感表达我们的心情。

这种情绪与西方文化中的悲伤情绪完全一致，后者我们更为熟悉。任何健康的人都能够体验到低唤醒、不愉快的情感，但你无法体验到悲伤所包含的所有文化含义、恰当的行为，以及其他情绪功能，除非你知道"悲伤"的概念。

一些科学家认为，没有情绪概念，情绪依然存在，但受影响的人意识不到。这暗示了情绪概念不属于我们的意识范畴。我觉得有可能，但仍心存质疑。如果你没有"花"的概念，有人给你看一朵玫瑰，你只知道那是一株植物，而不会认为它是一朵花。没有科学家敢说你看到了一朵花，只是"没意识到"。同样，第2章开头那些黑色斑点里也没有一只隐藏的蜜蜂——你感知到了蜜蜂，只是因为概念知识。同样的道理也适用于情绪，如果你没有"化愤怒为力量""悲伤""无薯片"的分类，那么你就不会有情绪，有的只是一个感觉信号模式。

情绪

　　想想"化愤怒为力量"概念在西方文化中多么有用。军校学员在进行战术训练时，有一小部分人在杀人时会获得快感，但他们不会为了获得愉悦感去杀人——他们不是精神变态。但是他们杀人时，他们体会到了快乐。从他们的战斗叙述中，可以看出猎捕对他们的刺激，以及和队友一起完成任务带给他们的强烈快感。但是在西方文化中，在杀戮时感到快感被认为是恐怖的，为人所不齿，很少有人会对那些从杀戮中获得快感的人产生同感。想一想，如果我们把"化愤怒为力量"这一概念和这个词都传授给军校学员，会发生什么呢？因此，可以同时教给他们的还包括一系列社会原则，让他们明白什么时候感受这种情绪最恰当。我们可以把这个情绪概念引入更广泛的价值观和规范的文化环境中，就像我们曾引入幸灾乐祸（schadenfreude）一词一样。在军人执行公务时，在必要的时候，这个概念甚至可以让他们灵活地培养化愤怒为力量的体验。像化愤怒为力量这样全新的情绪概念可以提高他们的情绪粒度，增强部队凝聚力，提高他们的工作效率。而且，不管是在战争中，还是在他们退伍后，这个概念可以一直保持战士的精神健康。

　　我知道，我现在说的话题有些敏感：在体验或者感知一个情绪之前，我们每个人都需要一个情绪概念。这显然违背了我们的常识，也和我们的日常体验不符，情绪感觉上去是天生的。但是如果情绪是通过预测构建的，你只能通过你拥有的概念进行预测，没错……就是如此。

· · ·

　　你可以毫不费力就体验到情绪，因为情绪是天生的，很可能从你父母那一代，甚至是他们的父母那一代，人们就这样认为。传统情绪观对这个过程做出了解释：情绪——和情绪概念分开——通过进化深植于神经系统。我也有一个进化的故事要告诉你，但它是关于社会现实的，而且不需要神经系统中的情绪指纹。

像"恐惧""愤怒""快乐"这样的情绪概念代代相传。概念之所以会传承下去，不仅是因为我们的遗传基因，同时也是因为那些基因在每代人之间建立的连接。随着对所属文化的道德观和价值观的掌握，婴儿思维在成长，他们掌握的概念也在增多。这个过程有很多名称，如大脑发育、语言发育、社会化等。

人类一个主要的适应优势（也是我们作为一个物种繁荣起来的原因）——我们生活在社会群体中。这种安排让我们人类扩张到全球，通过喂养、穿衣和彼此学习，在不适合居住的物理环境中创造出宜居的栖息地。因此我们在几代人之间积累信息（故事、食谱、传统习俗等任何我们可以描述的事物），这有助于每代人塑造下一代人的大脑联结。通过这个代与代之间的知识宝库，我们努力塑造物理环境，创造文明，而不单单是适应环境。

群体生活当然也存在缺点，其中一个困境尤为明显，是我们每个人都必须面对的：与他人和谐相处，还是努力造福自己？日常概念（如"愤怒"和"感激"）对于处理这种互相冲突的问题十分关键。它们属于文化手段，它们规定特定情境中的行为，让你可以沟通、影响其他人的行为，所有这些都服务于你的身体预算。

你不能因为恐惧在你的文化中代代相传，就认定恐惧被编入了人类基因组。同样，恐惧也不是在非洲大草原上，古人类历经数百万年通过自然选择塑造的。这些单一解释忽视了集体意向性的巨大力量（更不用说现代神经系统科学的大量证据了）。的确，我们在不断进化中创造了文化。形成以目的为基础的概念系统是为了管理我们自己和他人，这是文化的一部分。我们的生物性让我们能够创造以目的为基础的概念，但具体是哪些概念，可能就是文化演变的问题了。

人类大脑是文化的产物。我们无法像给电脑装软件一样，给一个原始状态的大脑装载上文化。相反，文化有助于联结大脑，然后大脑成了文化的载体，从而创造和延续文化。

所有群居人类都必须解决一些常见问题，因此在不同文化中发现一些相似概念并不奇怪。例如，绝大多数人类社会都有关于神的神话故事：古希腊的仙女，凯尔特传说中的精灵，爱尔兰民间传说中的小妖精，印第安人的小精灵，夏威夷土著的小矮人，斯堪的纳维亚的巨人，非洲神话中的阿齐扎（Aziza），因纽特文化中的阿格洛里克（Agloolik），来自澳大利亚原住民的米米斯（Mimis），中国的神，日本道教的神，等等。和这些神相关的故事在人类历史和文学中占据了重要地位。但是，这并不是说这些神是真实存在的，或者曾经在自然界存在过（不管我们多么渴望加入霍格沃茨魔法学校）。"神"这个类别是由人脑构建的——既然它存在于这么多不同的文化中，那么它很可能具有某种重要的功能。同样，"恐惧"存在于很多文化中（不是所有文化，如非洲卡拉哈里沙漠中的昆人就没有这个词），也是因为具有了某种重要功能。据我所知，情绪概念不具有普遍性，普遍性本身也不意味着一种感知独立的现实。

社会现实是人类文化背后的推动力。情绪概念作为社会现实的基本元素，是在婴儿时期从他人那里习得的，甚至是更晚的时候从一个文化到另一个文化中习得的（稍后将对此详细解释）。这种观点是非常合理的。因此，社会现实是祖先通过自然选择向后代子孙传播行为、喜好和意义的渠道。概念不仅仅是一种覆盖在我们生物性上的社会外衣，它还是社会现实，并且通过文化根植于你的大脑。

拥有文化背景，掌握某些概念，或者拥有更多各种各样概念的人更适合繁衍生息。

之前，我们利用颜色概念对光波长度进行了分类，我们把看到的虚幻的条纹雕刻成彩虹。如果你搜索彩虹的俄语单词"ра дуга"，你会发现俄罗斯的彩虹图包含7种颜色，而不是6种：西方文化中的蓝色被细分成了浅蓝和深蓝两种颜色。如图7-2所示。

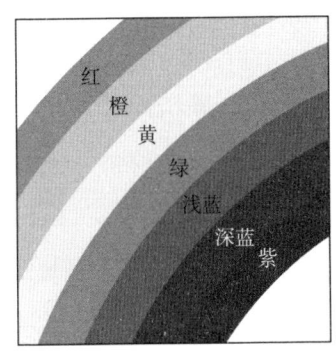

图 7-2 不同文化中的彩虹图

这些图片表明颜色概念受文化影响。在俄罗斯文化中，蓝色和西方人眼中的天空蓝是不同的类别，就像蓝色和绿色之于美国人一样。这种差异不是因为俄罗斯人和美国人视觉系统存在固有的结构差异，而是文化差异导致了习得颜色的概念不同。只是俄罗斯人从小就知道浅蓝和深蓝是不同的颜色，它们有不同的名字。这些颜色概念已经被植入他们的大脑中，因此他们感觉到了7种颜色。

词语代表概念，概念是文化传播的工具。我们把从父母那里获得的概念又传给我们的孩子，代代相传，就像你高曾祖母的烛台来自古老的国度一样——"彩虹有6种颜色""货币用来交换货物""纸杯蛋糕是甜点，而小松饼是早点"。

情绪概念也是文化的工具。情绪概念具有一系列规则，所有的一切都是为了调节你和他人的身体预算。这些规则具有特定性，不同的文化规则不同，规定了在特定情境中，什么时候可以构建一个特定的情绪。在美国，当你坐过山车，等待癌症筛选结果，或者某人用枪指着你时，你感到恐惧是很正常的。在美国，在一个安全的社区里，每当你走出家门都感到恐惧，那就是不正常的：这种恐惧被认为是病态的，是一种焦虑性障碍，叫作"恐旷症"。

卡门是我的朋友，她出生在玻利维亚，当我告诉她，不同的文化中情绪概念也不同时，她很吃惊。"我认为世界上每个人都有相同的情绪。"她用西班牙语对我说，"好吧，比起美国人，玻利维亚人的情绪更强烈，更有力。"绝大多数人一辈子可能就只会使用一组情绪概念，就像卡门，因此他们会对这种文化相对性感到诧异。但是，科学家已经记录了大量英语中没有对应词汇的情绪概念。当挪威人想表达恋爱的欣喜若狂时有一个概念，叫作"forelsket"。丹麦人用"hygge"的概念描述亲密朋友之间的某种关系。俄罗斯人用"tocka"的概念标识精神苦闷。葡萄牙人用"saudade"标识强烈的精神渴望。做了一点研究后，我在西班牙语中找到了一个情绪概念，叫作"pena ajena"，这个概念在英语中没有直接对等的词。据卡门解释，这个概念表达的是"为他人的损失感到伤心"，但是我也曾看到过这个词表达替别人感觉不舒服和尴尬的概念。下面是其他关于不同文化情绪概念的例子：

  gigil（菲律宾语）：想要抱紧或者揉捏某样超级可爱的事物的冲动。

voorpret（荷兰语）：预感到有好事即将发生时的兴奋。

age–otori（日语）：看起来是非常失败的发型。

在其他文化中，有一些情绪概念极其复杂，很难翻译成英语，但当地人却会自然而然地体验到这些情绪。在伊法鲁克文化中（讲密克罗尼西亚语的人）有一个概念叫"fago"，具体情境不同，分别可以代表爱、同情、遗憾、悲伤或者怜悯。在捷克文化中，"litost"概念据说无法翻译，只知道大概意思是"处境悲惨，自我折磨，同时还伴有强烈的报复欲望"。日语中的情绪概念"arigata-meiwaku"是指别人给你帮了倒忙，但你还不得不表达感激的心理状态。

当我在美国演讲时，我告诉观众，情绪概念是可变的，而且它具有文化特异性，并指出我们英语中的概念与我们的文化非常类似，一些人感觉很震惊，就像我的朋友卡门当时的反应。他们坚称"快乐和悲伤是真实的情绪"，就好像其他文化的情绪都不是真实的，只有他们自己的情绪是真实的。对此我通常会说：你们说得没错。"fago""litost"等对你们来说不是情绪。那是因为你不知道这些情绪概念，相关的情境和目的对美国中产阶级文化来讲并不重要。你的大脑不会根据"fago"做出预测，因此这个概念不会像快乐和悲伤的概念那样，自然而然地就可以感觉到。要想理解"fago"，你必须结合你已经知道的其他概念，进行概念组合，消耗脑力。但是在伊法鲁克文化中，这个概念是确实存在的。伊法鲁克人可以自动利用这个概念进行预测。当他们体验"fago"这种情绪时，就像你感受到快乐和悲伤一样自然和真实，他们刚好就体验到了"fago"。

是的，fago、litost 等只是人类编造出来的词语，但是"快乐""悲伤""恐惧""愤怒""厌恶""惊讶"也是我们编造出来的词语。造字是社会现实的基础。难道你会说你们国家的货币是真实的，别国的货币就都是造出来的？对于那些从未出国旅游的人来讲，他们很可能会这样说，因为缺少他国货币的概念。但有过出国旅游经验的人都有"他国货币"这样的概念。我现在告诉你"其他文化的情绪"，这样你就可以理解，你的文化中的情绪对你来说是真实的，其他文化中的情绪对该文化中的人来讲也是真实的。

如果你觉这些想法很有挑战性，再看看这个：在西方情绪概念中，也有一些非常珍贵的，其他文化没有的概念。比如因纽特人没有"愤怒"概念，塔希提人没有"悲伤"概念。没有"悲伤"概念，西方人很难接受这些事实：一个人怎么可能没有悲伤？这是真的吗？在西方人体验悲伤的情境中，塔希提人体会到的是生病、苦恼、疲乏，或者没精神，所有这些他们都用一个词概括，即 pe'ape's。一些传统情绪观支持者认为，塔希提人皱眉就代表了悲伤，不管他知道与否。构建主义者不敢说得如此绝对，因为人皱眉有很多原因，如思考、用力等，换个说法，当人们审视一个想法时，或者感觉 pe'ape's 时，都会皱眉。

除了个体情绪概念，关于"情绪"是什么，不同文化也没有达成一致。西方人认为情绪是个体身体内部的体验。但是在很多其他文化中，情绪是人际交往事件，需要两个或更多人才会产生。这包括密克罗尼西亚的法鲁克人、巴厘人、富拉人、菲律宾的伊隆戈人、巴布亚新几内亚的卡露力族人、印度尼西亚的米南佳保人、澳大利亚的宾土比土著，还有萨摩亚人。更有趣的是，西方文化中人们会把一系列感知体验综合在一起，统称为"情绪"，但在有些文化中，甚至都没有一个统称来概括人们的这些体验。塔希提人、澳大利亚吉迪加利（Gidjingali）土著、加纳的芳蒂人和德巴尼人、马来西亚的奇旺族人,以及我们在第3章介绍的辛巴族人都是非常值得研究的案例。

绝大多数情绪的科学研究都是以英语为基础的,利用了美国英语的概念和美国情绪词汇(以及它们的翻译)。著名语言学家安娜·威尔兹彼卡指出,英语已经成为情绪科学的概念监狱,她说:"英语情绪术语构成一个大众分类,而不是一个客观的、不受文化限制的分析框架,很明显,我们不能假设像厌恶、恐惧、羞愧这样的英语词汇,是全人类概念的线索,也不能将之看成是基本的心理现实。"更令人无法接受的是,概念词汇多源于20世纪的英语,有一些是非常现代的词汇,即使"情绪概念"也是17世纪才出现的。在此之前,学者用感情(passions)、伤感(sentiments)以及其他意义稍有不同的词汇来表达。

不同语言利用不同的方法描述变化多端的人类体验——情绪和其他心理事件、颜色、身体部位、方向、时间、空间关系和因果关系。不同语言之间的差异性多到令人震惊。我的朋友巴塔·梅斯基塔是一名文化心理学家,之前我介绍过她。巴塔在荷兰出生长大,后来在美国攻读博士后。在随后的15年间,她结婚、生子,并成了北卡罗来纳州维克弗斯特大学的一名教授。在荷兰,巴塔感觉她的情绪是自然流露的,没有比这个词更好的描述了。但是在搬到美国后,她很快注意到她的情绪不太适合美国文化——美国人的快乐让她觉得非常不自然。美国人说话时总是语调欢快,他们时时刻刻在微笑。当巴塔向人们问好时,他们的回答总是很积极("我好极了!")。在美国文化环境中,巴塔的情绪反应似乎不合时宜。当被问到最近怎么样时,她的回答不会像美国人那样时刻充满激情,她不会说自己"妙极了"或者"很棒"。一次演讲中,我听到巴塔讲述了自己的经历，我同意她所说的一切。结束时，我热烈地鼓掌，然后走向她，拥抱她，并对她说："你讲得非常棒！"我花了一点儿时间才意识到，我刚刚证实了她之前说过的观点。

巴塔的经历无独有偶。我的同事尤利娅·达顿来自俄罗斯，她说她来到美国一年，她的脸就疼了一年，因为以前她从来没有微笑过这么多次。我的邻居保罗·哈里斯是一位情绪移植专家，来自英国，他观察到一遇到科学难题，美国学术界就会极其兴奋———种高度唤醒的愉悦情感——但绝不仅仅是好奇、困惑或者糊涂，而他更熟悉那些低唤醒和相对中立的体验。总之，美国人更偏爱高度唤醒的愉悦状态。美国人经常微笑，经常互相表扬、称赞和鼓励。不管获得任何成绩，甚至是一个"参与奖"美国人也会给予奖励。似乎每隔一周电视上就会有一场颁奖礼。在过去的十年间，我已经数不清美国市面上出版了多少本关于快乐主题的书籍。美国的文化是积极向上的，美国人热衷于寻找快乐，乐于肯定自己。

巴塔在美国待的时间越长，她的情绪就变得与美国文化越来越协调。她愉悦的情绪概念增多了，变得更加多样化了。她的情绪变得更加细腻，体验到了与满意和满足截然不同的美国式的快乐。她的大脑自主形成了符合美国规则和习俗的新概念。这个过程叫作"情绪文化适应"。从一个陌生的文化中习得新概念，然后转换成新预测。通过这些预测，你就可以在新环境中体验和感知情绪了。

实际上，发现情绪文化适应的科学家就是巴塔。巴塔发现，人们的情绪概念会因为文化的不同而不同，而且情绪还会发生转变。例如，在比利时，当一个同事阻碍你完成任务时，你会很愤怒，在土耳其人们还会感受到（像美国人体验到的那样）愧疚、羞愧以及尊重。但是当土耳其人移民到比利时，待的时间越长，他们的情绪体验就会更加"比利时化"。

从某种程度上来讲,沉浸在新文化中的人类大脑可能有点儿像婴儿的大脑:是由预测误差而不是预测来驱动的。在陌生文化中,由于缺少情绪概念,移民者的大脑就会吸收感觉输入,构建新概念。新的情绪模式不会取代已有的模式,但它们可能会互相干预,就像我的希腊研究助理亚历山德拉一样,我们在第5章提到过她。如果你不知道当地的概念,你就无法进行有效的预测。你必须通过概念组合表达感受。这需要你付出很多努力,但也只能得到一个近似的意思。或者,你会经常被预测误差困扰。因此文化适应过程会消耗你的身体预算。实际上,研究显示,情绪文化适应差的人容易患身体疾病。这让我们再一次想起了情绪分类。

· · ·

在本书中,我努力带你从全新的角度思考情绪。不管你是否意识到,关于情绪,你已经掌握了一系列概念:情绪是什么,情绪来自哪里,情绪意味着什么。也许,在读这本书之前,你对情绪的了解还只有传统情绪观提倡的"情绪反应"、"面部表情"和"大脑中的情绪回路"。如果这样的话,我会慢慢用一些全新的概念取代它们,如"内感受""预测""身体预算""社会现实"。从某种意义上来讲,我正努力让你接受一种新文化,即构建情绪理论。一个新的文化规范看起来可能很奇怪,甚至是错误的,只有你身处其中一段时间后才能明白那些规范……我希望你已经做到了,或者将要做到。最后,如果我和其他拥有同样想法的科学家能够成功地用新概念取代旧概念,没错,那就是科学革命。

情绪建构论解释了在你的面部、身体或者大脑中没有一致的生物性指纹的情况下,你是如何体会和感知情绪的。你的大脑不断地对身体内部和外界收到的感觉输入进行预测和模拟，理解感觉输入的含义，弄清楚如何处理它们。这些预测通过你的皮质醇，从你内感受网络的身体预算回路向你的初级内感受皮质传递信息，创建分布全脑的模拟，每个模拟都是一个情绪概念的实例。最接近真实情景的模拟会脱颖而出，在众多模拟中获胜，成为你的体验，如果它是一个情绪概念的实例，那么你体验到的就是情绪。这整个过程的发生需要控制网络的协助。该过程有助于调节你的身体预算，让你保持活力和健康。在这个过程中，你会影响周围人的身体预算，帮助你生存下来，将你的基因传递给下一代。这就是大脑和身体创造社会现实的过程。这同时也是情绪变成现实的过程。

没错，事实就是如此。虽然一些细节内容仍然只是合理的猜测，例如概念级联的确切机制。可以自信地说，当我们思考情绪是如何炼成的这一问题时，情绪建构论是一种可行的方法。情绪建构论解释了传统情绪观的所有现象和不合理的地方，后者如在情绪体验、情绪概念以及情绪出现时人的身体变化中存在的巨大差异。该理论采用单一结构理解物理现实和社会现实，消除了先天／后天（如，什么是先天固有的什么是后天习得的）的无用辩论，让我们更接近人类社会和自然界之间的科学桥梁。这座桥梁，和所有桥梁一样，会带领我们去往一个新天地，正如你将在下一章看到的：一个关于人类起源的现代故事。

第8章 所有情绪的本质是什么？

情绪建构论不仅是对情绪如何炼成的这一问题的现代诠释，同时也代表了一种关于人性的完全不同的看法。这种观点和神经系统科学的最新研究一致。了解情绪建构论，相比于传统情绪观，你可以更好地掌控你的情绪和行为，同时它也会对你的生活产生深远影响。你不是被动反应的动物，被动地对世间万物做出反应。在谈到你的体验和感知时，你所拥有的控制力远超你的想象。你会先预测、构建，然后才去行动。你是你自己体验的建筑师。

关于人性另一个引人注意的观点源于传统情绪观。这个观点已经存在了数千年，现在依然存在于法律、医学以及社会的其他关键因素中。实际上，自从有记录以来，这两种观点一直处于对抗状态。在以前的战斗中，人性的古典观一直在各种解释中独占鳌头，稍后我们会看到。但是现在，因为我们的思维和大脑正处于变革中，现代神经系统科学的发展让我们能够解决这种冲突，并提出非常明确的证据，而这恰恰是传统情绪观所缺失的。

在本章，我将从一个独特的角度解释人性，即情绪建构论，并把这一观点和传统情绪观支持的观点进行比较。尽管有源源不断的相反证据，但传统情绪观在科学和文化领域一直大行其道，在本章中，我也会为你揭露造成这一结果的罪魁祸首。

∴

绝大多数人都认为，外部世界和我们的身体是分离的。事情发生在"外部世界"，你在大脑的"内里"对该事做出反应。

但是根据情绪建构论，大脑和世界之间的分界线是可以渗透的，也许根本就不存在。你的大脑的核心系统以多种不同方式组合，构建你的感知、记忆、想法、感情以及其他心理状态。你已经有过这样的体验。在第2章，通过一堆黑色斑点，你看见了蜜蜂，当你能够看到物理上根本不存在的形状时，就表明你的大脑通过模拟为你塑造了世界。你的大脑发出大量的预测，模拟它们的结果，好像它们就在眼前一样，然后根据实际感觉输入，对那些预测进行核查和修正。同时，你的内感受预测产生你的情感，影响你做出的每一个行动，确定那一刻你关心的是世界的哪些部分（你的情感空间）。没有内感受，你将不会注意或者关心你周围的物理环境或者其他任何事情，你也就无法继续生存。通过内感受，你的大脑为你构建了生存环境。

在你的大脑为你塑造世界的同时，外部世界也在连接你的大脑。在你还是个婴儿的时候，沐浴在大量感觉输入中，外部世界播种了你最初的概念，因为你的大脑已经把它自己和你周围物理世界的现实绑在了一起。这就是婴儿大脑能够逐渐认出人脸的原因。随着你的大脑的发展，你开始学习词汇，你的大脑把它自己和社交世界连接起来，你开始构建纯心理概念，如"保护你免受蚊虫叮咬的东西"和"悲伤"。这些基于你的文化产生的概念似乎就存在于外部世界中，但是它们实际上是你的概念系统构建出来的。

这样看来，文化不是围绕在你周围薄如轻纱、毫无定形的蒸汽。文化帮助你连接你的大脑，你的某些行为方式连接了下一代人的大脑。例如，如果一种文化暗示出，某种肤色的人不重要，那么这个社会现实就会对该文化群体产生物理影响：他们的工资更低，孩子的营养和住房条件更差。这些事实会让他们的孩子的大脑结构变得更糟、学习更困难，这些孩子将来拿低工资的可能性就更大。

你的构建不是任意的，你的大脑（以它创建的思维）必须和一些重要社会现实保持联系，其目的是为了保持你的身体健康，充满活力。构建不会让一个结实的墙体变得不结实（除非你拥有变异的超能力），但是你可以重绘国家版图、重新定义婚姻，去确定谁值得、谁不值得。你的基因让你拥有了大脑，大脑把它自己和它所处的物理和社会环境连接到一起，你所属文化中的其他人和你一起构建了生活环境。创造思维只有一个大脑是不够的。

情绪建构论也对理解个人责任提供了一种全新的思考方式。如果你对你的老板很生气，你会表现得很冲动，猛砸他的办公桌，大骂他是一个傻瓜。传统情绪观可能会把这归咎于假想的愤怒回路，部分免除你的责任；而构建理论会认为，责任的概念超越了伤害发生的那一刻，你的大脑具有预测功能，它不是被动反应的。大脑核心系统时刻不停地猜测下一刻发生的事情，以期让你生存下去。因此，在那一刻之前你的经历（作为概念）导致了你的行为和引发了那些行为的预测。你砸桌子是因为你的大脑预测了一个愤怒实例，来源恰恰是"愤怒"概念和你过去的体验（不管是你的直接经验，还是你从电影或者书中得来的间接经验），包括在相似情境中砸桌子的行为。

你也许还记得，你的控制网络在不停地形成预测和预测误差，帮助你在多个行动中进行选择。控制网络只能处理你已有的概念。因此，责任的问题就变成了：你该为你的概念负责吗？当然，不是所有的。当你还是个婴儿时，你不能选择他人输入你大脑的概念。但是，作为一个成年人，你对让自己习得哪些概念拥有绝对的选择权，因此，你习得的内容创造了概念，最终导致了你的行为，不管这些行为是有意还是无意的。因此"责任"意味着在改变概念时，慎重做出选择。

如果你在一个充满愤怒或憎恨的社会中长大，你就不应为拥有这样的概念而背负责任，但作为一个成年人，你可以选择自己的教育，不断学习。当然，这不是一件容易的事情，但是值得去做。这也是我经常提到的主张的另一个基础，即"你是你自己体验的建筑师"。实际上，甚至你体验的所谓情绪反应超出了控制时，你也需要对你的行为负一部分责任。通过预测学习概念，调转方向，远离有害行为，这是你的责任。你也要为他人的行为承担一定责任，因为你的行为塑造了他人的概念和行为，创造了开启和关闭基因的环境，连接到他们的大脑，包括下一代人的大脑。社会现实表明，我们所有人都要为他人的行为负一定责任，不是因为社会兴亡匹夫有责，而是人类大脑真实的连接方式决定了这一切。

当我还是一名心理治疗师时，我服务的对象是一些大学生年纪的女性，她们中的很多人在小时候遭受过家庭暴力。我让她们明白，她们一直在遭受二次伤害：第一次是在遭受暴力时，另一次是她们一直遭受着情绪折磨，但其实她们完全可以自己解决掉。因为心理创伤，她们的大脑不停地塑造一个充满敌意的世界，即使在她们逃离、过上更好的生活后也是如此。那不是她们的错误，而是她们的大脑被连接到另一个有害的特定环境。但是她们中的每个人又是唯一可以转变自己的概念系统、让事情好转的人，这就是我所说的责任。有时，责任意味着你是唯一一个能改变事情的人。

现在，我们来探讨一下人类起源的问题。我们习惯性地认为我们就是漫长进化旅程的最终目标。情绪建构论持有的观点更加全面公正。自然选择并没有认定我们就是最终目标。我们只是另一种具有特殊适应性的物种，这种适应性帮助我们把基因传给了下一代。其他动物进化出很多我们没有的能力，例如远距离跳跃和爬墙。我们没有那样的能力，因此我们对蜘蛛侠那样的超级英雄很着迷。显然，人类独具天赋，可以建造火箭，探索其他星球，我们通过思考，可以制定和实施法律，规定我们对待彼此的方式。大脑中的某个东西赋予了我们独有的能力，但是那"某个东西"不必是单独的、专门用于火箭和执行法律的大脑回路——或者，还包括情绪——遗传自我们的非人类祖先。

你最显著的适应能力之一是你不需要所有基因物质也能建立大脑联结。从生物学角度来看，那是非常昂贵的。相反，在和其他人相处的过程中，通过文化，你的基因让你的大脑得以发育。正如一个人的大脑利用冗余信息，进行压缩，寻找相似性和差异性一样，许多人的大脑会利用彼此大脑的冗余信息（我们生活在相同的文化中，习得了相同的概念），建立大脑间的联结。实际上，进化通过文化提高了大脑的效率，我们通过与后代之间建立大脑联结，进而传播文化。

从宏观层面到微观层面，人类大脑都是为了实现变异和简并的功能组织。在大脑的交互网络中，神经元集群有一部分是独立的，有效共享了大量信息。因为这种排列方式，神经元集群在几毫秒之内就可以完成形成和分解过程，因此单个神经元组在不同的情境中参与不同的构建，从而塑造出一个多变的、只能预测部分内容的世界。在这样一个动态的环境中，神经指纹毫无栖身之地。我们生活在世界各地，地理和社会环境均不相同，人类只拥有一套精神遗传模块，效率肯定十分低下。人类大脑在进化中创造了各种人类思想，可以适应不同的环境。我们不需要一个通用的大脑，创造一个通用的思想，才能证明我们同属于一个物种。

总之，作为人类，你是谁？情绪建构论从生物学、心理学角度给出了合理的解释，同时也考虑到进化和文化因素。你生来就具有某些大脑联结，它们是由你的基因决定的，但是环境能够影响某些基因的开关，允许你的大脑把自己和你的体验联结起来。你的大脑由你所处的世界的现实所塑造，包括人们达成协议形成的社会世界。在毫无知觉的情况下，你的大脑正在进行一项伟大的合作。通过构建，你通过自己的需要、目的和以前的体验（正如你从一堆黑色斑点中看到蜜蜂图像一样）感知世界，这种方法既不客观，也不一定准确。你不是进化的顶峰，你只是一种非常有趣、具有某些独特能力的动物种类。

* * *

情绪建构论对人性的看法完全不同于传统情绪观。作为西方文化中的主导思想，传统情绪观已存在了几千年，涵盖了我们进化起源、个人责任以及我们和外界的关系。要想充分了解这种传统观点对人性的看法，找出它长期占据主导地位的原因，就要像很多科学研究所做的那样，我们从查尔斯·达尔文开始会更便利一些。

1872 年，达尔文出版了《人类和动物的表情》一书。在书中，他认为情绪是早期的动物祖先遗传给我们的，历经千年，从未改变。因此，按照达尔文的说法，现代人的情绪是由我们神经系统中的遗传神经导致的，每个情绪都有一个具体的、一致的指纹。

达尔文借用了一个哲学术语，指出每个情绪都有一个本质。如果悲伤时，人们撇嘴、心跳缓慢，那么"撇嘴、心跳缓慢"就是一个指纹，这可能也就是悲伤的本质。或者，本质有可能是导致悲伤所有实例构成悲伤的根本原因，比如一组神经元。（我将用"本质"这个词指代这两种可能性。）

相信本质，就是本质主义。本质主义预想了某些分类——悲伤和恐惧，猫和狗，非洲和欧美，男人和女人，善和恶——每类都有一个本质或者本性。在每一类中，类别成员共享一个潜在深层属性（一个本质）。虽然成员外在形式可能不同，但这个属性让成员具有了相似性。狗有很多种类，它们的大小、形状、颜色、步态、习性等也不相同，但是这些不同点只是表面现象，与所有狗共享的某种本质无关，狗永远不会是猫。

同样，各种传统情绪观都认为，情绪（如悲伤和恐惧）具有不同的本质。神经系统科学家贾克·潘克塞普认为，每种情绪本质都在大脑皮质下有一个回路。进化心理学家斯蒂芬·平克指出，情绪就像心理器官，类似于具有特定功能的身体器官，情绪的本质是一组基因。进化心理学家丽达·科斯米德斯和心理学家保罗·艾克曼认为每种情绪都有一个天生的、不可见的本质，他们把这个本质看作一个"程序"。艾克曼提出了基本情绪理论，根据该理论，快乐、悲伤、恐惧、惊讶、愤怒、厌恶这6种基本情绪的本质是由外界事物自动触发的。还有一种传统情绪观叫作"情绪评定理论"，即在你和世界之间增加一个评定过程。该理论认为，你的大脑首先会对情形进行判断（"评定"），然后决定是否激活情绪。传统情绪观的所有理论都认为每个情绪类别都具有独特指纹，它们只是就情绪本质没有达成一致意见。

本质主义是传统情绪观长久存在、难以驳斥的主要原因。本质主义让人们相信他们的感官从本质上表明了客观界限。这种观点认为，高兴和悲伤看起来就不同，感觉也不同，因此它们必然在大脑中有不同的本质。人们几乎意识不到自己在提炼本质，在自然界中划分界线不是用手来完成的，人们根本看不到。

达尔文相信情绪本质的存在，正如他在《人类和动物的表情》中所写的，这使得现代传统情绪观的地位更加凸显。正是这种看法，让达尔文在不经意间看起来像一个伪君子。对历史最伟大的科学家提出质疑批评，从来不是一件简单的事情，更不用说提出与之观点相悖的看法了。但我还是要试试。

《物种起源》是达尔文最重要的著作，该书引发了一场范式转变，把生物学变成了现代科学。进化生物学家恩斯特·迈尔对达尔文最伟大的科学成就做出了很好的总结。他指出，达尔文把生物学从"本质主义的麻痹控制"中解放出来。令人费解的是，《物种起源》出版13年后，达尔文在《人类和动物的表情》一书中论述情绪时，他的看法却发生了彻底转变，全书到处都是支持本质论的观点。他这样做无疑抛弃了他伟大的创新，重新回到了本质主义的麻痹控制中，至少在和情绪相关的观点方面是这样。

19世纪，在达尔文出版《物种起源》，在他的理论流行起来之前，本质论统治了整个动物王国。本质论认为，每个物种都有一个由上帝创造的理想模式，每个理想模式都有自己的典型属性（本质），可以把自己和其他物种（每个物种都有自己的本质）区分开来。偏离理想模式被认为是误差或者非主要特性。可以把这个看成生物学上的"赛狗会"。赛狗会通常是在众多参赛的狗中，选出一条"最好"的狗。这条狗不需要和其他狗直接比赛竞争，而是由裁判把参赛的狗和一条假象的理想狗进行比较，看看谁最接近理想狗。例如在评估金毛猎犬时,裁判们会把每一条参赛的金毛和金毛的理想形象进行比较。这条狗身高够吗?四肢是否对称?口吻部分是否挺直,与头骨协调吗?皮毛是否为浓密、有光泽的金色?任何和理想狗的不同都被认为是误差,误差最小的狗将获胜。同样,19世纪早期一些具有影响力的思想家把整个生物界看作一场赛狗会。如果你看到一只金毛犬,发现它的跨步比普通的大,那么和理想型的金毛犬相比,它的跨步就被认为太长了,它出现了误差。

后来,达尔文出现了。他认为一个物种内出现的变异,如步伐跨度,并不是误差。相反,变异是可以预见的,与物种的生存环境息息相关。任何种群的金毛犬都有各种各样的步长,其中一些更善于奔跑、攀爬或者打猎。步长最适合生存环境的个体才能活得更长,繁衍更多的后代。这就是达尔文在《物种起源》中阐述的进化观点,即著名的自然选择理论,有时也被称为"适者生存"。在达尔文看来,每个物种都是一个概念类别——一群独一无二的个体,它们彼此不同,没有本质核心一说。理想型的狗根本不存在:它只是无数狗的一个统计总结。没有哪个特点是必需的、充分的,甚至是这个群体中每个个体的典型特征。这种观点就是群体思维,是达尔文进化论的核心思想。

群体思维的基础是变异,而本质论的基础是同一性。这两种想法从根本上就是不相容的。《物种起源》是一本彻底反本质论的著作。因此,着实令人困惑的是,在谈到情绪时,达尔文竟然写了《人类和动物的表情》这样一本书,阐述了与他自己伟大成就完全相反的观点。

同样令人困惑也很讽刺的是,传统情绪观正是基于达尔文的本质论在生物学上立于不败之地的。传统情绪观明确地给自己贴上了

"进化"的标签，假设情绪和情绪表达都是自然选择的产物，但是在论述情绪时，达尔文已经完全背弃了自然选择规律。任何试图用达尔文的进化论粉饰本质论的观点都是彻底误解了达尔文进化论的中心思想。

本质论的强大力量促使达尔文对情绪提出了一些极其荒谬的看法。"甚至是昆虫，"达尔文在《人类和动物的表情》一书中写道，"当它们摩擦身体部位发出声音时，也能表达恼怒、恐惧、忌妒和爱。"下次当你在厨房里抓苍蝇时想想这个场景。达尔文同时也指出情绪失衡可能会让人暴躁。

本质论不仅强大，而且十分有感染力。在达尔文去世后，他对"情绪不变"本质的复杂观念流传开来，歪曲了很多其他著名科学家的学说。在这个过程中，传统情绪观得到了迅猛发展。受其影响最深就是威廉·詹姆斯。詹姆斯被称为"美国心理学之父"。詹姆斯也许不像达尔文那样家喻户晓，但他确实是一个智力超群的人。詹姆斯的著作《心理学原理》(*Principles of Psychology*)长达1 200页，涵盖了很多西方重要的著名心理学思想，经过一个多世纪的发展，为心理学奠定了基础。心理科学学会以他的名字命名了一项最高科学家荣誉奖，即威廉·詹姆斯奖，哈佛大学一所建筑也是以他的名字命名，即威廉·詹姆斯教学楼。

在詹姆斯的言论中，被广泛引用的一句是："每一类情绪——高兴、恐惧等——在身体里都有一个独特的指纹。"这种本质论观点是传统情绪观的决定性因素，在詹姆斯的影响下，一代又一代研究人员致力于研究存在于心跳、呼吸、血压和其他人身体迹象中的那些指纹（并出版了很多关于情绪的畅销书）。但对詹姆斯的观点人们其实有一个误解：他从来没有提到过指纹。人们一直普遍认为这是他的观点,完全是因为一百年来本质论对他的想法的曲解。

詹姆斯实际上是这样写的:"每一个情绪实例,而不是每一个情绪类别,都源于一种独一无二的身体状态。"这是两种完全不同的说法。这意味着你在恐惧时可能会浑身发抖、跳起来、僵住一动不动、尖叫、大口喘气、躲起来、攻击,甚至面对恐惧大笑也有可能。每次恐惧出现时都伴随着一系列不同的身体内部变化和感觉。传统情绪观对詹姆斯的意思进行了180度的彻底翻转,完全误解了他的话,就好像詹姆斯断言了情绪本质的存在,讽刺的是,他完全反对这种观点。詹姆斯指出:"'害怕'被大雨淋湿和对熊的恐惧,这两种恐惧是不同的。"

对詹姆斯的这种广泛的误解是如何产生的?我发现是詹姆斯同时代的一个人播下了这颗迷惑人的种子,这个人就是哲学家约翰·杜威。他把达尔文在《人类和动物的表情》中提到的本质论和詹姆斯反本质论观点(虽然两种观点根本不相容)融合在一起,进而创造了自己的情绪理论。结果就出现了一个理论上的"弗兰肯斯坦的怪物",他为每一个情绪类别安排了一个本质,扭曲了詹姆斯的想法。最后,杜威把自己创造的混合理论冠上了詹姆斯的名字,即"詹姆斯–朗格情绪说"。① 如今,人们已经忘记了制造困惑的杜威,无数人都认定了这个学说是詹姆斯的。其中最典型的就是神经学家安东尼奥·达马西奥,他在自己的著作《笛卡儿的错误》和其他许多介绍情绪的书中都是这样认为的。安东尼奥指出,情绪具有

---

① "朗格"是指卡尔·朗格(Carl Lange),与詹姆斯和杜威同时代的心理学家。他对情绪的看法从表面上来看和詹姆斯的观点十分类似,但他坚持本质论,认为每个情绪类别都有一个独特的指纹。朗格的名字被杜威用来粉饰自己的理论只能说是一种巧合。

独一无二的生理指纹，他把这个指纹称作"身体标记"，它们是大脑做出正确决定的信息源泉。这些标记就像智慧碎片。安东尼奥还说，当身体标记转换成有意识的情感时，情绪体验便发生了。安东尼奥的假设实际上源于杜威的学说，根本不是詹姆斯对情绪的真实看法。

杜威根据达尔文的本质论，曲解了詹姆斯的观点，这是现代心理学最重大的错误之一。达尔文的名号成为本质论具有科学性的强有力支撑，这不仅仅是一种讽刺，更是一个莫大的悲剧，因为达尔文在生物学取得的最大成就恰恰是他击败了本质论。

那么，为什么本质论力量会如此强大，以至可以曲解伟大科学家的言论，误导科学研究的进程？

最简单的理由是本质论符合我们的直觉。我们的情绪体验感觉是一种自动反应，因此我们很容易相信情绪源于大脑中古老的特定部分。从眨眼、皱眉或者其他的肌肉抽搐中，你可以看到情绪；在说话声音的高低以及语调中，你可以听出情绪，不需要任何努力或者媒介。因此，我们也很容易相信我们天生就可以识别情绪表情，情绪已经植入我们的体内，只需按照它们采取行动就可以了。但是这个结论十分可疑。在世界上，有数百万的人可以一下子认出木偶青蛙柯密特，但是这并不意味着人类大脑天生就存在对木偶的认知。我们生活在一个复杂的世界中，但本质论却用一个简单的、单一的解释来反映常识。

本质论同时也很难驳斥。因为本质是一个无法观察到的属性，所以即使你根本没有发现本质，你也可以自由地相信它的存在。对于实验为什么没有发现本质的存在，理由很容易找到："很多地方对我们来说还是未知的"，或者"本质存在于复杂的生物体内，我们无法深入研究"，或者"我们现有的工具还没有办法发现本质，但总有一天我们可以做到"。这些想法充满了希望，而且是真诚的，在逻辑上毫无问题。本质论抵制各种反证，本质论也改变了科学的实践方式。如果科学家相信有大量本质等待被发现，那么他们就会全力以赴地探寻这些本质，这是一个潜在的永无止境的探寻过程。

本质似乎也是我们心理构成的固有部分。人类通过创建纯粹的心理相似性进行分类，正如你在第5章了解到的，我们用词汇给那些分类命名。这就是为什么一个词语，如"宠物"或者"悲伤"可以应用到大量不同的实例中的原因。词汇是一个十分不可思议的发明，但它们同时也是人脑的一个浮士德式的交易。一方面，像"悲伤"这样的词语在运用到各种不同的感知中时，会促使你寻找（或者发明）一些潜在的同一性，超越它们的显著差异。也就是说，"悲伤"这个词语引导你创建一个情绪概念，这是好事。但是，词汇也会成为你坚信同一性的理由：某个深层次，不易察觉的，甚至是不可知的品质对它们的同义负责，赋予它们真实的身份。也就是说，词汇促使你相信本质的存在，这个过程就是本质论的心理起源。威廉·詹姆斯在100多年前做了一个类似的观察，他写道："不管我们什么时候创造一个词语……都是为了表明某一组现象，我们往往会假设一个现象背后存在一个真实本质，这个词语就是它的名字。"词汇有助于我们了解概念，同时也是词汇把我们拉入陷阱，让我们相信词汇分类从本质上反映了明确的界限。

对儿童的研究表明了人类大脑是如何形成了对本质的信念。一位科学家给孩子一个红色圆筒，并给圆筒起了一个毫无意义的名字，即"blicket"，并表明这个圆筒有一个特殊功能，可以照亮一台机器。随后，又给了这个孩子两个物体，一个蓝色的方块，科学家也称它为"blicket"，还有一个红色圆柱，但不叫"blicket"了。这个孩子会觉得只有蓝色的方块可以照亮机器，尽管它的形状和最初那个红色圆筒不一样。根据孩子的推断，每一个"blicket"都包含着一种看不见的因果力，可以照亮机器。科学家把这种现象叫作归纳法，这是一种非常有效的方法，有助于大脑忽视不同，扩展概念。但是，归纳法也支持本质论。作为一个孩子，当你看到一个孩子摔倒在地，冲着掉落的玩具大哭时，这时如果有人告诉你那个孩子现在很伤心，你的大脑就会推断出，那个孩子的大脑中有一个看不见的因果力导致了他的伤心、摔倒和大哭。当你看到有孩子皱眉、耍脾气、咬牙切齿，或者进行其他行为时，看到这些实例，你就会更加相信本质的存在，因为成年人告诉你这些都是悲伤。情绪词汇让我们坚信，我们创造的等价物在世界上是客观存在的，正等着我们去发现，这是一个谎言，但词汇加强了这个谎言的可信度。

本质论也可能是你的大脑联结的自然结果。形成概念和利用概念进行预测的大脑回路相同，这让本质提炼变得容易起来。正如你在第 6 章了解的，你的大脑皮质通过分离相似性和差异性习得概念。大脑皮质通过视觉、听觉、内感受和其他感官区域整合信息，然后对信息进行有效压缩总结。每一个总结都像是你的大脑发明的小型虚构本质，表明过去的一堆实例具有相似性。

因此，本质论符合我们的直觉，逻辑上难以驳斥，是你的心理和神经的组成部分，是一场能够自我存续的科学灾难。本质论构成了传统情绪观最基本的观点的基础——情绪具有通用指纹。这也就难怪传统情绪观能够经久不衰——它的动力源于一种几乎无法战胜的信念。

当你通过本质论理解情绪理论时，你获得的不仅仅是一个关于你如何以及怎样拥有情感的学说。你获得的是一个关于生而为人到底意味着什么的有趣解释,即人性古典观。

古典理论开始于你的进化起源。据说你在动物中处于核心位置;据说你从非人类祖先那里遗传到各种精神本质,包括深植于你皮质下部的情绪本质。用达尔文的话来说,就是"人类,具有高尚素质的人类……具有神一样智慧的人类……具有一切崇高的本领……但在身体里依然存在着低级起源带来的不可磨灭的烙印"。尽管如此,古典理论认为人是特殊的,因为你的兽性本质是由理性思维包裹的。据说,人类独有的理性思维本质让你可以通过理性方法调节情绪。你站在了动物王国的最高层。

人性古典观也提到了个人责任。根据这种观点,你的行为是由你无法控制的内部力量决定的:你遭受来自世界的打击,在回应时情绪冲动,就像一座爆发的火山或者一个沸腾的锅。根据这个观点,有时你的情绪本质和认知本质会争夺对你行为的控制权,有时这两种本质会合作,让你看起来很明智。不管如何,如果你受到强烈情绪的摆布和控制,这种观点就会认为,你可以不必为自己的行为负太多的责任。这种假设如今已成为西方法律体系的基础,所谓的激情犯罪会得到特殊对待。另外,如果你完全没有情绪,那么你可能更容易犯下惨无人道的暴行。一些人认为,连环杀手没有懊悔情绪,和一个会对自己行为深感愧疚的杀人犯相比,前者没有人性。如果事实就是如此,那么道德就会源于你感受情绪的能力。

传统情绪观在你和外界之间划定了严格的界限。当你环顾四周,你会看到树、岩石、房子、蛇和其他人。这些事物存在于你的身体之外。根据这种观点,不管你是否在现场,倒下的大树都会发出巨响。另一方面,据说你的情绪、思想和感知存在于你的身体之内,它们每一个都有自己的本质。因此,言外之意就是,你的情绪完全存在于你的体内,世界完全在你的身体之外。

从某种意义上讲,传统情绪观摆脱了宗教对人性的解释,开始从进化的角度解释人性。你不再是一个不灭的灵魂,而是一组独特的高度分化的内在力量。你来到预先形成的世界,这个世界不是上帝创造的,而是由你的基因形成的。你精确地感知世界,不是因为上帝以这种方式设计了你,而是因为你的基因能否延续到下一代取决于它。你的思维就是一个战场,不是善与恶、正义与邪恶的战场,而是理性和情绪、皮质和皮质下部、内力和外力、你大脑中的思想和你身体里的情绪交锋的战场。你和你包裹在理性皮质之下的动物大脑和自然界其他的动物完全不同,并不是因为你有灵魂,而是因为你站在了进化的顶端,拥有了洞察力和理性。

达尔文把这种本质主义人性观进行了具体化。在我们对自然的理解中,他打败了本质主义,但谈到人类在自然世界中的地位时,本质主义战胜了他。《人类和动物的表情》涉及了人性古典观的三个部分:动物和人类有着共同的情绪本质,面部和身体的情绪表达不受我们的控制,情绪是由外部世界激活的。

但在随后的几年里,达尔文自己的本质论回过头来反咬了他一口。当后来继承达尔文这一观点的学者们采纳他的观点,塑造传统情绪观时,非常讽刺的是,为了让达尔文的言辞更符合本质主义,他们曲解(或者扭曲)了他的话。

实际上,在《人类和动物的表情》一书中,达尔文列举了人类的通用面部表情,这些表情是从一个共同的祖先那里进化而来的。

> 人类的一些表情,如极度恐慌时的毛发竖立,或者暴怒时的龇牙咧嘴可能很难理解,让人不得不相信人类曾经像动物一

样生存在低级的环境中。在某些明显不同但属于同一系的物种中，如果我们相信它们源于同一个祖先，那么某些表达的一致性，如人类和各种猴子在大笑时相同的面部肌肉运动，就变得更容易理解了。

乍看起来，你可能会认为达尔文说的面部表情是一个功能强大的进化产物，实际上，这是传统观建立的基础。但是实际上，达尔文的观点完全与之相反。达尔文指出，微笑、皱眉、睁大眼睛以及其他一些面部表情都是无用的退化的运动——是进化的产物，但不再具有功能性作用，就像人类的尾椎骨和阑尾，以及鸵鸟的翅膀一样。在《人类和动物的表情》一书中，达尔文多次阐述了自己的这个观点。在达尔文对进化论展开的广泛讨论中，情绪表达是最引人注目的一个例子。达尔文指出，如果这些人类与其他动物共享的情绪表达对人类无用，那它们存在一定是因为它们对我们共同的远古祖先来说是有用的。退化的表情有力地证明了人类曾是动物，同时也证明了他早在1859年出版的《物种起源》一书中提到的自然选择观点，随后他在1871年出版了《人类的由来及性别选择》(*The Descent of Man, and Selection in Relation to Sex*)，致力于研究人类的进化。

情绪表达进化为一种生存功能，如果这并不是达尔文的观点，那么为什么这么多的科学家坚信这是他说的？20世纪初，美国心理学家弗劳德·奥尔波特写了很多关于达尔文观点的文章。我在他的手稿中找到了答案。在1924年，奥尔波特对达尔文的观点进行了一次全面的推理，极大地改变了达尔文的原意。奥尔波特写道，新生儿的情绪表达一开始是退化的，但很快开始发挥作用："它既不是祖先一样具有生物意义的有用反应，也不是后代人身上退化的器官。我们认为两种同时存在，前者是后者发展的基础。"

奥尔波特的修改，尽管不准确，但具有一定的真实性和有效性，因为该观点支持人性古典观。他的观点很快就被一些志同道合的科学家接受了，现在他们就可以宣称自己是无懈可击的达尔文继承者了。实际上，他们只是剽窃了达尔文思想的弗劳德·奥尔波特的继承者。

正如你所看到的，达尔文的名字有时就像一件魔法外衣，能够驱赶科学批评的恶灵。正因为如此，弗劳德·奥尔波特和约翰·杜威篡改了威廉·詹姆斯和达尔文的观点，形成了与他们完全相反的观点，加固了传统情绪观。这件魔法外衣可以起到保护作用，因为如果你不同意达尔文的这个观点，你就是在否定进化论。（嘿，那你可能就是一个神创论者。）

达尔文这件魔法外衣也帮助他们鼓吹一种错误想法，即大脑进化成为一些具有独特、专门功能的区域。这是传统情绪观的主要信念，致使很多科学家走上了在人脑中寻找情绪区域的道路，其实这是在做无用功。19世纪中期，沉迷于达尔文观点的医生保罗·布洛卡铺设了这条道路。他宣称他已经在大脑中发现了人类语言点。通过观察，他发现大脑左额叶的一个受损区域的病人无法流利地说话，这种情况叫作失语症或者表达性失语。当一个患有布洛卡失语症的人想要说一些有意义的事情时，其词语表达是混乱的，如"星期四，呃，呃，呃，不，呃，星期五……芭–芭–拉……妻子……和，噢，汽车……开……purnpike（原文如此）……你知道……休息和……电视"。布洛卡推断说，他已经在大脑中找到了语言的本质，这与古典观科学家把杏仁核病变看成恐惧回路很像。从那时开始，大脑的这个区域就被命名为"布洛卡区"。

问题是,布洛卡几乎没有证据证明自己的观点,反而是其他科学家有一大堆证据可以证明他是错的。例如,他们指出其他患有失语症的病人的布洛卡区是健康的。但布洛卡的观点依然得到广泛认可,因为他的观点披上了达尔文本质主义的魔法外衣。多亏了布洛卡,现在科学家们才能从进化的角度研究语言——语言区位于"理性的"大脑皮质——有力地驳斥了语言是上帝赐予的观点。如今,心理学和神经学教科书依然把布洛卡区作为大脑局部功能最清晰的典型例子,即使现在神经科学已经表明这个区域并不是一个语言区,也不足以生成语言。① 布洛卡区实际上并未确定大脑区域的心理功能。尽管如此,历史依然被布洛卡改写了,他为本质主义的思想观点提供了强大力量。

布洛卡和他的达尔文魔法外衣还进一步巩固了另一个传统情绪观神话,即情绪和理性进化为大脑皮质。正如你在第4章读到过的"三重脑"。达尔文在《人类的由来》(*The Descent of Man*)一书中指出,人类的思维和人类的身体一样,是进化塑造的。布洛卡由此获得灵感。达尔文写道:"动物和我们人类拥有相同的情绪反应。"他认为人类大脑和人类身体的其他部位一样,都反映了我们的"卑微

---

① 大量患有布洛卡失语症的人布洛卡区并未受损,相反,大约一半的人虽然布洛卡区受损,但并未患该病。科学家对布洛卡区功能的争论一直未停止,这个区域被称为外侧前额叶皮质可能更恰当,但是没有几个人相信它是主要的语言生成、语法能力,甚至是通用语言的处理区。目前一致认为它是几个大脑内固有网络的组成部分,包括内感受网和控制网。说到语言,控制网络可以帮助你的大脑在两个冲突概念间做出选择,比如"你(you)"和"你是(you're)",但正如我们在第6章了解到的,这个网络也参与了其他非语言任务。

的起源"。因此布洛卡和其他神经学家以及心理学家对类似动物的情绪回路——兽性之心展开了大规模的搜索。他们坚信人脑中存在着古老原始的区域，并认为这一区域的大脑回路是由进化得更高级的皮质调节的。

布洛卡坚信"兽性之心"的存在，并认为它是一个古老脑叶，位于大脑深处。他把这个脑叶命名为"大边缘叶"或者"边缘叶"。布洛卡并没有标明这处脑叶是情绪区（实际上，他认为这里是嗅觉和其他原始的生存回路区），但是他把边缘组织看成一个单一的统一实体，为后来情绪本质化奠定了第一步基础。在随后的一个世纪里，经由其他传统情绪观支持者的引导，布洛卡的边缘叶区演变成了一个统一的情绪"边缘系统"。这个所谓的系统据说非常古老，从非人类起源时就几乎没有变化过，控制着心、肺和其他的身体内部器官。据称，边缘系统位于古代"爬行动物"主管饥渴等功能的脑干回路以及更新的、人类独有的、控制人类动物性情绪的新脑皮质上。这个虚幻的层次结构体现了达尔文人类进化的观点——首先进化出基本的生理需求，然后是狂热的动物激情，最后进化出我们人类至高无上的理性。

科学家从传统情绪观中获得灵感，于是宣称在大脑边缘区确定了很多情绪区域，如杏仁核，这些区域（据说）受皮质和认知控制。但是现代神经科学表明，所谓的边缘系统是虚构的，研究大脑进化的专家也不再把它当真，更不用说把它看成系统了。因此，边缘系统不再是大脑中的情绪区，那么，大脑中不存在单一的情绪区也就没什么好奇怪的了。词语"边缘系统"依然有意义（当涉及大脑解剖时），但是边缘系统概念只不过是另外一个把本质论这个达尔文偏爱的意识形态应用到人脑和人体结构的又一个例子罢了。

早在布洛卡提出他的第一个大脑区域之前，人性古典观和构建理论之间的战争就已经存在。在古希腊，柏拉图认为人的思维具有三个本质：理性思维，激情（今天我们称其为情感）和欲望，如饥饿和性冲动。理性思维占主导，控制激情和欲望，柏拉图把理性比喻成驭手，激情和欲望是两匹飞马。另一位希腊人赫拉克利特认为人类思维在瞬间构建感知，就像无数的水滴构建一条河那样。赫拉克利特比柏拉图早了100年。在古老的东方哲学中，传统佛教列举了50多条不同的精神本质，即佛教戒条，其中一些和传统情绪观的基本情绪有着惊人的相似之处。几百年后，佛教戒条被彻底修正，变成了以概念为基础的人性建构。

从最初的一些小冲突开始，古典理论和构建理论的战争从未间断过。11世纪的科学家伊本·阿尔·海赛姆为科学方法的发展做出了重要贡献，他指出，构建理论认为我们通过判断和推理感知世界。中世纪基督教神学家都是本质主义者，他们将大脑中不同的区域和记忆、想象和智慧的不同本质联系在一起。17世纪的哲学家，如勒内·笛卡儿和巴鲁赫·斯宾诺莎，坚信情绪有本质，并对它们进行了编目分类，而18世纪的哲学家，如大卫·休谟和伊曼努尔·康德则更赞同通过构建理论和感知来解释人类的体验。19世纪，神经解剖学家弗朗兹·约瑟夫·加尔创立了颅相学，意在通过头骨上的隆起探测和判断精神本质，这可能是和大脑相关的终极本质论。此后不久，威廉·詹姆斯和威廉·冯特开始支持构建理论。正如詹姆斯所说的："一门关于思维和大脑的科学必须能够证明思维的基本构成与大脑的基本功能相对应。"詹姆斯和达尔文可以说是这场斗争的受害者，因为他们和情绪有关的看法被篡改了，他们的成果被布洛卡这样的科学家窃取了，后者宣称这是一场进化论的胜利……或者至少是进化本质论的胜利。

柏拉图关于思维的本质说今天依然很流行，只不过是名称发生了改变（我们已经不再用马来做比喻）。如今，我们把它们称作感知、情绪和认知。弗洛伊德把这称之为本我、自我，以及超我。心理学家和诺贝尔奖获得者丹尼尔·卡内曼把它们比喻为1号系统和2号系统。（卡内曼非常谨慎地告诉大家这是一个比喻，但很多人根本不理睬他，非要把1号系统和2号系统解释成大脑区域。）三重脑理论把它们定义为爬虫类大脑、边缘系统和新大脑皮质。最近神经学家乔舒亚·格林对此做了一个非常直观的类比，把它比作照相机，认为它既可以采取简单快捷的自动方式，也可以采用灵活有趣的手动方式。

另外，如今思维的构建观点越来越丰富。心理学家兼畅销书作家丹尼尔·L.沙赫特提出了记忆构建理论。现在，你很容易就能看到感知构建理论、自我构建理论、概念发展构建理论、大脑发展构建理论（神经构建），当然，还有情绪建构论。

如今，本质理论和构建理论之间的战争更加激烈，因为讽刺对方变得更加容易。传统情绪观经常指控构建主义认为一切都有相对的，就好像思维只是一个白板，生物学可以被忽略。构建主义抨击传统情绪观忽视文化的强大影响力，只关注现状。在这幅漫画中，传统情绪观强调"遗传"，而构建主义强调"环境"，结果就成为一场稻草人之间的摔跤比赛。

但现代神经系统科学烧毁了这幅漫画。我们不是一张"白板"，我们的孩子也不是"橡皮泥"，可以被随便塑形，人类的命运也不是由生物学决定的。当我们观察大脑功能如何运作时，我们没有看到心理模块。我们看到了以环境为依据，核心系统时刻以复杂的方式不断交互运动，形成了各种各样的思维。人类大脑本身就是文化的产物，因为大脑由经验联结。我们有一些基因是由环境开启和关闭的，而另一些基因调节我们对环境的敏感度。我不是第一个提出这些观点的人。但是也许我是第一个指出大脑进化、大脑发展，以及随之产生解剖学观点为情绪科学和人性观指明了方向的人。

讽刺的是，关于人性的这场长达千年之久的战争本身早已被本质论所腐蚀，双方都假设必然存在一个单一的超级力量在塑造大脑、设计思维。在传统情绪观中，这种力量是自然、神以及进化。在构建理论中，这种力量先是环境，然后是文化。但不管是生物学还是文化都无法单独起作用。这一点很多人在我之前就已经看到了，但一直未引起重视，现在是时候该慎重对待了。我们不知道大脑和思维工作的每个细节，但是我们敢说，不管是生物决定论还是文化决定论都是错的。皮肤的边界是人造的，而且多孔。就像斯蒂芬·平克写的那样："现在我们还只是被误导着提出一些问题，如人类是具有适应性的，还是被设计好的？行为具有普遍性还是会随文化而变化？行动是天生的还是后天习得的？"细节决定成败，细节带给我们构建情绪的理论。

. . .

既然神经系统科学已经对人性古典观盖棺定论，这一次我愿意相信，我们将抛开本质论，不带任何意识形态，开始理解大脑和思维。这听起来不错，但历史响起反对的声音。最后一次，构建主义占了上风，本质论输掉了这场战斗，其支持者全都销声匿迹了。套用一句我最喜欢的科幻电视节目《太空堡垒卡拉狄加》中的一句话："所有以前发生的事情，有可能再次发生。"上一次事件的发生，给社会造成的损失已达数十亿美元，无数人浪费了时间、精力和真实的生活。

20世纪初,很多科学家从达尔文和詹姆斯-朗格理论中获得灵感,一门心思寻找愤怒、悲伤、恐惧等情绪本质。他们的一再失败最终让他们找到了一个创造性的解决方案。他们说如果我们不能测量人脑和身体中的情绪,我们将只能测量情绪出现前后发生的事情:引发情绪的事情和由此产生的生理反应。不要介意头骨中正在发生什么。他们就此揭开了心理学发展中最声名狼藉的一段时期,即行为主义时期。情绪被重新定义为仅仅是为了生存的行为:战斗(Fighting)、逃跑(Fleeing)、觅食(Feeding)和交配(Mating),即所谓的"4F's"。对于一个行为主义者来说,"高兴"等同于微笑,"悲伤"就是痛哭,"恐惧"就是浑身僵硬、一动不动。就此,长期以来一直困扰人们的寻找情绪指纹的问题被取消了。

心理学家经常会以一种令人毛骨悚然的语调叙述行为主义的故事,就像在篝火旁讲鬼故事一样。行为主义宣称思想、感情以及其他思维对行为都不重要,甚至它们可能根本就不存在。行为主义盛行时期同时也是情绪研究的"黑暗期",这一时期大概持续了70年,人类情绪研究在这个时期可以说是一无所获(据称)。最后,绝大多数科学家抛弃了行为主义,因为它忽视了一个基本事实:我们每个人都有自己的思维,在每一个清醒时刻,我们都在思考、感觉和感知。这些体验,以及与之相关的行为,都可以通过某些科学术语进行解释。据官方历史记载,20世纪60年代心理学走出了黑暗。认知革命重新把人类思维当作科学探究的主题,把情绪本质比作人脑中的模块或者器官,并认为大脑像电脑一样工作。随着这种转变,各种现代传统情绪观依次显现出来,其中有两种观点受到了普遍欢迎——基本情绪理论和古典评估理论——并获得正式认可。

这就是历史书中所记载的……但是历史书是由胜利者编写的。从达尔文开始,然后是詹姆斯,再到行为主义的黑暗期,然后迎来救赎,情绪研究的官方历史就是一个传统情绪观的副产品。实际上,在所谓的情绪研究黑暗期,大量研究表明情绪本质并不存在。没错,就是我们在第1章介绍的反证,其实早在70年前就已经被发现了……然后,又被忘记了。于是,我们把大量的时间和金钱浪费在了寻找不存在的情绪指纹上。

我也是偶然间发现了这一切。2006年,清理办公室时,我凑巧看到了20世纪30年代的一些论文,当时正是所谓的情绪研究的黑暗期。这些论文并不支持行为主义,反而提到了情绪没有生物学上的本质的观点。在查阅这些文献时,我找到了100多篇已发表的论文,这些论文横跨50年历史,我的大多数的科学界同事从未听说过这些文章,这对我来说无异于一个巨大的宝库。虽然文章作者都没有使用构建一词,但是能看出他们的思想已经初具构建主义倾向。他们一直做实验试图找到不同情绪的生理指纹,但失败了,因此推断传统情绪观是毫无根据的,并开始对构建主义思想进行推测。我把这群科学家称为"消失的和声",虽然他们的文章刊登在了知名杂志上,但自从所谓的黑暗期结束,这些文章却无人问津,被人们彻底忽视,甚至误解了。

为什么这群科学家在活跃了半个世纪后就销声匿迹了?据我猜测,最有可能的原因是这些科学家并没有形成完整的情绪替代理论,无法和长期盛行的传统情绪观对抗。虽然他们提供了强有力的证据证明了传统情绪观的不合理,但只有批评是不够的。正如哲学家托马斯·库恩对于科学革命结构的解释:"拒绝某一范式的同时不接受另一范式,其实就是在拒绝科学本身。"因此,在20世纪60年代,当传统情绪观复兴之际，对本质主义多达半个世纪的反对被扫入了历史的垃圾桶。我们所有人对此了解得越来越少，而大量的时间和金钱全都被浪费在寻找虚幻的情绪指纹上。截至本书发稿时，微软公司正在分析面部照片，试图识别情绪。苹果公司最近收购了人工智能技术公司 Emotient，这家初创公司致力于利用人工智能技术来探测面部表情代表的情绪。很多公司都在编程谷歌眼镜，从表面上来看，这款产品可以探测面部表情代表的情绪，目的是帮助自闭症儿童。西班牙和墨西哥的政治家都对所谓的神经政治很感兴趣，目的是借此从选民的面部表情中判断他们的喜好。一些与情绪相关的最受关注的问题依然没有得到解答，重要的问题依然模糊不清，这是因为很多研究机构和科学家依然奉行本质主义，而我们其余的人一直想要弄清楚情绪是如何炼成的。

传统情绪观对人性的解释已经深入人心，要想摒弃传统情绪观很难。但事实是，并没有人发现一种可靠的、可广泛复制的、客观可衡量的情绪本质。当大量的反证都无法迫使人们放弃他们的观点时，他们也就不再遵循任何科学方法，相反，他们遵循的是一种意识形态。作为一种意识形态，在过去 100 年的时间里，传统情绪观已经浪费了数以亿计的研究经费，误导了科学研究的进程。如果 70 年前，当"消失的和声"的科学家们坚决否定情绪本质时，人们能够追随证据而不是意识形态，那么，今天我们对一些心理疾病的治疗，以及对孩子的最佳抚养方法的探寻，谁知道会前进到哪一步呢？

• • •

每一次科学之旅都是一个故事。有时这是一个逐渐发现的故事："从前，人们什么也不知道，但随着时间的推移，人们知道的越来越多，今天，我们知道了很多。"有时，这是一个彻底改变的故事："过去每个人都相信某个事物是正确的，但是，我们错了！现在，这个令人着迷的事实才是真相。"

我们的旅程更像一个故事中的故事。内部的故事是情绪是如何炼成的，外部的故事是它对人性意味着什么。"2 000年来，尽管我们周围出现了大量的反证，但人们对情绪看法根深蒂固。你知道，人类大脑错误地把预测当成了现实。今天，强有力的工具提供了大量无法忽视的证据和解释……但仍有一些人固执己见。"

好消息是我们处在思维和大脑研究的黄金时期。现在，为了了解情绪和我们自己，很多科学家的研究以数据为基础，而不是以意识形态为基础。这种全新的以数据为驱动的理解带来很多创新想法，人们对如何拥有一个充实健康的生活有了全新的概念。如果你的大脑通过预测和构建工作，通过体验实现自我联结，那么，毫不夸张地说，如果你改变了现在的体验，你就能改变明日的自己。在接下来的几章中，我们将在情绪能力、健康、法律以及我们与其他动物的关系等领域进行深入研究。

第 9 章 如何掌控情绪?

每当你吃水蜜桃或者薯片时,你不仅是在补充能量,在那一刻,你还会体验到愉快、不愉快或者介乎两者之间的一种感受。洗澡不仅可以让你抵御疾病,还能让你享受到温暖的水流经你的皮肤带来的舒适感。你交朋友不是为了获得群体的力量抵抗捕食者,而是希望在自己感到压力时,能够得到的朋友的慰藉,或者分享快乐。还有,做爱显然不仅仅是为了繁衍后代。

这些例子表明在你的身心之间有一个特殊的连接。每当你的身体发出一个动作、消耗身体预算时,你的心理同时也会利用概念有所行动。每一个心理活动都会有一个身体反应。你能够让这种联结为你所用,掌控你的情绪,提高你的适应力,让你自己成为更好的朋友、伙伴或者爱人,甚至改变自己。

改变并不是一件易事。每一个治疗师都需要经过若干年的训练,才能逐渐意识到自己的经验,然后掌控它们。即使如此,根据情绪建构论和以该理论为基础的全新人性论,你可以从现在开始,行动起来。

在本章中,我提出的一些建议你可能感觉很熟悉,比如充足的睡眠,但是我会提供新的科学依据激励你。也有些建议你可能从未听到过,如从外语中学习词汇,你可能从未把它和情绪健康联系在一起。并不是每一条建议都适合你，有一些可能符合你的生活方式，也有一些可能更适合其他人，但努力可以让你获得更多的幸福和成功。学生的情绪词汇越丰富，越容易取得好成绩。身体预算平衡的人不太可能患重大疾病，如糖尿病或者心脏病，而且在他们年老的时候，他们有可能比别人的头脑更敏捷，生活有可能会变得更加充实而有意义。

你可以像换衣服一样，随意改变你的感受吗？不见得。即使是你构建了自己的情绪体验，在那一刻，你也会处于它们的控制之下。但是，从现在开始，你可以采取行动了，学着影响你未来的情绪体验，打造明日的自己。我说的并不是那种含糊不清的、虚伪的、号称可以照亮你宇宙灵魂的方法，而是一种通过大脑进行预测的真实方法。

到目前为止，我们了解了内感受、情感、身体预算、预测、预测误差、概念和社会现实，它们对你是谁以及你的生活方式有着广泛而深刻的意义。这就是本书最后几章所要论述的主题。接下来，我们将从情绪健康开始，然后依次介绍身体健康（第10章），法律（第11章）以及非人类动物（第12章）。

在本书随后的内容中，我们将应用全新的人性观，尤其是身体和社会之间存在的可渗透边界观点，设计一个生活食谱。在这个食谱中，主要的食材就是你的身体预算和你掌握的概念。如果身体预算处于平衡状态，那么你总体上会感觉很好，所以，我们就从这里开始。如果你储备了大量丰富的概念，那么你就拥有了一个可以让自己的生活变得有意义的工具箱。

• • •

经典自助书籍关注你的心理。如果你有不同的想法，他们会说，你会有不同的感觉。只要你付出足够的努力，你就可以调节你的情绪。但是这样的书籍并不会过多地考虑你的身体。如果说从第3章到第8章，我最希望你了解什么内容，那无疑是希望你知道，你的身心是紧密相连的。内感受推动你的行动。你的文化联结着你的大脑。

实际上，要想控制你自己的情绪，你需要做的最根本的一件事就是，让你的身体预算处于良好的状态。记住，为了维持一个健康的身体预算，你的内感受网络会日夜不停地劳作，不停地进行预算，这个过程就是你情感（愉悦、不愉悦、唤醒和镇静）的起源。如果你想感觉良好，那么你的大脑就会对你的心跳、呼吸、血压、体温、身体激素、新陈代谢等进行预测，然后调整到满足你身体的实际需要。如果它们得不到校准，你的身体预算就会失控，那么不管你看了哪些自助建议，它们对你来说都是不同的废话罢了，你的感觉会很糟糕。

不幸的是，现代文化的发展正在破坏你的身体预算。超市里的商品和饭店里的饭菜含有大量对身体预算有害的精制糖和有害脂肪。学习和工作需要你早起晚睡，在15~64岁的美国人中，有40%的人经常睡眠不足。睡眠不足很容易导致预算失衡、抑郁，或是其他心理疾病。广告商善于挑起你的不安全感，让你感觉如果你不买他们的衣服、车子，你的朋友就会对你有不好的评价，社会排斥会毒害你的身体预算。社交媒体为社会排斥提供了新机会，增加了不确定性，这对你的身体预算危害更大。朋友和老板希望你的手机时时刻刻处于开机状态，随传随到，这就意味着你根本没有休息时间，而且半夜不睡觉玩手机也扰乱你的睡眠模式。你的文化对工作、休息和社交的期待决定了你管理内部预算的难易程度。社会现实变成了物理现实。

你可能还记得,你的身体预算是由内感受网中的预测回路调节的。如果这些预测与你的身体的实际需求长期不同步,那么要想使它们恢复平衡就很难了。你的身体预算回路,作为你的大脑的预警器,无法立刻对你身体出现的反面证据(预测误差)做出反应。一旦预算长期出现误差,你就会经常感到痛苦。

当人们在日常生活中感觉很糟糕时,很多人会进行自我治疗。在美国,30%的药物被用来治疗某种痛苦。对这些患者来讲,他们的预测经常偏离他们身体的真实支出,可能是他们的大脑错误地估计了成本。因此他们感觉很痛苦,就会吃药,也有人会酗酒或者服用某种毒品,如鸦片制剂来缓解自己的痛苦。

这对我们来说是个坏消息。实事求是地讲,你要怎么做才能够保证你的预算得到及时修正,保持身体预算平衡呢?如果下面的话让你听起来像妈妈的唠叨,我很抱歉,但要想保证身体预算平衡,你就要保证饮食健康,经常锻炼,有充足的睡眠。我知道,这听起来毫无新意,甚至很老套,但从生物学上来讲,这无可取代。身体预算就像金融预算一样,当你有了坚实的基础,就更容易维持良好的状态。当你还是一个孩子时,你的预算由照顾你的人管理。随着你慢慢长大,维持身体预算平衡转交到你自己手上,它成为你自己的责任。今天,你的朋友和家人可能会对你的预算做一点儿贡献,但最主要的还是你自己。因此,无论如何,你一定要尽可能地多吃蔬菜、少食用精制糖、有害脂肪,少摄入咖啡因,定期锻炼,保证充足的睡眠。

这些似乎不可能对你的生活结构和习惯带来重大变化。对一些人来讲,不吃垃圾食物,缩短看电视的时间,或者抵制其他主流文化的诱惑是非常困难的。也有一些人为了维持生计而努力拼搏，他们不得不在吃饭和账单之间做出选择，这样的人可能不会对生活做出重大改变。但请你尽力而为，只要尽力就好。饮食健康、经常锻炼、充足的睡眠有助于身体预算平衡和情绪健康，这是明摆着的事实。身体预算如果长期负担过重，很容易导致各种身体疾病，下一章我们将会详细介绍。

如果可以的话，接下来就是让你的身体保持舒适。让你的爱人、朋友，或者花钱（如果你支付得起的话）请一位身体按摩师为你按摩身体。人类之间的身体接触有助于你的身体健康——可以经由内感受网络改善你的身体预算。在激烈运动后按摩的效果尤其好。按摩可以减少炎症，而且剧烈运动容易导致轻微的肌肉拉伤，按摩有助于加速肌肉愈合，减轻痛苦。

另一个平衡身体预算的方法就是做瑜伽。长期练习瑜伽的人可以快速有效地让自己镇静下来，可能是因为做身体运动时配合缓慢呼吸。瑜伽也可以降低促炎性细胞因子的水平，这是一种蛋白质，会在人体内产生有害炎症。（在下一章我们将详细介绍这些蛋白质。）经常锻炼也有助于提高另外一种蛋白质水平，即抗发炎细胞激素，这种蛋白质可以有效降低你患心脏病、抑郁症以及其他疾病的可能性。

你的生活环境同样会影响你的身体预算，如果可能的话，尽量不去噪声大、人流拥挤的地方，多接触绿色植物和自然光。并不是我们所有人都有钱通过搬家或者重新装修房子来改变环境，但室内盆栽同样可以达到意想不到的效果。像这样的环境因素对你的身体预算十分重要，它们甚至有助于帮助精神疾病患者更快地恢复健康。

读一本引人入胜的小说同样有益于你的身体预算。这不是逃避现实，当你沉浸在他人的故事中时，你会忘掉自己的烦恼。在这种心灵之旅中,部分内感受网络被激活,我们把这称为"默认模式网络",同时,阅读也可以防止你胡思乱想(这对身体预算有害)。如果你不喜欢阅读,那就看一部精彩的电影。如果故事内容很悲惨,那就痛快地大哭一场,这对你的身体预算也有益处。

下面来介绍另外一个预算助力器:经常和朋友午餐聚会,轮流请客。研究表明,给予和感激都对身体预算有益,因此,即使轮到你请客时,你也会获利。(从长远来看,轮流请客和 AA 制付账的成本是一样的。)

改变自己的生活习惯,适应你的身体预算,这绝不是一件易事。有时简直是不可能完成的,但是尽你所能地尝试一下这些技巧。大多数时候,它们不仅能让你心情好转,而且也能减轻你的压力。

• • •

关注了你自己的身体预算后,接下来为了情绪健康,你能够做的最好的事情就是充实你的概念,也就是我们常说的"变成一个高情商的人"。带有传统情绪观心态的人认为情商(情绪能力)能"准确探测"他人的情绪,或者能"在适当的时候"体验快乐,避免伤心。而我们对情绪有了全新的解读,从新的视角看待情商(情绪能力)。"快乐"和"悲伤"分别是包含大量不同实例的族群。因此,情商(情绪能力)是指在特定情境中,你的大脑构建一个最有用的情绪概念,然后从中选出一个最佳实例。(在不构建情绪时,也会构建其他概念的实例。)

畅销书作家丹尼尔·戈尔曼在《情商》一书中指出,高情商(情绪能力高)的人在学业、事业以及社交上更容易获得成功。他写道:"情绪能力比单纯的认知能力重要两倍。"你可能会很吃惊地发现,科学界至今还没有统一的情商定义,也没有达成一致的情商测量标准。戈尔曼的书提供了大量合理实用的建议，但是科学家们无法正确解释为什么他的建议有效。这是因为他们的依据深受已经过时的"三重脑"模式的影响——如果你能有效地控制你所谓的情绪兽性之心，那么你就是一个高情商（情绪能力高）的人。

情绪能力高的显著特征就是情绪词汇丰富。假设你只知道两个情绪词汇，"感觉棒极了"和"感觉糟透了"，无论什么时候你体验情绪，或者感知他人情绪时，你只能用这两个词笼统地概括，这样的人情绪能力不可能高。相反，如果你能够对"棒极了"（快乐、满意、激动、放松、喜悦、充满希望、备受鼓舞、骄傲、崇拜、感激、欣喜若狂……）进行细化，也能够把"糟透了"（生气、愤怒、惊恐、憎恶、暴躁、懊悔、阴郁、窘迫、焦虑、恐惧、不满、害怕、忌妒、悲伤、惆怅……）的感觉细分为50个不同层次，那么在预测、分类、感知情绪时，你的大脑就会有更多的选择，为你提供工具，做出更加灵活、有用的反应。你也就可以更有效地对你的感觉进行分类，更好地调整你的行为，从而更适应周围的环境。

我上面所描述的就是情绪粒度，它是一种能比其他人构建出更细致的情绪体验的能力。具有高情绪粒度的人就是情绪专家：他们通过预测构建的情绪实例能够完美地适应每一个具体情境。另一方面，也有一些孩子还没有形成和成年人一样的情绪概念，只能够用"伤心"和"疯狂"表达不愉快的感觉。我的实验室研究表明，成年人的情绪粒度水平有人高，有人低。情绪能力高的关键就是学习新的情绪词汇，准确应用你已有的词汇。

有很多方法可以获得新的情绪词汇：外出旅行（即使在小树林散步也好），读书，看电影，尝试不熟悉的食物。做一个体验收藏家。尝试新观点，就像你尝试新衣服一样。这些都能促使你的大脑融合已有概念，形成新概念，积极改变你的概念系统，你的预测和行为随后也会发生变化。

例如，在我们家，我的丈夫丹负责垃圾回收，因为在把垃圾放进垃圾桶时，我总是忘记分类，如玻璃纸和木制品都是可回收的，我却经常把它们扔到不可回收垃圾桶，然后丹再捡回来。丹没有因为我给他造成的麻烦而沮丧，他应用了童年时期收集超人漫画书的一个概念。我每次的忘记分类变成了一个"超级力量"，他心甘情愿地重复回收。就这样，一个恼人的习惯变成了一个有趣的小缺点。

也许，获得概念最简单的方法是学习新词汇。你可能从未想过通过学习词汇来加强自己的情绪健康，但这个说法直接来源于神经系统科学的构建理论。词汇孕育概念，概念推动预测，预测调整身体预算，身体预算确定你的感觉。因此，你掌握的词汇细分得越精确，你的大脑预测就可以根据你的身体需要更精准地调整你的身体预算。实际上，展现出较高情绪粒度的人不容易得病，他们也很少吃药，更不用说患上重大疾病了。这不是魔术，当你利用社会和生理之间的可渗透边界时，这一切就会发生。

因此，尽自己所能地学习新词汇。读一些自己不喜欢的书籍，或者听一些发人深省的广播，如全国公共广播电台的节目。表达情绪时不要只用"快乐"：你可以使用一些具体的词汇，如"狂喜"、"喜悦"以及"备受鼓舞"。也不要什么时候都用"悲伤"一词，学着了解"气馁"和"沮丧"的差别。当你建立了相关的概念时，你就可以更精准地构建自己的体验。另外，对于词汇，不要把自己局限在你的母语中。了解其他语言，从中找出你母语中没有的情绪概念，如荷兰语中表达综合情绪的词语"gezellig"，以及希腊语中表达沉重愧疚感的词语"enohi"。每个词汇都能够让你以全新的方式构建体验。

　　同时，利用你拥有的社会现实力量和概念组合，尝试一下，自己发明一些情绪词汇。作家杰弗里·尤金尼德斯在《中性》（Middlesex）一书中列出了一系列非常有趣的概念，但他并没有用一个简单的词来概括，而是这样表达的："中年开始对镜子的憎恨""梦想破灭的失望""得到一个带有迷你酒吧房间的兴奋"。你也可以试一试。闭上双眼，想象自己正在一辆车里，正开车离开家乡，你心里知道自己再也回不来了。你是否可以通过组合情感概念来描述这种感觉？如果你每天都使用这种技巧，你可以更好地进行自我调节，以适应各种不同的环境，也会更富有同情心，更善于调解纠纷，与人和睦相处。你甚至可以给你的创造命名，就像我之前提到那个"无薯片"的词语一样，然后把它们告诉给你的家人和朋友。一旦你和他人分享了你的创造，它们就会和其他情绪概念一样真实，而且也同样有益于你的身体预算。

　　一个情绪能力高的人不仅能掌握很多情绪概念，而且他知道什么时候用哪一个概念。就像画家能够精准地区分颜色，红酒爱好者可以区分不同口味的葡萄酒一样，你可以和他们一样，练习你的分类技巧。假设你看见你处于青春期的儿子正要去上学，整个人看起来好像刚起床一样：披头散发，衣服上都是褶皱，衬衫上还能看见昨晚晚餐留下的污迹。你可能会斥责他，然后让他回房间换衣服，但是，如果你换个方式，如果你思考一下自己的感觉，你担心他的老师会因此不重视他吗？还是厌恶他头发太油？又或者因为他这种邋遢的着装会影响你作为父母的形象，因而感到紧张？还是会感到愤怒，你花了很多钱给他买的衣服他竟然不穿？或者你也可能感到伤心，因为你的小男孩已经长大了，你错失了他丰富多彩的童年？

如果你认为所有这些内感受听起来难以置信,那么你要意识到人们花很多钱去看治疗师和生活教练也是为了这个目的:帮助他们重建情境,也就是说,在行动中找到最有用的分类。你自己也可以这样做,通过足够的实践,把自己变成一个情绪分类专家。练习做得越多,效果越好,熟能生巧。

一项对蜘蛛恐惧的研究表明,相比于另外两种流行的调节情绪的方法,情绪细分的方法更有效。第一个流行的方法是认知重新评估法,即让受试者以一种让人不会感到害怕的方式描述蜘蛛:"我面前的这只蜘蛛很小,它是安全的。"第二种方法是转移注意力法,让受试者不要想蜘蛛,想其他和蜘蛛无关的事情。第三种方法就是对感觉进行精准分类,例如:"在我面前的这只蜘蛛长得很丑,样子让人恶心,让人害怕,但也很有趣。"患有蜘蛛恐惧症的人观察蜘蛛时,第三个方法最有效,它有助于减轻人们的焦虑,在实验结束后,这种效果能持续一个星期的时间。

高情绪粒度还有很多其他的益处,能帮助人们获得满意的生活。大量研究表明,能够精细区分不愉快情感的人(比如那些可以用 50 个词语表达糟糕情感的人)相比较而言,其灵活度提升 30%,在面对压力时,他们很少有人会喝酒,在受到他人伤害时,他们也很少会主动报复。如果患有精神障碍的人展现出了较高的情绪粒度,据报道,和情绪粒度较低的精神病患者比起来,他们和家人、朋友之间的关系会更和谐,在社交场合,他们也更容易表现得很得体。

相比较而言,情绪粒度低的人容易患上各种疾病。患有重度抑郁症、社交焦虑症、饮食失调症、自闭症谱系障碍、边缘型人格障碍的人,或者总是感觉抑郁和焦虑的人,他们的情绪粒度都很低。确诊患有精神疾病的人很难区分积极情绪和消极情绪。需要说明的是，我们并不是说情绪粒度低的人就一定会得上述疾病，但它的确会对人们的精神产生影响。

在提高了情绪粒度之后，另一个锤炼概念的方法是每天记录你的积极体验。这个方法受到很多治疗师和自助书的青睐。你可以发现让你微笑的事情吗，哪怕只笑了一下？每当你做积极的事情时，你就可以对你的概念系统进行微调，强化关于积极实践的概念，让它们在你的思维模式中变得显著突出。如果你能够记下你积极的经历则更好，因为词汇可以发展概念，这将有助于你预测新的时刻，培养积极性。

与此相反，反复思考某个不愉快的事情会导致你的身体预算产生波动。反复思考不愉快的事是一个恶性循环：每次你沉浸在一段破裂的关系中，你都会想用不同的实例来预测，这样你会沉浸在不愉快的事情中无法自拔。某些和分手有关的概念会一直萦绕在你的心头，如你们最后的大声争吵，或者你的爱人最后一次离开时的面孔。作为神经活动模式，这些概念在你的大脑中越来越容易重建，就像一条步行小路，走的人越多，路径越深越明显。不要形成这样的路径。你构建的每一个体验都是一次投资，因此一定要精明地投资，你要培养那些将来你想重复构建的体验。

有时，故意构建一些消极情绪实例也很有意义。想象一下，在一场重大比赛前，足球运动员培养愤怒情绪。他们喊叫、蹦跳、冲着空中挥拳，目的是激起自己的斗志，击败对手。通过提高心率，深呼吸，进而影响他们自己的身体预算，根据过去在类似情境中有助于他们良好表现的情绪知识，他们在体育场环境中创造了一种熟悉的身体状态。他们的攻击性也会加强和队友之间的联系，并告诉他们的对手要小心了。虽然比赛场合不需要情绪能力，但此时，情绪能力确实在发挥作用。

如果你已经为人父母，你可以帮助你的孩子培养这些技巧，让他们成为情绪能力高的人。告诉他们和情绪以及其他精神状态相关的知识，越早越好，也许你会觉得他们太小了，无法理解，但实际上，婴儿很早就形成了概念，远比你想象的要早得多。因此，直视孩子的眼睛，睁大你的眼睛，吸引他们的注意力，然后根据情绪和其他精神状态，大声说出身体的感觉和动作。如："看到那个小男孩了吗？他正在哭。他刚刚摔倒了，磕破了膝盖，很疼。他很伤心，可能希望他爸爸妈妈拥抱一下。"在读故事时，详细解说故事中人物的情感，你的孩子当时的情绪，以及你的情绪。使用尽可能多的情绪词汇。和孩子讨论情绪产生的原因和后果。总之，把自己想象成孩子的旅游向导，你现在正带着孩子在神秘的人类世界中旅行，让孩子了解人们的动作和声音。你详细的解释有助于你的孩子建立完整的情绪概念系统。

当你教孩子情绪概念时，你不仅是在和他们交流，你还在为孩子创造现实——社会现实。你正在为他们提供工具，利用你提供的工具，孩子们可以调节身体预算，赋予他们的感觉以意义，并据此采取行动，交流他们的感受，有效地对他人产生影响。这些技巧会伴随他们终生。

当你教你的孩子情绪时，不要让自己留下本质主义的刻板印象：高兴时微笑，愤怒时皱眉，等等。（这很难做到，因为你与之斗争的是所有的电视卡通节目，节目中已经把西方情绪表达定型了。①）帮

---

① 皮克斯动画工作室的电影让人印象最深刻的是他们的标新立异。虽然《头脑特工队》是一部彻头彻尾的关于情绪的本质论幻想作品，但在情绪表达上，面部表情和身体动作的细微变化却表现得非常到位，非常吸引人。

助孩子了解各种各样多彩的世界，让他们明白，微笑不仅可以表达快乐，还可以表达尴尬、愤怒甚至是伤心，这主要取决于环境。另外，当你对自己的感受、对他人的感受不确定时，或者你猜得不准时，要勇于承认。

你要与孩子进行充分的交流，即使在你的孩子还是一个不会说话的婴儿时，也要保证交流是双向的。当孩子开始学走路的时候，谈话模式和词汇对构建情绪概念同样重要。我和我的丈夫从来不会用"模仿幼儿的口吻"和我们的女儿交流。从女儿一出生，我们就用成人说话的方式，用完整形式的句子和她进行交流，我们在说完一句话的时候，会停顿一下，给她时间反应，她可以用她所能用到的任何方式回应。周围人看到我们这样做，都觉得我们疯了，但我们的女儿现在长成了一个高情商的少女，可以和成年人进行有效交流。（她甚至可以用上百种方法"折磨"我，我为此感到骄傲。）

你的孩子会尖叫，或乱发脾气吗？你可以利用对你有利的社会现实，帮助他们掌控他们的情绪。当我的女儿索菲亚学走路时，她会乱发脾气，如果我们让她"冷静下来"，这当然不会有任何作用。于是，我们发明了一个概念，叫"坏脾气妖精"。不管什么时候索菲亚开始发脾气（幸运的话，我们会提前预测到她要发脾气），我们都会对她解释说："哦，不，坏脾气妖精就要来了，它现在正在把你变成坏脾气小孩。让我们一起把坏脾气妖精赶走吧！"然后，我们把她领到一个特定的椅子上——一张模糊的红色照片，上面是《芝麻街》中青蛙艾摩的图片。这是专为她准备的冷静位置。（不，这不是毛茸茸的红色小手铐。）一开始，我们把她抱到椅子上，有时她会生气、踢椅子，但是慢慢地，她会主动走到椅子那里，自己坐下来，直到不愉快的情绪消失。有时她甚至会自己宣布坏脾气妖精要来了，然后坐过去。这些做法听起来可能很愚蠢,但是效果很明显。通过和索菲亚一起发明、分享"坏脾气妖精"和"艾摩椅子"的概念,我们创造了工具帮助她冷静下来。社会现实中的金钱、艺术、力量以及其他结构对我们来说是真实的,对她来说,这些概念也一样是真实的。

总之,具有丰富情绪概念的孩子的学习成绩会更好。耶鲁大学情绪智能中心做了一项研究,每个星期教学龄儿童二三十分钟情绪知识,使用情绪词汇。结果显示,这些孩子的社交能力和学习成绩都得到了提高。实验人员请了一些对研究一无所知的人作为受试者,据他们说,在课堂上使用这种教育模式,更容易组织课堂纪律,而且对学生的指导也变得更容易了。

相较而言,如果你不用情绪词汇和孩子交流他的感受,可能会妨碍他发展概念系统。孩子4岁后,与低收入家庭的孩子相比,高收入家庭的孩子听过的词汇量多出400万个,他们掌握的词汇更多,阅读理解能力也更强。因此,家庭条件最差的孩子在社交中也一定是落后的。我们可以用一个简单的干预方法,如建议低收入父母多和孩子交流,这样就可以让孩子在学校表现得更好。同样,经常使用情绪词汇能提高孩子的情绪能力。

在你对孩子的行为进行评价时,这些原则同样适用。研究表明,同样是4岁的孩子,低收入家庭的孩子听到的沮丧的评价比表扬的评价多12.5万字,而高收入家庭的孩子听到的大多是表扬的评价,他们听到的赞扬的评价比沮丧的评价要多出56万字。这意味着低收入家庭的孩子身体预算负担很重,而且几乎没有资源去解决。

所有人都会批评自己的孩子,但请说明具体的理由。如果你的女儿正在不停地抱怨,那么你不要对她大叫"闭嘴",你可以试着换个说法，如："你的抱怨让我很生气，所以别再抱怨了。如果你有问题，就说出来吧。"当你的儿子突然打了他妹妹的头，你不要叫他"坏孩子"。（你绝对不想让他成为那样的人，所以不要给出那样的概念。）你可以这样说，具体一些："不要打你妹妹，这样会伤害到她，让她伤心。快跟她说对不起！"表扬也是一样，你不要说你的女儿是个"好姑娘"。而是要具体表扬她的行为："你做得非常棒，没有打哥哥。"这样的措辞有助于孩子们建立起更实用的概念。此外，你说话的语调同样重要，因为它直接表明了你的情感，进而对孩子的神经系统产生直接影响。

通过有效调节孩子的身体预算，你不仅可以指导孩子拥有更丰富的情绪词汇，还能促进孩子语言的整体发育，这些都有助于孩子将来在学校取得好成绩。

• • •

现在，你已经在尽全力改善你的生活方式，平衡身体预算，扩展自己的概念系统，你俨然已经成了一个概念专家。但你的生活依然会有起伏。因为爱、社交生活的不确定性、工作中的虚伪、友谊的脆弱，以及随着年龄增长导致的身体机能的下降，这些因素可能还会带给你伤害。这时，你能够做些什么来控制你的情绪呢？

不管你相信与否，最简单的方法就是活动你的身体。所有的动物都通过活动调节身体预算，如果它们的大脑需要的葡萄糖比身体需要的多，那么快速爬树会让它们的能量水平重新回到平衡状态。人类是独一无二的，因为我们不需要活动，纯粹的心理概念就可以调节身体预算。但是，当这种方法不起作用时，请记住你也是一个动物。站起来，四处活动一下，即使不喜欢也要起来动动。播放音乐，在家里跳舞，到公园散步。为什么这些行为会有用？活动你的

情绪

身体可以改变你的预测，进而改变你的体验。此外，运动同时也有助于你的控制网络把其他不那么令人讨厌的概念提取出来。

另外一个控制情绪的方法就是改变你的位置或者环境，这也会改变你的预测。例如，在越南战争期间，15% 的美国士兵吸食海洛因上瘾。当他们返回故乡后，95% 的人在回国第一年就戒掉了毒瘾——和那些吸食毒品的普通人相比，这个数字非常惊人，后者通常只有 10% 的人不会复吸。位置的转变改变了他们的预测，减少了他们对毒品的渴望。（有时我想知道，遭遇中年危机的人是否可以大胆尝试一下，通过改变身处的环境改变自己的预测？①）

当运动和环境改变都不能帮助你掌控你的情绪时，那么接下来你可以尝试着对自己的感觉重新分类。这里需要做一些解释：当你感觉痛苦的时候，那是因为内感受感觉让你体验到了不愉快的情感。你的大脑尽职地预测那些感觉的原因，它们或许来自你的身体发出的一些信息，如"我胃疼"，也可能因为你的"生活出现了严重的问题"。不舒服和痛苦是有区别的：不舒服只是单纯的生理反应，而痛苦则是私人的反应。

想象一下，在一个入侵的病毒眼中，你的身体是什么样的？你犹如一个巨大的包裹，里面装着 DNA、蛋白质、水以及其他生物原料。但不管是什么，病毒都会偷走，然后进行自我复制。流感病毒在感染你的细胞时，它才不关心你的信仰、品质或者价值观。它不会对你的性格做出道德评判，如"哦哦，她发型难看，她是个势利

---

① 凯文是我的朋友，我们在第 7 章提到过他，他说过这样一句话："亲爱的，当事事都不如意时，你可以披上一个飘逸的漂亮头巾，戴上时髦的大墨镜，买一辆敞篷车，然后驾车周游全国。"

小人……让我们感染她吧！"不，病毒对所有受害者都一视同仁。它会让人不舒服，但并不针对某个人。所有睡眠不足、肺部湿热的人都可能成为病毒的宿主。

另一方面，根据你特有的优缺点，情感会把内感受感觉转变成你的一些特质。现在内感受感觉是个人的事情——它们居住在你的情感空间里。当你感觉不幸时，这个世界似乎都变得令人厌恶了。大家都在评论你，战争肆虐，两极冰川正在融化，你正在受罪。大多数人会花费大量的时间来减轻痛苦。我们常常为了快乐或者安慰自己去吃东西，而不是为了获取营养。身体预算长期处于紊乱状态会让人感觉很痛苦，我觉得毒品就是人们为了解除这种痛苦而进行的一种错误尝试。

在这一刻区分不舒服和痛苦很难。你感到烦躁是因为喝了太多咖啡？如果你是一位女性，出现这种难以区分的生理症状可能和你的生理期有关，或者你正处于更年期。这时，你可以对感觉进行分类，赋予它们原本没有的新意义。我记得在2010年，当我们整个实验室从一所学校搬到另一所学校时（包括20名研究员和数十万美元的设备），一切似乎都乱了套。当时，我已经订好了一个为期两周的旅行。从某种程度上来讲，我正在努力控制自己，不让自己崩溃，每一次要发火时，我都会努力克制……然后，我的笔记本电脑突然坏了。于是，我躺在家里厨房的地板上，开始大哭。就在那一刻，我丈夫走了进来，他注意到了我的状态，一脸天真地问我："你要来月经了吗？"哦，上帝啊！我接着冲他大发脾气——你这头该死的猪！在我几乎控制不住自己快要崩溃的时候，他怎么敢这么自以为是？我的暴怒让我们两人都惊呆了。三天后，我发现他是正确的。

通过练习，你可以学着把情感引起的感觉解析为单纯的生理感觉,而不要让那些感觉成为你观察世界的过滤器。你可以把焦虑解析成快速心跳。一旦你把感觉解析成生理感觉,那么你就可以利用丰富的概念系统,换种方法对它们重新进行分类。也许心脏怦怦跳不是焦虑,而是期待,或者甚至是兴奋。

现在请环顾四周,找到一个物体。你不要把它看成一个三维的可视对象,而是把它看成由你的感觉构建的由不同颜色的光构成的单独部分。很难,对吗?尽管如此,你可以训练自己完成这个练习。挑这个物体最顺眼的部分,试着用你的眼睛描绘它的轮廓。通过大量练习,你可以学着像这样解析物体。伟大的画家伦勃朗就非常善于运用光线,在画布上勾勒出物体的轮廓线。你也可以采用同样的方法解析你的情绪。

情绪分类是情绪专家经常使用的一个方法。你知道的概念越多,能够构建的情绪实例也就越多,因而也就能更有效地对情绪进行重新分类,进而掌控自己的情绪,调节行为。例如,如果你即将参加一场考试,你觉得自己情绪不稳,你可能会觉得自己焦虑了("哦,不,我死定了!")或者充满期待("我一定没问题,准备好了!")。我女儿在一所空手道学校学习空手道。在学生黑带考级之前,当学生紧张的时候,他们的校长乔伊·埃斯波西托会建议大家:"不要紧张,相信自己。"他说得没错,当你现在感觉情绪不稳时,不要把它当成紧张,你可以构建一个"决心"的实例。

重新分类这个方法给你的生活带来的好处非常明显。大量对美国研究生入学考试等数学考试的研究发现,当考生对焦虑重新分类,把它看成身体可以应对的一种生理特征时,他们往往容易得到较高的分数。如果人们把焦虑重新分类,归入"兴奋"一类时,也会产生类似的效果,如演讲时或者在卡拉OK唱歌时,把焦虑看成兴奋，通常会表现得更好，而且也很少出现典型的焦虑症状。他们的交感神经系统依然会出现胃痉挛的感觉，但影响人们表现、让人心情糟糕的促炎性细胞因子会减少，因此他们的表现会更佳。研究表明，那些数学成绩差需要补课的学生如果能够进行有效分类，他们的成绩就可以得到提高。如果拥有巨额财富和勉强维持生计之间的差别就在于一张大学文凭，那么这个重大发现可以改变一个人的人生轨迹。

当你遭遇困境时，如果你能通过重新分类，把挫折带来的不适归类为有益的，你就能培养更大的耐力。美国海军陆战队有一条座右铭，正体现了这条原则："痛苦可以让懦弱远离身体。"每当你运动到感觉不舒服时然后停止，你就把你的身体感觉归类为疲惫。尽管继续锻炼下去对身体有好处，但你却不再坚持，不想突破自己的极限。但是通过重新分类，感到疲惫时，你可以继续锻炼下去，稍后你的感觉就会更好，这样的锻炼会让你变得更强壮健康。你做得越多，你对概念系统的调整就会越顺手，以后坚持锻炼的时间也会更长。

下腹痛、运动损伤、重病治疗带来的痛苦，以及其他病痛同样给了我们机会来识别身体不适和情感痛苦之间的差别。例如，患有慢性病的人想法都非常悲观，这种想法不仅会影响他们的生活，甚至会加重他们的痛感。当他们学着把身体感觉和不愉快的情感分离开后，他们服用镇痛剂的次数就可能减少，对镇痛剂的依赖也会减少。每年美国有将近6%的人因身体慢性痛服用镇痛剂治疗。据了解，这类让很多人上瘾的镇痛剂并不能长期减轻病人的疼痛症状。《疼痛轨迹》(*Paintracking*)一书的作者黛博拉·巴雷特（和我的嫂子）指出，当你可以把疼痛看成一种生理现象时，疼痛就不会成为一场个人的灾难。

重新分类,把痛苦看成不适,或者把精神折磨解析成生理不适,这个观点有着古老的起源。例如,有些冥想形式有助于对感觉进行重新分类,将之归为生理症状,以减轻痛苦,佛教徒称之为解构自我。你的"自我"就是你本身——包含一系列可以定义你的特征,如你的各种记忆、信仰、喜好、希望、生活选择、道德标准和价值观等。你不仅可以通过基因定义你自己,还可以通过你的生理特征(如体重和眼睛的颜色)、你的种族、你的性格(有趣或者值得信赖)、你和其他人(朋友、父母、孩子和爱人)的关系,你所拥有的身份(学生、科学家、销售员、工人、医生等)、你所属的地理区域或者意识形态(美国、纽约、基督教徒、民主党人),甚至是你开的车来定义你自己。贯穿这些观点的一个共同的核心是:自我是你对自己的感觉,具有连续性,似乎它就是你的本质。

在佛教徒的观点中,自我是一个幻觉,是人类痛苦的根本原因。无论什么时候,当你渴望一辆豪车一件美服,或者渴望获得赞美来提高声誉,或者寻求社会地位和权力来改善你的生活时,你是在把虚幻的自我看成真实的了(将自我具体化)。这些物质需求可能会给你带来短暂的满足和快乐,但它们也会诱捕你,就像金手铐一样,给你带来持续的痛苦,我们把这叫作延长的不愉快情感。对于一个佛教徒来讲,自我是比短暂的身体疾病更为糟糕的存在,自我是一种持久的痛苦。

我对自我科学定义的灵感源于大脑的活动,并且和佛教中的"自我"产生了共鸣。自我是社会现实的一部分。准确来说,我认为自我不是虚幻的,它也不是如神经元一样真实的客观存在。人们通过他人定义自我。从科学的角度来看,你此刻的预测和源于预测的行动，从某种程度上来说，都取决于他人对待你的方式。你不可能自己定义自己。汤姆·汉克斯曾主演了一部电影，叫《荒岛余生》（*Cast Away*），在这部电影里，汤姆·汉克斯扮演的角色独自一个人在荒岛上生活了4年。现在我们能够理解为什么男主角会用排球给自己创造一个朋友，并给它起名叫"威尔逊"。

某些行为和喜好和你的自我一致，有些则不同。有的食物你喜欢吃，有的你不喜欢吃。你可能喜欢狗，也可能喜欢猫。这些行为和喜好变化很大：你可能喜爱吃法国菜，但不会每顿都吃。爱狗的人也可能有几个品种的狗是他们不喜欢的，在爱狗的同时，他们有可能还喜欢猫。总之，你的自我就像一套行为准则，概括了你在那一刻喜欢、厌恶的东西以及习惯。

我们以前见过类似的东西。这些行为准则就像一个概念的特征。因此，我认为，自我就是一个很普通很常见的概念，就和"茶""保护你免受蚊虫叮咬的东西""恐惧"一样。相信我，你不需要费劲思考自己作为一个概念的事情，跟着我，我会告诉你。

如果自我是一个概念，那么你可以通过模拟构建自我的实例，在那一刻每个适合你目的的实例。有时你根据自己的职业给自己分类。有时候你可能是父母、孩子或者爱人，有时你仅是一个躯体。社会心理学家认为一个人有多个自我，但是你可以把多个自我看成一个单一的、以目的为基础的"自我"概念的多个实例，在这个概念中，目的会根据环境而变化。

你的大脑是如何追踪你的各种各样的"自我"实例的？如作为一个婴儿、一个幼童、一个青少年、一个中年人以及一个老年人。因为有一部分的你自始至终不会变：你只有一个身体。你习得的每一个概念都包括你在学习时的身体状态（作为内感受预测）。一些概念涉及很多内感受，如"悲伤"，有些涉及的内感受则少一些，如"塑料包装"，但是它们都和同一个身体有关。因此你构建的每一个类别——世界上的物体，其他人，以及纯心理概念，如"公正"等——都包含一点点的你。这就是你的自我感觉的心理基础。

虚幻自我和佛教的观点类似，是指你拥有某种永恒的本质，正是这个本质让你成为你。我推测，每一刻都有很多核心的预测系统在对你的自我进行重新构建，这个系统与你构建情绪的系统都是同一个，其中包括我们熟悉的网络（内感受网络和控制网络）。在构建的同时，这些系统也会对源自你身体和外界的持续感觉进行分类。实际上，内感受网络中被称作默认模式网络的部分也叫作"自我系统"。在你进行自我反省时，它的活动会持续增强。如果你的默认模式网络出现萎缩，就像得了老年痴呆一样，最终你会失去你的自我感觉。

对于如何成为自己情绪的主宰，解构自我提供了一个新的灵感。调整你的概念系统，改变预测，不仅可以改变你的未来体验，实际上，也是在改变你的"自我"。

假设你现在感觉很糟糕——感觉很担心，因为缺钱；感觉愤怒，因为该升职却没有升职；感觉很灰心，因为你的老师认为你不如其他同学聪明；感觉心碎，因为你的爱人抛弃了你。佛教可能会把这些情感解释为痛苦，它们是你追求财富、声誉、权力和安全感带来的痛苦，是把自我具体化的表现。根据情绪构建主义理论，财富、声誉以及其他一些东西一直存在于你的情感空间内，它们会对你的身体预算产生影响，最终导致你构建不愉快的情绪实例。短暂的自我解构，可以缩小你的情感空间的尺度，这样"声誉""权力""财富"等概念就变得多余、不必要了。

西方文化中有些至理名言与这些看法有异曲同工之处。例如："不要太看重物质"；"那些无法杀死我的东西让我变得更强壮"；"棍棒石头可能会打断我的骨头，但话语绝不会伤害到我"。但我希望让你了解更多。当你遭受某种疾病或者侮辱时，问问你自己：你现在真的非常危险吗？或者这种伤害仅仅是威胁到了自我的社会现实？对这些问题的答案将有助于你对感觉到的心跳加速、反胃、汗湿的额头重新分类，把它们看成单纯的生理感觉，这会让你的担心、愤怒、灰心统统都消失掉，就像水中的解酸剂一样溶解消失。

我并不是说这种重新分类很容易，但是通过练习，你完全可以做到，而且重新分类非常有用。当你把某个事物归入"和我无关"的类别时，这件事就会离开你的情感空间，减少对你身体预算的影响。同样地，当你获得成功，感觉自豪、荣幸或者满意时，后退一步，记住，这些愉悦情绪完全是社会现实的结果，它强化了你的虚幻自我。取得成绩要为自己庆祝，但不要让它们成为你的"金手铐"，宠辱不惊才能走得更远。

如果你想深入了解这个策略，那么你可以试试冥想。冥想有很多种，其中有一种叫"正念冥想"。正念冥想要求冥想时不带任何偏见，保持警觉，关注当下，观察感觉的来来去去。① 这种状态（需要大量的练习）让我们想起了新生儿在观察世界时那种安静、警觉的状态——婴儿的大脑舒服地沉浸在预测误差中，没有任何焦虑的感觉，他们体验感觉，释放感觉。冥想就是要实现类似的状态，接下来最好的方法就是把你的想法、情感和感觉划归到生理感觉类别，对生理感觉，人们更容易放手。至少在一开始，你可以进行冥想帮

---

① 从佛教的观点来看，我们可能会认为，解构自我有助于"暂停分类"。但从神经科学的角度来看，大脑从来不会停止预测，因此你无法关闭概念。

助自己集中精力，专注在生理感觉上，先不要对你自己和你在社会中的地位给予太多的心理意义。

虽然科学家还没有找到准确的答案，但冥想对大脑的结构和功能的确有很大的影响。冥想者大脑的内感受网络和控制网络中的关键区更大，这些区域之间的联结也更紧密。这是我们期望出现的情况，因为内感受网络在构建心理概念和表达生理感觉上至关重要，而控制网络是调节分类的关键。在一些研究中，我们发现甚至在培训结束几个小时之后，还能看到它们之间的联结在加强。还有一些研究发现，冥想可以减轻压力，提高预测误差的探测和加工能力，促进再分类（即"情绪调节"），减少不愉快的情感。但并非每个研究都得出了相同结论，因为并不是所有的实验都做到了严格控制。

有时，解构自我太具有挑战性。你可以简单地通过培养和体验敬畏情绪来获得同样的好处。敬畏感是出现了某个比自己强大的事物时出现的情感，这种情感有助于你和你的自我保持一定的距离。

有一年夏天，当我们全家在美国罗得岛州一栋海滨别墅度假时，我体会到了这种敬畏带来的好处。在海滨那几周，我们每天晚上都能听到蟋蟀的声音，它们的声音犹如一场交响乐，带给我前所未有的共鸣体验。我以前从未注意过蟋蟀，但是它们进入了我的情感空间。每天晚上，我开始期待它们的演奏，因为我发现，它们的叫声有助于我入眠。当我们度假结束后，我发现，如果我躺下来，在周围寂静无声的时候，我依然可以听到墙外传来蟋蟀的叫声。现在，在夏日的午夜，当我在实验室工作一天、倍感压力、半夜睡不着时，听到蟋蟀的叫声，我很快就会进入梦乡。我开发了一个令人敬畏的概念——投身大自然，感觉自己的渺小，这个概念有助于我在任何需要的时候改变我的身体预算。我发现一颗野草种子正努力从人行道的裂缝破土而出,这再一次证明文明无法驯服自然,我利用相同的概念来安慰渺小的我。

听海浪拍打岸边的岩石,仰望星空,正午走在漫天乌云下,在未知区域徒步探险,或者参加精神仪式——这些都会让你体验到类似的敬畏感觉。经常感受到敬畏的人身体的促炎性细胞因子水平较低,这些细胞会导致炎症(虽然没人能够证明这其中的因果关系。)

不管你能否培养敬畏感,练习冥想,或者找到其他方法解构你的体验,把它们看作生理感觉,重新分类都是掌控情绪的关键。当你感觉糟糕时,不要觉得心情不好就意味着出现了私人问题,你可以把这些糟糕的感觉当作病毒来看待。你的感觉可能只是噪音。你可能只是需要睡一觉就好了。

· · ·

至此,你已经知道如何在自己的经验中不断地提高情绪能力,让我们来看一下周围其他人的情绪能力水平,以及接下来对你的幸福产生的好处。

几十年前,我丈夫丹有过一段短暂不愉快的时光,那时,我们彼此还不认识。当时,丹去做心理咨询。第一阶段刚开始35秒,丹就皱紧了眉头,满面阴沉——当他集中精力的时候,他经常用这个表情。而那个心理医生却宣称丹"正在压抑愤怒",他对自己的感知非常自信。事实是,丹是我见过的最冷静的人之一。丹想让这位心理医生相信自己没有生气,但这位医生十分刚愎自用,他坚称:"不,你就是生气了。"1分钟还没到,丹就离开了诊室。他可能创造了时间最短的心理辅导纪录。

在这里,我并不是要批评心理健康职业,只是想通过这样的例子说明一个错误的信念,即一个人对他人精神状态的感知是——或者可能是——"正确的"。若根据传统情绪观，丹用一个独特的指纹表明了自己的愤怒，而这个心理医生探测到了，虽然丹自己并没有意识到。如果你想成功地感知他人的情绪体验，必须放弃这种本质论的假设。

在丹接受治疗的短暂时间里发生了什么？他构建了一个集中精力的体验，而医生构建了一个愤怒感知。这两种构建都是真实的，但不是客观意义上的，而是社会意义上的。情绪感知是猜测，只有感知符合另一个人的体验时，才是"正确的"，也就是说，两个人应就使用哪种概念达成一致。无论何时当你认为你知道其他人的感觉时，你的自信就与实际知识无关了。你只是在某一刻处于了情感现实主义中。

我们知道其他人的感觉，这就是一个幻象，为了提高情绪感知度，所有人必须放弃这个幻象。当你和一个朋友在情感上产生分歧时，不要假设你的朋友是错的，不要像丹的医生那么武断。承认"我们有分歧"，然后发挥你的好奇心，去了解你朋友的看法。相较于孰是孰非，对朋友的经验充满好奇心更重要。

那么，如果我们的感知只是猜测，我们彼此是如何交流的？如果你告诉我你为你孩子在学校的成绩感到骄傲，我如何才能知道你说的是哪种"骄傲"？（传统情绪观不存在这个问题，因为传统情绪观认为，骄傲有一个本质，你只需要把骄傲展示出来，我就能够认出来。）通过大脑的预测机制，我和你交流情绪，我们都要面对一个巨大的变异。你的情绪由你的预测引导。当我观察你时，我感知到的情绪是由我的预测引导的。我们同步对情绪进行预测和分类，这时情绪交流就发生了。

科学家和调酒师都知道当人们进行交流时，会以不同的方式同步进行，尤其是当交流双方喜欢或者信任彼此的时候。我点头，然后你点头；你碰一下我的手臂，稍后我碰一下你的手臂。我们的非语言行为协调一致，两个人之间还会出现生理上的同步。如果一个妈妈和她的孩子亲密地贴在一起，他们的心跳会同步。任何一个令人愉悦的交流都可能出现这种情况。为什么会出现这种现象，至今无解。交流双方呼吸同步，我怀疑是因为他们无意识地观察彼此胸部的起伏。当我接受心理医生培训，给病人做催眠前的准备时，我会有意识地让我的呼吸和病人的呼吸同步。

同样，我们可以同步情绪概念。我的情绪概念由我的预测引导。当你观察我时，你观察到的情绪由你的预测引导。我说话的声音和身体的运动，就像你的大脑所感知到的，要么证实你的猜测，要么否定你的猜测，即你的猜测出现了误差。

如果你告诉我："我的儿子在学校戏剧表演中是主演。我很骄傲。"你的话和行动在我的大脑中引发了大量预测，帮助我们在那一刻就"骄傲"概念达成一致。我的大脑根据以往的经验计算可能性，然后挑选出最符合当时情境的实例，也许我会说："恭喜。"然后当你感知我时，这个过程在另一个方向上重复进行。如果我们有着相同的文化背景或者其他共享的体验，或者我们对某些面部形态、身体运动、说话声音，以及其他线索在某些特定环境中具有的意义存在共识，那么我们更容易产生共鸣，实现情绪同步。慢慢地，我们就会共同构建一个情绪体验，一个我们双方都可以用"骄傲"来识别的体验。

在这种情况下，我们的概念并不需要完全匹配，我就可以理解你的感觉，它们只需要有合理的一致目的就可以。另一方面，如果我就骄傲构建了一个不愉快的实例，在这个实例中，你傲慢，不屑一顾,我可能无法理解你正在说什么,因为在那个实例中,你所用的概念和我的不一致。注意,我在做上述介绍时把它描述成了简单的、具有先后顺序的过程,但实际上我们的相互构建是一个连续过程,我们的大脑处于持续运动中。

共同构建的体验也有助于我们调节彼此的身体预算,这是我们群居生活带来的最大好处之一。一个群居物种中的所有成员都可以调节彼此的身体预算——甚至是蜜蜂、蚂蚁和蟑螂也不例外。但我们是唯一一个可以通过教彼此纯心理概念,并同步使用这些概念来调节身体预算的物种。我们拥有词汇,即使是相距很远的距离,我们也可以进入彼此的情感空间。即使你们远隔重洋,你也可以调节你朋友的身体预算(他也可以调节你的)——可以通过打电话、发电子邮件或者甚至只是想念彼此来完成。

你的词汇选择对这个过程影响很大,因为词汇塑造了其他人的预测。父母不会笼统地问孩子:"你感觉怎么样?"而是会问孩子:"你心烦吗?"这样的问法会影响孩子的回答,彼此之间的情绪共建,也会对孩子形成心烦的概念产生影响。医生在询问病人时,如果问"你觉得抑郁吗?"而不是"告诉我你感觉怎么样?"那么他更容易得到积极的反馈。这样的提问属于诱导性提问,这是律师在法庭上提问证人时常用的方法。在日常生活中,就和在法庭上一样,你必须记住,你的词汇可以影响他人的预测。

同样,如果你想让其他人了解你当下的感觉,你需要为他人提供清楚的线索,帮助他们形成有效预测,产生共鸣。根据传统情绪观,责任完全在观察者,因为据称情绪表现具有通用性。而构建理论认为,你也必须对情绪感知负责,你要做一个好的情绪发送者。

第9章 如何掌控情绪？

· · ·

如果你没有读过本书，然后有人对你说："你想掌控你的情绪吗？那么少吃垃圾食物，多掌握一些词汇。"我承认，这听起来一点儿都不直观。但是，健康饮食有助于维持身体预算平衡，更便于修正内感受预算，而新的词汇孕育着新的概念，新概念是构建情绪体验和感知的基础。很多看起来和情绪无关的事物实际上都能对你的感觉产生重大影响，因为社会和身体之间的边界是可渗透的。

作为动物，你很了不起，因为你能够创造纯心理概念，从而影响你的身体状态。社会和物理世界通过你的身体和大脑紧密地联结在一起，而你在社会和物理世界之间的有效运动取决于你掌握的一系列方法。因此，扩展你的情绪概念吧。寻找机会，把你的大脑和你的社会现实联结在一起。如果你现在感觉不愉快，那么解构你的体验，或者对它重新进行分类。你要明白你对他人情绪的感知只是猜测，而不是事实。

在这些新技能中，有一些很难培养。作为一名科学家，有一件事我要说清楚，"那就是大脑是如何工作的"。我要说的另一件事就是充分利用科学，重新调整你的整个生活方式。改变饮食和睡眠习惯，多参加运动，学习新概念，练习分类，偶尔还要从虚幻的自我中清醒过来。谁会有时间来做这些呢？我们都要工作和学习，时间有限，各种各样的私事和家事填满了我们所有的时间。而且，在这些建议中，有些需要投入时间和金钱，但那些能从中获益最大的人往往欠缺的就是时间和金钱。但……每个人都可以在本章找到值得一试的东西，比如睡前散个步，或者对一些概念进行组合，或者放弃薯片。

正如你所看到的，情绪概念和身体预算能够促进你的身体健康，但它们同时也是疾病的催化剂。据说情绪不良可能会导致各种疾病，如抑郁、焦虑、不明原因的慢性疼痛，以及代谢障碍。代谢障碍会导致 2 型糖尿病、心脏病，甚至癌症。同时，神经系统的新发现消除了我们所认为的身体疾病和精神疾病之间存在的界限，同样，构建主义理论也模糊了物理世界和社会的界限。这就是我们接下来要探讨的内容。

第 10 章　情绪波动会导致疾病吗？

回忆一下你上一次感冒的时候。你可能会流鼻涕、咳嗽、发烧，也可能有其他症状。很多人觉得感冒只是因为感染了感冒病毒，但是，当科学家把感冒病毒放入 100 个人的鼻子中时，却发现只有 24%~40% 的人感冒了。因此，感冒病毒并不是人们得感冒的本质原因——一定有更为复杂的事情在发生。可见，病毒是感冒的必要不充分条件。

感冒时出现的各种症状不仅和你的身体有关，也和你的心理有关。例如，如果你是一个内向的或者消极的人，那么感冒细菌会导致你更容易感冒。

基于情绪建构论，我们提出了全新的人性观。全新的人性观消除了心理和生理的界限，包括疾病发生的区域。而传统情绪观中的人性本质论则认为，心理和生理之间存在明显的界限。你的大脑有问题？那么去看神经科。如果你的心理有问题，就去看心理医生。现代全新人性观把心理和大脑联系在一起，为如何更好地理解人类疾病提供了有力的指导。

例如，你观察到疾病的不同症状，如焦虑、抑郁、慢性疼痛、慢性压力等，却无法像归类银器抽屉那样对它们做出分类。每种疾病都有大量的不同变体，有很多症状会出现在不同的疾病中。这听起来有些熟悉，你已经知道，情绪类别，如快乐和悲伤，没有本质。情绪类别的划分是你大脑和身体的核心系统，以及其他人的大脑和身体共同作用的结果。现在，我要说的是，一些看起来不同的疾病其实也是构建的：人为地划分出同样具有高度变异性的生物类别。

利用构建方法理解疾病能解决一些遗留已久的问题。为什么如此多的疾病会有相同的症状？为什么这么多人同时患有焦虑和抑郁疾病？慢性疲劳综合征是一种明显的疾病，还是仅仅是一种伪装起来的抑郁症？那些患有慢性疼痛，但却没有明显组织损伤的人是得了精神疾病吗？为什么很多患有心脏病的人都患上了抑郁症？如果叫法不同的疾病都是由同一组核心原因导致的，打乱那些疾病之间的分界线，那么这些问题也就不再神秘了。

这是本书中最容易引起争议的一章，但所有内容都有数据支持。我希望你能够从本章中发现乐趣，获得启发。接下来，我会证明，一些表象，如痛苦和压力，和疾病，如慢性疼痛、慢性压力、焦虑和抑郁，它们之间的紧密联系程度远超你的想象，而且它们和情绪的构建方法是一样的。这里我要提醒大家的是，只有更好地理解大脑的预测能力和你的身体预算，你才能更好地理解我要说的观点。

• • •

正常情况下，你的身体预算每天都在波动，因为你的大脑会预测你的身体需求，并围绕预算资源，如氧气、葡萄糖、盐和水等进行调整。当你消化食物时，你的肠胃会从肌肉"借用"资源。当你跑步时，你的肌肉会从肝脏和肾脏借用资源。在这些转换发生时，你的身体预算完全有偿付能力。

当大脑预测出错时，你的身体预算会失去平衡，这很正常。当某件对心理有意义的事情发生时，就像看到你的老板、教练或者老师正走向你时，你的大脑可能会不必要地预测你需要能量，激活影响你身体预算的生存回路。总之，这些短暂的失衡没什么可担心的，只要你饮食均衡，保证充足的睡眠，你的预算很快就会重回平衡。

但如果出现长期的预算失衡，你的内部动力系统就会变得更糟。你的大脑一遍又一遍地预测失误，无法正确预测你身体需要的能量，直至你的预算变成赤字。长期预算失衡会破坏你的健康，召唤你身体里的"收债人"，即你身体的一部分免疫系统。

通常情况下，在你的身体里，免疫系统是一个好人，它会保护你，抵抗入侵者和外在伤害。当你不小心被锤子砸了手，或者被蜜蜂蜇伤，或者感染时，免疫系统会通过引发炎症来帮助你，让你手指肿胀。发炎是由一种很小的蛋白质，即促炎性细胞因子导致的。我在上一章提到过这种蛋白质。当你受伤或者生病时，你的细胞分泌促炎性细胞因子，使血液流到感染部位，提高该部位的温度，导致肿胀。[1] 当这些促炎性细胞因子履行职责、治愈你的时候，你会感觉疲倦和不舒服。

但在某些情况下，促炎性细胞因子也能变成一个坏人，变成你的债主，向你的身体"收债"。当你的身体预算长期处于不平衡状态时，索债尤为严重。例如，你住在一个非常危险的环境中，每晚都能听到枪声。在这种恶劣的环境中，你的大脑可能会经常预测你需要更多的能量，但实际上你并不需要。这些预测刺激你的身体预算频繁释放皮质醇，释放的量远超你的真实需求。通常皮质醇会抑制发炎（那就是氢化可的松乳膏可以缓解瘙痒，可的松注射可以减轻

---

[1] 不是所有类型的发炎都会产生促炎性细胞因子，也不是促炎性细胞因子都会导致发炎。这里我们只讨论能够引起慢性炎症的促炎性细胞因子。

肿胀的原因）。如果你的血液中长时间皮质醇分泌过多，就会引发炎症，你就会感觉没有精神，甚至可能发烧。如果某人传染病毒给你，你就可能会生病。

于是就出现了一个恶性循环：当你因为发炎感觉疲惫时，为了节约（你的大脑错误地认为是这样）有限的能量资源，你的运动就会减少。你开始暴饮暴食，睡不着觉，忽视运动，结果你的身体预算失衡变得更严重，然后你开始觉得自己像个废物，并且体重增加，体重增加又会进一步加剧你的问题。实际上，某些脂肪细胞会分泌促炎性细胞因子，让炎症进一步恶化。你可能开始回避其他人，这样就没人帮助你平衡你的身体预算了。一个人如果缺少社交联系也会刺激促炎性细胞因子的分泌，甚至更容易生病。

大约在10年前，科学家发现促炎性细胞因子能够从身体进入大脑，这令他们十分震惊。我们现在知道，大脑也有自己的炎症系统，系统内细胞能够分泌促炎性细胞因子。这些能够引发疼痛的微型蛋白质会重塑大脑。大脑发炎会导致大脑的结构发生变化，尤其是内感受网络的变化；大脑发炎会妨碍大脑联结，甚至杀死神经元。慢性炎症也会导致你记忆力减退，无法集中精力，降低你智商测试的分值。

因此，想一想，如果你处于一个充满压力的社会环境中，会发生什么？例如，一个圈子里的同事突然不再邀请你一起吃午饭，或者朋友读了你的微信但没有回复你。按惯例，你的大脑预测你需要能量，但实际上你并不需要，这会对你的身体预算产生短暂的影响。但是，如果这种社会情况不能很快解决，又会怎么样呢？要是这种社会排斥每天都发生，会发生什么？你的身体会一直处于警戒状态，身体内的皮质醇和促炎性细胞因子不停分泌。于是，你的大脑就会觉得你的身体出了问题或者遭到了破坏,于是慢性炎症开始出现。

你的大脑如果有了炎症,事情就会变得很严重。炎症会影响你的大脑预测,尤其是影响那些管理你身体预算的预测,进而透支你的身体预算。记住,你的身体预算循环有点耳背——它可能对你身体发出的修正充耳不闻。炎症会让你彻底找不到感觉。你的身体预算分配区域对你所处的环境不再敏感,你的预算更可能继续透支。你会变得疲惫不堪,心情很不愉快。预算长期出现错误会耗尽你的身体资源,毁坏你的身体,最终产生更多的促炎性细胞因子。当这种情况发生时,你就真的有麻烦了。

长期的身体预算失衡犹如给疾病添砖加瓦。在过去的 20 年间,显然,因免疫系统而导致的疾病远超你的想象,这些疾病包括糖尿病、肥胖症、心脏病、抑郁症、失眠、健忘,以及其他一些与过早衰老和痴呆相关的"认知"功能疾病。例如,如果你已经患有癌症,炎症会使肿瘤生长加快,癌症细胞也更容易通过血液流动感染身体其他部位,即转移。你死于癌症的速度会加快。

炎症改变了我们对心理疾病的理解。多年来,科学家和临床医生都从传统情绪观的角度看待心理疾病,如慢性压力、慢性疼痛、焦虑、抑郁等。传统情绪观认为,每种疾病都有一个把自己和其他疾病区分开来的生物指纹。研究人员会从本质论角度提出问题,假设每种疾病都是不同的:"抑郁症如何影响你的身体?情绪是如何影响疼痛的?为什么焦虑和抑郁经常同时发生?"

最近,这些疾病之间的分界线逐渐消失了。即使很多人患有同一种疾病,但他们的症状有可能会存在较大差异——出现变化很正常。同时,不同的疾病也会有相同的症状,会出现几种疾病致使大脑同一个区域萎缩的情况,病人会呈现出较低的情绪粒度,这时,同一种药可以缓解多种疾病。

根据这些发现，研究人员开始摆脱传统情绪观的束缚，他们不再认为不同心理疾病具有不同本质。相反，他们开始专心研究一些常见的、会导致各种心理疾病的因素，如遗传基因、失眠、大脑内感受网络或关键枢纽损伤。如果这些区域出现损伤，大脑的麻烦就大了：抑郁症、恐慌症、精神分裂症、自闭症、失读症、慢性疼痛、痴呆、帕金森氏综合征和注意力缺陷多动症都和关键区域损伤有关。

我认为，一些明显和"心理"有关的重大疾病都源于身体预算的长期失衡，以及泛滥的炎症侵袭。我们根据具体情况将它们分类并命名为不同的疾病，这很像我们把相同的身体变化归类命名为不同的情绪。如果我是正确的，那么如"为什么焦虑和抑郁经常同时发生？"这样的问题将不再神秘，因为，和情绪一样，这些疾病本质上并不存在明显界限。当我们讨论压力、疼痛、抑郁和焦虑的细节时，我会为大家提供更多的理由来证明我的看法。

· · ·

我们先来看一下压力。你可能会感受到压力，如当你同时兼顾5个任务时，当你的老板告诉你打算明天完成的工作昨天就已截止时，或者当你失去了所爱的人时。但是压力并非源于外部世界，压力实际上是由你自己构建的。

有些压力是积极的，如挑战自我，学习一门新课程；有些压力是消极的，但可容忍，例如你和最好的朋友吵架了。有一些压力是有害的，例如长期贫困、受辱或者孤独带来的压力。换句话说，压力具有各种不同实例。压力是一个概念，就像"快乐"或"恐惧"一样，你可以应用压力概念从失衡的身体预算中构建体验。

你构建"压力"实例时所用的大脑机制和构建情绪时是一样

的。任何时候，你的身体预算都和外界息息相关，你的大脑会对这样的预算进行预测，然后赋予其意义。这些预测源于你的内感受网络，然后沿着同样的路径从大脑传给身体。在相反的方向上，上升路径把感觉输入从身体传递到大脑，压力和情绪都是如此。同样，内感受网络和控制网络在两个过程中发挥了一样的作用。（情绪和压力研究人员很少看到这些相似之处，他们更倾向于寻问压力是如何影响情绪的，或者情绪是如何影响压力的，就好像压力和情绪是完全独立的。）构建主义观点认为，不同的是最终的结果，即你的大脑是否会把你的感觉归类为压力或是情绪。

在某种情况下，大脑为什么要进行预测，构建压力或情绪实例，没有人知道答案。也许你的身体预算出现紊乱的时间越长，你就越有可能对"压力"概念进行分类，但这纯属猜测。

如果你的身体预算长期处于失衡状态，你可能会患上慢性压力方面的病症。（身体预算长期失衡一般会被诊断为压力，这也就是人们会说压力大容易生病的原因。）慢性压力对身体健康危害很大，它会破坏你的内感受网络和控制网络，致使它们萎缩，停止发育。同时，长期身体预算失衡也会改变调节预算的大脑回路。传统情绪观对心理疾病和生理疾病的划分就讲到这。

科学家对免疫系统、压力和情绪的研究一直在继续，现在，我们对此已经有了初步的了解。如果你的身体预算失衡日益严重（比如，从小成长环境恶劣，不仅缺乏安全感，而且吃不饱、穿不暖、睡不好，等等），也会改变你的内感受网络结构，重新联结你的大脑，降低它精确调节你的身体预算的能力。最明显的例子就是在战乱地区长大的孩子，早期的负面体验会让他们在成年后大脑预算区域变小。在一个严厉或者混乱的家庭中长大、家人经常吵架的女孩，青春期其体内的炎症反应会增多，很容易患上慢性疾病。对孩子的成长来说，这些伤害带来的后果不亚于虐待和忽视。另外，受欺凌的孩子也会出现同样的后果。小时候经常受欺负的孩子会出现低度炎症，这种情况会一直持续到成年，很多人因此患上了各种心理和身体疾病。身体预算一旦失衡，就会通过各种各样的方法改变你的大脑，然后各种危及生命的疾病就会找上你，如心脏病、关节炎、糖尿病、癌症等。

幸运的是，情绪和压力之间的联系表明，你可以应用上一章介绍的技巧来降低发炎的概率。例如，如果情绪能力高的人得了癌症，他们体内产生的促炎性细胞因子会比较少。在研究中，前列腺癌症病人受试者会说他们经常对自己的情绪进行分类、贴标签，而且也能很好地理解自己的情绪，在康复期或者遭遇压力事件后，他们的促炎性细胞因子不太可能增加。而那些情绪波动大，但从来不对情绪进行分类的人促炎性细胞因子水平最高。女性乳腺癌患者如果明确地对自己的情绪进行了分类，并且了解自己的情绪，相对其他乳腺癌患者而言，她们更健康，而且并发症也相对较少。这意味着，随着时间的推移，那些能有效地将内感受归类为情感的人能更好地保护自己免受慢性炎症的侵袭，身体也会更好。

· · ·

疼痛，和压力以及情绪一样，是一个词语，它描述了一个群体内的各种各样的体验——如扭伤脚踝的疼痛，头部的持续疼痛，蚊虫叮咬的刺痛，当然，也包括生孩子的剧痛。

你可能会觉得，当你的身体受到伤害时，信息只是从受伤部位直接传到你的大脑，然后你大声咒骂，去寻找止痛药和绷带。没错，当你的肌肉或者关节受伤，你的身体组织因过热或者过冷而受损，或者辣椒不小心进入你的眼睛时，你的神经系统就会发送感觉输入信息到你的大脑。这个过程叫作"伤害性感受"。过去，科学家相信，人类大脑只能接收和表达痛感，那就是，你可以体验到疼痛。

但是，疼痛在大脑内的运作十分复杂。疼痛是一种体验，当身体出现损伤时你会感觉到疼痛，当大脑预测损伤即将出现时你也会感觉到疼痛。如果伤害性感受能通过预测发挥作用，就像大脑内的其他感觉系统一样，那么你就可以利用"疼痛"这一概念从更基本的部分构建各种疼痛实例。

在我看来，疼痛的构建方法和情绪的构建方法相同。如果你在医生的办公室接受破伤风注射，那么你的大脑会根据你以前的注射经历，预测针头刺破你皮肤带来的痛感，然后构建一个疼痛实例。甚至在针头还没碰到皮肤的时候，你就感觉到了疼痛。随后源于你身体的真实痛感输入——打针发生——会对预测进行修正，一旦预测误差被修正了，你对痛感的分类就完成了，并赋予了它们意义。这样，因注射产生的疼痛体验真实地出现在了你的大脑里。

大量观察结果证实了我从预测角度对疼痛做出的解释。当你预测疼痛会出现时，比如在打针前一刻，你大脑中负责疼痛的区域会改变它们的活动。也就是说，你先模拟了疼痛，然后感觉到了它，这种现象叫作"反安慰剂效应"。你可能更熟悉它的对立面，即"安慰剂效应"。安慰剂效应是指利用无药效的制剂（如糖果），让病人相信治疗有效进而减轻疼痛的现象。如果你认为你的疼痛会减轻，你的信念就会影响你的预测，降低你的痛感输入，然后你就会觉得没有那么疼了。反安慰剂效应和安慰剂效应使大脑负责痛感的区域发生化学变化。发生变化的化学物质包括类鸦片活性肽，它可以缓解疼痛，作用类似于吗啡、可待因、海洛因和其他鸦片类毒品。在服用安慰剂时，类鸦片活性肽会增加，降低痛感，而在反安慰剂效应中，类鸦片活性肽会减少，因此类鸦片活性肽被称为"体内药箱"。

我的女儿索菲亚在9个月大的时候，得过13次耳部感染。我观察了她体验到的反安慰剂效应。我们第一次带她去看儿科医生，当医生检查她耳朵内部时（尽管他是个细心的医生），她感觉很不舒服，痛哭不止。第二次刚到候诊室她就开始哭。第三次在医院大厅时就开始哭，到第四次，我们一进入医院停车场，她就开始哭。在那之后，我们每次路过医院所在的街道时，她都会被吓哭。这就是大脑的预测活动，小索菲亚可能模拟了耳朵痛。那段时间，不管什么时候我们路过那家医院附近，她都会问："去看医生？检查索菲亚的耳朵？"直到索菲亚的耳朵痊愈、蹒跚学步之后，她花了好几个月才停止问这个问题。

疼痛和压力以及情绪一样，都是全脑参与构建的。疼痛构建涉及了我们熟悉的两个网络，即内感受网络和控制网络。相似之处不止于此。痛感预测传到身体的路径，以及痛感输入传到大脑的路径，都和内感受关系密切。（如果说痛感是内感受的一种也是有可能的。）总之，疼痛、压力和情绪这些身体感觉从根本上来讲是一样的，甚至在大脑和脊髓中的神经元水平也是一样的。① 区分疼痛、压力和情绪是表现情绪粒度的一种形式。

要想证明内感受和伤害性感受彼此互通，是很容易的。如果在我的实验室中，我一边用高温刺激你的胳膊，让你感到疼痛，一边从心理上让你感觉不愉快，那么你感觉到的痛感会增强。之所以会

---

① 为了便于讨论，我将继续分别介绍内感受和伤害性感受。

出现这种情况，是因为你的身体预算分配区域进行了预测，这个预测可以像调节音量那样，上下调节痛感。这些预测不仅会影响你的大脑对疼痛的模拟，还会传到你的身体，然后夸大或者缩小发给你大脑的状态报告。因此，你的身体预算分配区域诱骗了你的大脑，无视你身体的真实情况，让你的大脑相信你出现了组织损伤。因此可见，当你感觉不愉快时，你的关节和肌肉的疼痛会加剧，你可能更容易得病。当你的身体预算状态不佳时，也就意味着你的内感受预测校准失败，你会觉得你的后背更疼了，或者你的头疼变得更严重了——这不是因为你真的出现了组织损伤，而是因为你的神经在彼此"交谈"。这不是虚构的疼痛，疼痛是真实存在的。

当你的身体组织没有任何损伤时，你却体验到了持续的疼痛，这种疼痛就是慢性疼痛。典型的慢性疼痛主要包括：纤维性肌痛、偏头痛和慢性背痛。全球大约有 15 亿人患有慢性疼痛病，其中包括美国的 1 亿人口，每年这 1 亿人口花在治疗慢性疼痛上的费用总计高达 5 000 亿美元。如果再加上慢性疼痛导致的劳动力损失，那么美国每年大约要为此支付 6 350 亿美元的费用。慢性疼痛很难治疗，当前治疗疼痛的处方中的止痛药和镇痛剂多半无效。这种全球性的慢性疼痛已成为当今医学最难解的谜题之一。

在身体看起来没有任何物理性损害的情况下，为什么会有这么多人遭受慢性疼痛的折磨？要回答这个问题，先思考一下，如果你的大脑进行了不必要的疼痛预测，随后却没有进行预测误差修正，会发生什么？你会毫无缘由地感到疼痛。这非常像你在第 2 章中开头的那个体验，即把一个满是斑点的照片看成一只蜜蜂的体验，当时你真的感知到了根本不存在的线条，才看出了蜜蜂的轮廓。你的大脑忽略了感觉输入，坚持认为它的预测是事实。通过这个例子解释疼痛，就可以得出一个慢性疼痛的合理模型，即未经修正的错误预测。

现在科学家认为慢性疼痛是一种大脑疾病，根源在于炎症。原因可能是，慢性疼痛患者在过去的某个时候接受了强烈的伤害性刺激输入，虽然伤口愈合了，但他的大脑却没有收到这个备忘录。还有可能是，大脑持续地进行预测、分类，产生了慢性疼痛。也可能是，身体内部预测从身体传向大脑的过程中，增强了伤害性刺激输入。

如果你不幸患有慢性疼痛疾病，那么你可能会经常面对他人的质疑，因为他们根本不明白你到底经历了什么。他们试图通过解释消除你的疼痛，经常会说："你就是心理作用。"他们这样说真正的含义是，"你没有组织损伤，去看精神病医生"。我要说的是，你没有疯，你的问题的确存在，你的预测性大脑确实存在于"你的心理"，它会在你身体损伤痊愈后，继续产生真实的痛感。这类似于幻肢综合征。当一个人的胳膊或者腿被截肢后，他依然可以感觉到自己的胳膊和大腿，这是因为他的大脑还在对它们进行着预测。

我们已经发现的一些有趣证据表明，某些类型的慢性疼痛是大脑预测产生的。在生命早期，曾感受到压力或者受过伤的动物更容易产生持续性疼痛。人类若在婴儿时期进行过手术，在童年后期，他们会有更强烈的疼痛感。（令人难以置信的是，在20世纪80年代以前，婴儿在进行大型手术时竟然不麻醉，原因是人们认为婴儿感觉不到疼痛。）有一种身体疾病叫作复杂区域疼痛综合征。受伤带来的痛感会莫名其妙地传到身体的其他区域，这似乎和不好的伤害性预测有关。

因此，和"压力"一样，"疼痛"也是一个概念，是你给予身体感觉意义的一个概念。你可以把疼痛和压力划归到情绪类别，或者认为情绪和压力是不同类型的疼痛。我并不是说情绪实例和疼痛实例在大脑中无法区别，但二者的确没有指纹。如果我分别在你牙疼和愤怒时扫描你的大脑，扫描结果会有些不同。但是如果你在不同的愤怒情况下，我再次对你的大脑进行扫描，扫描结果依然存在一些不同。不同的牙疼实例的扫描结果也可能不同，这就是简并，变异性是常态。

情绪、剧烈疼痛、慢性疼痛以及压力都是在同一网络中构建的，以相同的路径完成身体和大脑的双向传输，它们涉及的大脑皮质主感觉区也是一样的，因此，我们完全可以通过概念区分情绪和疼痛——也就是说，通过概念，大脑赋予身体感觉以意义。慢性疼痛很可能是你的大脑误用了"疼痛"的概念——当你没受伤、身体组织未受到威胁时，它构建了疼痛体验。如此看来，慢性疼痛似乎是一个悲剧事件，先是预测不充分，随后又收到了来自身体的错误引导。

• • •

记住刚才我们了解到的关于慢性压力和慢性疼痛的内容，接下来，我们再来看一看抑郁症，它是一种让人身体衰弱、生活遭受严重影响的疾病。抑郁症又叫重度抑郁症，它不仅指人们的痛苦抱怨，如"我很郁闷"。在英国作家道格拉斯·亚当斯所写的科幻小说《银河系漫游指南》(*The Hitchhiker's Guide to the Galaxy*)一书中，机器人马文就经常郁闷。当他对生活失望时，他就会关闭自己的内心。重度抑郁症患者也会出现类似的症状。"重度抑郁症带来的痛苦是那些没有经历过抑郁的人无法想象的，"小说家威廉·斯泰伦在他的自传中写道，"很多情况下，这种病是致命的，因为它带来的痛苦让人无法忍受。"

对于很多科学家和内科医生来说,抑郁症仍然是一种精神疾病。它被认为是典型的情感失调,往往归咎于人的消极思想:"你对自己太苛刻了",或者"你自我毁灭性的想法太多了"。也可能是一些创伤性事件引发了抑郁症,如果你天生比较脆弱,那就更容易抑郁了。也可能是你无法很好地调节你的情绪,对负面事情反应过度,却对积极事件反应迟钝。所有这些解释都认为思维控制情感——陈旧的"三重脑"理论。按照这个逻辑,只要改变你的想法,或者调节好你的情绪,抑郁就会消失。概括起来就是:"不要担心,保持乐观心态;如果不行,那就试试抗抑郁药。"

每天,在美国有2 700万人服用抗抑郁药,但是仍有超过70%的人饱受抑郁症的困扰,精神疗法也不是对每个人都有效。抑郁症一般出现在青春期,一直持续到成年早期,然后在一生中反复发作。世界卫生组织预计,到2030年,抑郁症将比癌症、中风、心脏病、战争或意外事故造成更多的过早死亡和多年残疾。对于一种"精神疾病"来讲,这些后果是相当可怕的。

很多研究努力从遗传或者神经系统寻找抑郁症的本质,但抑郁并不是一件事。抑郁——正如你猜测的——是一个概念,是由各种不同实例组成的群体,因此有很多因素会导致抑郁,而在这些因素中,有很多源于身体预算失衡。如果抑郁是一种情感失调,而情感是你的身体预算的综合总结(答案相当糟糕),那么抑郁可能就会真的是一种精神紊乱,包括预算错误和预测失调。

我们知道,你的大脑根据你过去的体验,会不停地预测你的身体能量需求。正常情况下,你的大脑会根据来自身体的真实感觉信息对预测进行修正。但是如果修正出现了异常,该怎么办?你的大脑就会利用这些没有经过修正的预测构建你的瞬时体验。总的来说，这就是我对抑郁症的观点。你的大脑持续错误地预测你的代谢需求。你的身体和大脑此时的行为就好像你正在抵御感染或者愈合伤口一样，而事实上，无论感染还是伤口都不存在，就如慢性压力或者慢性疼痛。因此，你的情感出现混乱：你体验到了各种让人虚弱的抑郁症症状，如痛苦和疲劳。同时，你的身体会快速代谢多余的葡萄糖去满足那些很多但实际上根本不存在的能量需求，最终这将导致你体重增加，或者增加其他和代谢相关的并发症的风险，如糖尿病、心脏病和癌症。

传统观点认为，抑郁是消极思想导致的消极情感。我的观点正好相反：你现在的情感会成为你下一个想法和感知预测的基础。根据过去类似的提款预测，抑郁的大脑会毫不留情地从身体预算中提款。这意味着你会不断地重复困难的、不愉快的事情。然后你开始进入预算失衡的怪圈，这时也就看不到预算误差了，因为它被完全忽略、被拒绝了，或者它根本就无法到达大脑。实际上，你陷入了一个错误预算的循环，当你的代谢真的需要很多能量时，你却陷入了一个错误的过去。

抑郁的大脑饱受痛苦的折磨。抑郁的大脑就像患上了慢性疼痛的大脑，忽视预测误差，在更大的范围内封闭你。它会让你的预算长期处于负债中，于是你的大脑就努力削减开支。削减开支最有效的方法是什么呢？停止运动，不关注现实世界（预测误差）。这就是抑郁症导致持续疲劳的原因。

如果抑郁症是预算长期错误导致的，那么，严格来讲，抑郁症就不仅是一种精神疾病，而且是一种和神经系统、代谢系统以及免疫系统相关的疾病。抑郁症是神经系统多个部分共同作用导致的失衡，治疗抑郁症必须对整个人进行全面治疗，不能像修理机器的零部件那样，孤立地治疗某个系统。引发重度抑郁症的原因可能有很多种。你可能遭受过长期的压力或者虐待，尤其是在儿童时期，这些过去有害的经历会影响你对之后世界模型的构建。也可能你患有慢性身体疾病，如心脏病或者失眠症，这会让你的内感受预测出错。也可能是因为你的基因，你天生就对环境和小问题十分敏感。而且，如果你是一个育龄期女性，你的内感受网络中的联结会整月地发生变化。这时，在你生理周期的某些时点，你尤其容易受到不愉快情感的影响，容易胡思乱想，这会增加情绪紊乱的危险，如抑郁症和创伤后应激障碍。"积极思考"或者服用抗抑郁药物不足以让你的身体预算回归平衡，改变其他生活方式或者进行系统调整势在必行。

情绪建构论表明，我们可以通过打破错误预算的循环来治疗抑郁症，也就是说，改变内感受预测，使之更符合你周围发生的事情。科学家已经找到证据证明了这一点。当抗抑郁药和认知行为治疗开始发挥作用时，你的抑郁情况会得到改善，你关键身体预算分配区域的活动会回归正常水平，内感受网络的联结也会恢复。这些改变符合减少过度预测的理念。我们也可以通过更多的预测误差来治疗抑郁，通过让人们记录下他们的积极体验，减轻身体预算的负担。当然，问题是不存在对每个人都有效的治疗，对一些人有效的治疗方法不一定对其他人也有效。

我见过的最有效的一个治疗方法来自神经学家海伦·S. 梅伯格的开创性研究。她用电刺激重度抑郁症患者的大脑。通电时，这个方法能立刻减缓病人因抑郁症带来的痛苦，因为病人的大脑不再全身心投入内部焦点，而是转向关注外部世界，这样大脑就可以正常预测和处理预测误差。我们希望这些基本的但是令人鼓舞的结果能够让科学家找到持久有效的抑郁症治疗方法。至少，这些实验结果应该让更多人知道，抑郁症是一种大脑疾病，并非仅仅是缺乏积极的心态。

· · ·

焦虑症看起来和慢性疼痛以及抑郁症不同。当你焦虑时，你会担心未来而且容易激动，就像你处于无所适从状态下的痛苦一样。这和抑郁症形成了鲜明的对比。如果你患有抑郁症，你会觉得浑身无力，就好像你绝望时感到很痛苦。同时，你也像慢性疼痛一样，感觉到持续的疼痛。

到目前为止，我们已经了解到情绪、慢性疼痛、慢性压力以及抑郁症都和内感受网络和控制网络有关。这两个网络和焦虑症的关系同样十分密切。焦虑症仍然是一个未解之谜[1]，但有一件事似乎是确定的：它也是由这两个网络中的预测和预测误差导致的神经紊乱。研究显示，焦虑症预测和预测误差的神经通路与情绪、疼痛、压力以及抑郁的神经通路是同一个。

对焦虑导致的神经紊乱的传统研究是建立在"三重脑"理论基础之上的。该理论认为认知控制情绪。根据这个理论，焦虑就是所谓的主管情绪的杏仁核过于活跃，而所谓的负责理性的前额叶皮质无法对它进行有效调节。即使人们已经知道杏仁核不是情绪区，前额叶皮质也不是认知区，情绪和认知是由全脑构建的，彼此不能互相调节，但这种说法现在依然有很大的影响。那么，焦虑是如何形

---

[1] 在本章，我把所有的焦虑症作为一个群体来讨论（除非另有说明），因为显然这些疾病有着共同的原因。很多年来，人们认为各种各样的焦虑症在生物学上是不同的，但（你不应再感到惊讶了）它们的症状有很多相似之处，因此若只研究一种焦虑症还是很具挑战性的。

成的？虽然我们无法了解所有的细节，但我们有了一些令人期待的线索。

我推测，一个充满焦虑的大脑，从某种程度上来讲，和充满抑郁感情的大脑是对立的。抑郁时，预测增多，但预测误差降低了，因此你被困在了过去。焦虑时，来自外界的预测误差过多，大多数的预测都不成功。预测不充分，你不知道下一个转角将发生什么。人生有很多转角。这就是传统情绪观对焦虑的解释。

无论出于何种原因，焦虑症患者的内感受网络内的几个关键中枢（包括杏仁核）之间的联结都被削弱了。在控制网络中，也有一些关键中枢被削弱了。联结被削弱后，大脑很可能会变得焦虑，进而无法根据情况及时做出预测，也无法有效地学习过去的体验。你可能在没有威胁的时候，预测到了威胁，或者因预测不严谨产生不确定性，又或者根本就不做预测。另外，如果你的身体预算长期处于赤字状态，你的内感受输入会变得比平时更加嘈杂。结果，你的大脑就会忽略这些输入。在这种情况下，你会面临大量不确定性，出现许多你无法解决的预测误差。和必然遭受的伤害相比，不确定性唤醒度更高，也让人更不愉快，因为，如果未来是一个未知数，你就无法提前做出准备。例如，当人们得了重病，但仍有很大机会康复时，他们对生活的满意度就远低于那些知道自己患有永久性疾病的人。

证据显示，焦虑症似乎和抑郁症一样，是一个构建类别，其构建方式也和情绪、疼痛以及压力一样。在焦虑和抑郁时，你感觉到的痛苦其实在告诉你，你的身体预算出现了严重的问题。也许是你的大脑正在努力获取存款，让你变得更加不愉快，也可能是你的大脑为了减少你对存款的需求，迫使你保持静止不动，结果使你感觉到很疲劳。你的大脑可能会把这些感觉分类为焦虑、抑郁、疼痛、压力或者情绪。

必须明确的是，我并没说重度抑郁症和焦虑症是可以互相转换的。我只是表明，每类心理疾病都是包含不同实例的群体，某些症状集合既可能出现在焦虑症的一个实例中，也可能出现在抑郁症的实例中。还有更严重的问题——海伦·S.梅伯格的一些重度抑郁症患者，如近似紧张症的患者，他们显然不会被诊断为焦虑症。但她的其他一些处于疼痛中的病人，可能会被合理地诊断为焦虑症、慢性压力，甚至是慢性疼痛。总之，中度严重的抑郁和焦虑有很多症状互相重叠，而且也和慢性压力、慢性疼痛，以及慢性疲劳综合征的一些症状重叠了。

这些观察数据为我第1章提出的那个谜题提供了答案：为什么我研究生时的受试者无法辨别抑郁和焦虑。我们已经了解了第一个理由，即情绪粒度：在我的实验中，和其他一些受试者相比，有一些受试者可以更精准地构建情绪。但现在，第二个理由出现了，即"焦虑"和"抑郁"是对相似感觉分类形成的概念。

在我的实验中，当受试者感觉不愉快时，我会让他们通过评分量表来报告自己的情感，但是这个量表只与焦虑和抑郁相关。通常，你给人们什么样的测量标准，他们就会用什么去衡量。如果有人感觉很糟糕，你只给她一个焦虑量表，她就会用焦虑量表中的词汇描述自己的情感。她甚至会感到焦虑，因为这些词汇使她模拟了一个"焦虑"的实例。同样，如果你给受试者一张抑郁评估量表，她就会用抑郁性词汇报告自己的情绪，最后很可能她真的抑郁了。这解释了我提出的一些谜题。如"焦虑"和"抑郁"这样的概念能够影响人们的分类，就像基本情绪法中，基本情绪词汇列表可以影响感知一样。

不久前,我在一位医生的办公室遇到了类似的情况。那段时间,我总是感觉疲劳,而且体重增加了一些。这位医生问我:"你抑郁吗?"我回答说:"好吧,我没有不好的感觉,但是大多数时候我都感觉很累。"医生说:"也许你抑郁了,但你自己不知道。"医生并没有意识到,不愉快的情感也可能是身体原因导致的,而我长时间感觉劳累,可能是因为我管理着一个上百人的实验室,严重缺少睡眠;而且为了要完成本书的创作,我还经常熬夜;另外,我还有一个进入青春期的女儿;再加上我现在处于更年期。(最后我给他解释了内感受和身体预算。)但问题是,如果他只是简单地诊断我得了抑郁症,实际上,在那一刻他就可以在我身上找到一种抑郁的感觉。没错,我感觉疲劳,可能因为慢性压力,我还有点儿炎症。如果我没有反抗,我可能就会带着抗抑郁药的处方离开,然后就会坚信自己得了抑郁症,我和我的生活都出现了严重问题,而且是我自己无法处理的问题。如果我就此开始寻找自己的生活到底出了什么问题,这种想法可能会让我已经处于紊乱的身体预算进一步恶化……如果你寻找,你总会发现问题。相反,我和我的医生发现了身体预算的问题,并找到方法修复了它。我的医生并没有意识到这一点,但他正在和我共同构建我的体验。他想要构建一个社会现实,而我想构建另一个。

• • •

当来自现实世界的预测误差控制预测时,你可能会焦虑。如果你根本无法预测,会发生什么?

首先,你的身体预算可能会一团糟,因为你不能预测你的代谢需求。你很难将来自视觉、听觉、嗅觉、内感受、痛觉以及其他感觉系统的感觉输入整合成一个整体。因此，你会破坏自己的统计学习，因而很难学习基本概念，甚至无法从不同角度认出同一个人。很多事情都会超出你的情感空间。在这种情况下，如果你是一个婴儿，你很可能对其他人不感兴趣，你不再看照料者的脸，他们也就很难帮助你调节你高度混乱的身体预算，你与他人之间的重要联结被打断了。在学习和社会现实相关的纯心理概念时，你可能也会有麻烦，因为纯心理概念是通过词汇来学习的，但是因为你对其他人不感兴趣，所以你可能学习语言也有困难。你永远也不可能建立一个正确的概念系统了。

最后，你的感觉输入就会永远模糊不清，而且也没有几个概念可以帮助你理解它。你会一直都非常焦虑，因为无法预测感觉。实际上，你的内感受、概念和社会现实之间的联系彻底崩溃了。为了学习，你需要保证你的感觉输入的一致性，甚至是模式化的，尽量不要产生任何变化。我不知道你们怎么想，但对我来说，这组症状听起来就像自闭症。

显然，自闭症是一种十分复杂的疾病，可研究的领域非常广，不是几段文字就可以说清楚的。自闭症的表现变化多端，各种症状产生的原因也比较复杂。我要说的是，最大的可能性是，自闭症是一种预测障碍。

可以描述自己的体验的自闭症患者，能说出与自己想法一致的东西。坦普·葛兰汀是一名自闭症患者，她坦然面对自己的病情。在《自闭症的世界》（*An Inside View of Autism*）一书中，她清楚地写出了她缺乏预测能力，而且总是预测失误。"突然的巨响会让我的耳朵很痛，就像牙医在钻我的神经一样。"她生动地描述了自己是如何努力形成概念的："在我还是个孩子时，我通过体形的大小给猫和狗进行分类。我们小区的狗的体形都比较大,直到有人养了只达克斯猎狗。我还记得,当时我看着那只小狗,努力想要弄清楚它为什么不是一只猫。"13岁的男孩东田直树也是一个重度自闭症患者,他写了《为何我会跳起来》(*The Reason I Jump*)一书,记录了他为了学习分类付出的努力:"首先,我努力回想过去,寻找与眼前发生的事情最为接近的体验。当我找到一个比较接近的匹配后,下一步,我就开始努力回想上次我说了什么。如果幸运的话,凑巧想出一个可用的体验,那就万事大吉了。"换句话说,因为缺少一个正常运作的概念系统,对于其他人的大脑可以自动完成的工作,东田直树却不得不经过很多努力才能完成。

现在,也有一些研究者同意,自闭症是由预测失败导致的。他们认为,自闭症主要是由控制网络的功能紊乱导致的,自闭症患者建立一个世界模型,但这个模型对每种情境而言都过于具体。也有人认为,自闭症的问题在于一种叫催产素的神经化学物质的缺失,这种缺失导致内感受网络出现问题。我认为,自闭症不仅是因为网络问题,而是因为简并,存在着各种可能性。实际上,自闭症是一种神经发育障碍,其在基因、神经生物学和症状上都有很大的差异。我推测,自闭症的问题始于身体预算循环,因为这种病症是天生的,另外,所有的统计学习都是以身体预算调节为基础的。循环出现变化会改变大脑的发展轨迹。如果大脑预测功能不健全,那么你就会受环境支配。当神经系统已经优化成一个新陈代谢效率更高的大脑组织时,你的大脑就会受到刺激和反应的驱动。这也许可以解释自闭症患者的经历。

· · ·

至此,你已经发现几种主要的严重心理疾病都和免疫系统有关。在你具有预测功能的大脑内,免疫系统把你的身心健康联系在了一起。如果预测不准,你也没有进行核查,就会导致身体预算长期失衡,导致大脑炎症,进一步摧毁内感受预测,形成一个恶性循环。以这种方式,构建情绪的相同系统也会导致疾病的产生。

我并不是说身体预算是导致所有心理疾病的唯一原因,我也没有说调整预算回归平衡是解决所有问题的灵丹妙药。我要表达的是,各种心理疾病的产生有一个共同因素,即身体预算,而不是像传统观点认为的那样,疾病的产生因素各不相同。

当你进行了过多的预测,但却没有足够的修正时,你会感觉很糟糕,难受的"滋味"取决于你使用的概念。少数人会感觉愤怒或者觉得丢脸。大部分人会出现慢性疼痛或者抑郁症状。相比较而言,太多感觉输入和无效预测会让人感觉很焦虑,极个别的人会发展成焦虑症。如果根本就没有进行预测,那么你可能会出现自闭症的症状。

所有这些精神紊乱似乎都源于预算错误。现在我们一起来想象一下,一个年轻人因为多种原因导致了身体预算长期失衡,可能是因为明显的药物滥用或者有意忽视;当然,也可能是大量的小事堆积导致的;也可能因为在电视、电影、视频以及电脑游戏中,他经常看到暴力画面;还有在流行音乐中听到的侮辱性言语,以及在和同伴打招呼时模拟的"嗨,小贱人"。(这是友好的问候,侮辱,还是威胁?)现在越来越多的人把欺凌看成一种玩笑方式,因为在电视上,人们在笑声中互相说着可怕事情。而短信和社交媒体的一些形式又为这种社会排斥提供了无限可能性,再加上睡眠不足,缺乏锻炼,以及一些存在食品安全问题的食物,可以说,这一代人之所以会出现身体预算长期失衡的问题,文化起了一定的作用。

情绪

美国鸦片制剂的使用已泛滥，这和慢性身体预算失衡带来的痛苦有关系吗？你的大脑中天然的阿片类物质可以减轻疼痛，因为它们可以调节情感（不是伤害性感受），阿片类药物模拟了这些效果——这可能就是它们被滥用的原因。从1997年到2011年，美国成年人中，处方药上瘾的人数增加了900%。还有很多人求助于海洛因、中枢兴奋药和其他街头毒品来减轻痛苦。我们也了解到，在美国，相当一部分人睡眠不足，饮食不规律，缺乏运动。服用阿片类药物，人们可以自行处理长期身体预算失衡引发的各种不适。他们开始服用阿片类药物的理由各种各样，由一直使用发展到最后的滥用，我想，这是因为他们想要调节紊乱的情感，让自己的心情变好。他们的身体预算太混乱了，大脑中天然的阿片类物质已经无法胜任它们的工作了。

调节饮食可以减缓预算长期错误带来的痛苦，有些食物可以刺激一些对阿片类药物有反应的大脑受体。在对老鼠的实验中，这种刺激导致老鼠狂吃高热量的食物，即使它们并不饿。对人类来讲，吃糖能够刺激大脑阿片类物质增加分泌。因此吃垃圾食物或者白面包通常会让人感觉心情好。这也就难怪我那么喜欢法式脆皮面包了。事实上，糖可以作为一种温和的止痛剂。因此，有人认为我们的社会是一个对糖上瘾的社会，他们可能并没有说错。如果人们使用碳水化合物作为药剂，来让自己的情绪和感觉变得更好，我一点都不奇怪。我会说："你好，肥胖症。"

一群身体预算失衡的公民不仅要花费数十亿美元的医疗费用，他们还会失去幸福、人际关系，甚至是生命。很多研究人员过去通过本质论对"焦虑"、"抑郁"和"慢性疼痛"进行分类，现在他们开始摒弃本质主义，转而寻找一些潜在的共性因素。如果我们能够将内感受、身体预算平衡,以及情绪概念都列入潜在共性因素中,那么,在治疗这些让人虚弱的疾病上我们就可以取得巨大的进步。同时,了解这些共性因素,你可以远离疾病,更有效地与医生沟通。

我们所有人都走在外界与大脑、自然与社会之间的钢丝上。很多过去被看成纯心理的现象——抑郁、焦虑、压力和慢性疼痛——实际上,可以用生物术语来解释。其他被看成纯生理的现象,如疼痛,也是心理上的概念。要想成为构建自己体验的高效建筑师,你需要区分物理现实和社会现实,不要把二者混为一谈,但同时也要明白这两者不可逆转地交织在一起。

第 11 章　情绪失控，就可以激情杀人？

　　哪些情绪是可接受的，什么时候可接受，以及如何表达情绪，每个社会都有自己的一套规则。在美国文化中，在他人去世时表现出悲伤是可接受的，但在灵柩入土时窃笑就是不可接受的。惊喜派对上表现出惊喜和高兴是可接受的——如果你提前知道了，也一定要表现出惊喜的样子。在菲律宾群岛的伊隆戈部落中，在举行庆祝仪式时，部落中的人会组队猎杀敌人的头颅，这时他们可能会感受到一种化愤怒为力量的情绪，这对他们来说是可接受的。

　　如果你违背了社会现实的文化规则，就会受到惩罚。在葬礼上大笑会让人对你避之唯恐不及。在他人为你精心准备的派对上，你表现得一点儿都不惊喜，就会让客人很失望。绝大多数文化不再推崇猎头。

　　在任何社会中，情绪的终极规则是由法律制度[①]规定的。这样说你可能感到很惊讶，但大家仔细想一想，在美国，如果你的会计偷走了你的毕生积蓄，或者一个银行工作人员把不良贷款卖给你，那么你想要杀死他们是不可能的。但是，如果你的配偶有了地下情人，你一怒之下杀了他/她，法律则可能会对你从轻发落，尤其当

---

① 尽管这可能也适用于其他国家的法律制度，但在本章中我所评论的内容仅限于美国法律，用到的"法律"和"法律制度"均指美国法律。

你是一个男人的时候。你让邻居感到害怕,让他们认为你会伤害他们的身体,这是不可接受的——这会被认为是侵犯人身权。但在美国一些州,如果你是为了"不退让",先伤害某个人,即使你杀了那个人,也可以被判为无罪。你可以公开恋情,但在过去,你的恋爱对象最好不要是同性或是其他种族的人。违反这些规则,你有可能失去金钱、自由,甚至是生命。

几个世纪以来,美国法律一直深受传统情绪观和人性本质论的影响。例如,法官总是试图排除情绪干扰,希望能够单纯凭借理性做出决定。这种观点认为,情绪和理性是完全不同的实体。暴力犯罪者在自辩时大都称自己是愤怒的受害者,他们认为愤怒是他们实施暴力的唯一元凶,当一个人的大脑不受控制、思维不清晰时,那么愤怒达到一定地步就会演化为暴力。陪审团会看被告是否感到悔恨,好像悔恨是被告面部和身体上唯一可探测的表情。专家证人会证明被告的不良行为是某一大脑区域出现错误引起的,其实这是毫无根据的。

法律是一种社会契约,存在于社会世界中。你要为你的行为负责吗?人性本质论认为,只有你在没有被情绪控制的情况下,才需要负责。其他人需要为你的行为负责吗?不,因为你是拥有自由意志的个体。那么,你如何确定某个被告的感觉?你可以通过观察他或她的情绪表达。你怎样才能做出符合道德标准的公正决策?把你的个人情绪放到一边。伤害的本性又是什么?是身体伤害,也就是说,组织破坏比情绪伤害更严重。本质论认为情绪和身体是分开的,情绪是无形的。虽然神经科学一直在试图揭穿他们的谎言,但所有的这些假设——源于本质论——依然构成了法律最深层次的基础,并广泛用于判罪量刑上。

简单来说，本质论源于信念，而不是科学，根据这种过时的意识理论，有些人受到不公正的惩罚，而有些人逃脱了惩罚。在本章中，我们将对法律体系中一些常见的情绪误区进行探讨，进一步了解一个具有更丰富生物学基础的意识理论是否可以改善社会对正义的追求。

・・・

每个发育期的青少年都会发现自由是伟大的——你可以和朋友在外面一起过夜，你可以决定不做作业，你可以选择吃蛋糕当晚餐。但是正如我们大家所了解到的，选择总是伴随着后果，法律的建立基于一些简朴的思想，即你可以选择对他人的好坏，选择了就要承担责任。如果你恶劣地对待他人，对方就会受到伤害，那么你就必须接受惩罚，尤其是当你故意实施伤害的时候。这就是社会对你个人的尊重。一些法律学者说，你作为一个人的价值源于你可以选择你的行动，但你要对你的行动负责。

如果某件事妨碍了你自由选择的能力，那么法律会认为，即使你实施了伤害，你也不必负全责。下面来看一个例子，戈登·帕特森的妻子罗伯塔和她的情人约翰·诺思拉普偷情时被戈登当场抓住了。戈登向诺思拉普的头部连开两枪，杀死了他。他对枪击事件供认不讳，但认为自己在当时是"情绪失控"，事出有因，情有可原。根据美国法律，戈登突然爆发的愤怒导致了他不能完全控制自己的行为，因此他被判二级谋杀罪——而不是一级谋杀。一级谋杀是指有预谋的谋杀，最终遭受的惩罚也更严厉。换句话说，在其他条件都相同的情况下，理性谋杀比情绪失控导致的谋杀更糟糕。

美国法律体系认为情绪是我们动物本性的一部分，如果我们不用理性思维控制情绪，情绪一旦失控，我们就会做傻事，甚至实施暴力。几个世纪以前，法律界人士认为当人被激怒时，可能会杀人，因为他们无法让自己"平静下来",愤怒累积到一定程度就会爆发,带来破坏性的后果。愤怒让人丧失理智,无法按照法律行事,部分减轻了一个人对自己行为的责任。这就是众所周知的"激情杀人"。

"激情杀人"的辩护根据是传统情绪观中我们很熟悉的一些假设。第一个假设是愤怒有一个通用类型,具有特定的指纹,可以为谋杀指控进行辩护。这个通用类型据说包括面色潮红、牙关紧咬、鼻孔大张、心跳和血压升高,并且浑身冒汗。正如你所了解到的,这个所谓的指纹只是西方文化的思维定式,并没有数据支持。通常,当一个人愤怒时,他会心跳加快,但其他情况也会导致心跳加快,如一个人在快乐、悲伤和恐惧时也会出现类似的心跳加快情况。但很少有谋杀是因为快乐或者悲伤发生的,如果因为快乐和悲伤而杀人,法律不会认为这样的情绪类别可以作为减刑的依据。

另外,愤怒类别中很多实例并不会导致谋杀。我可以肯定地说,在我的实验室中,20年间我们激发了无数的愤怒实例,但从未见哪个受试者杀过人。我们看到了各种各样的愤怒表现:诅咒、威胁、砸桌子、离开房间、痛哭、努力解决彼此间的冲突,甚至有人对施压者怀恨在心时,依然面带微笑。因此,把愤怒看成不受控制的谋杀的导火索相当值得怀疑。

当我向法律界人士解释愤怒没有基因指纹时,他们通常会认为,我所说的是这种情绪不存在。但事实并非如此,愤怒当然存在。你只是不能指着被告的大脑、面部或者心电图的某一点说,"看,愤怒就在那里",更不用说得出法律结论了。

"激情杀人"量刑的第二个法律系统假设是,大脑中的"认知控制"成了理性思维、蓄意行动和自由意志的代名词。如果法官要判定你有罪,你只做了一件有害的事(法律术语称之为犯罪行为)

是不够的，你还必须是有意实施的，即你要有犯罪意图。另一方面，情绪被认为可以快速、自动激发你的反应，这种反应源自你远古的兽性之心。人类思维被认为是理性和情绪的战场，如果你无法理性地控制自己，据说情绪就会冲出来绑架你的行为。情绪会干扰你的选择行为，就此减轻你的责任。关于情绪的这些叙述被认为是人性最原始的部分，被人类独有的、更高级的理性所控制，这就是"三重脑"理论神话。三重脑理论的根源可以追溯到柏拉图。

该理论认为，情绪和理性的区别是因为它们在大脑中是分离的，但二者可以互相调节。在你的大脑中，杏仁核主管情绪，它正在窥测一个打开的收银机，但是，随着故事的发展，你理性地思考了坐牢的可能性，你的前额叶皮质猛踩刹车，阻止你把手伸进收银机的抽屉。但是，正如你已经了解到的，思维和情感在大脑中并不是分开的。你希望快速拿钱的渴望以及你放弃拿钱的决定都是在你的整个大脑中，通过各个网络间的互动构建的。无论你什么时候采取行动——不管它是自动的，如识别出一把枪，还是深思熟虑的，如瞄准目标——你的大脑会一直对它们同时进行预测，这些预测通过竞争来决定你的行动和体验。

在不同的时候，你有不同的体验经历。有时你会感觉情绪无法控制，就像突如其来的愤怒，没有任何预警，但你也可以故意表现得很愤怒，然后精心地策划谋杀某人。另外，像记忆或者想法这样的非情绪因素也会自动跳入你的脑海。但我们从来没有听说过被告承认自己在"思考一阵"的情况下杀人。

你甚至可以故意让自己陷入暴怒。2015年，被控谋杀多人的德拉诺·鲁夫在南卡罗来纳州的一个教堂的读经聚会上，开枪射杀了9人。在枪杀案发生的好几个月前，他似乎就一直在有意酝酿对非洲裔美国人的怒火。鲁夫说他差一点儿无法实施他的计划,因为每个人都对他非常友善,他似乎在聚会上干了一件令人发指的事,他重复着说"我控制不了我自己""你们必须走"。因此,总的来说,情绪的瞬间并不等同于你失控的瞬间。

愤怒是由各种实例构成的一个群体,由此我们可以知道,愤怒不是一种自动反应。这同样适用于其他类别的情绪、认知、感知以及其他类型的心理事件。在我们的大脑中,似乎有一个快速、直观的过程和一个缓慢、深思熟虑的过程,前者更情绪化,后者更理性,但是这种说法不管是在神经科学还是行为基础上都站不住脚。在构建过程中,有时候你的控制网络占优势,有时它的作用会减弱,但是它一直在发挥作用,而后者并不一定是情绪化的。

除了本质论给出的一般理由,还有什么原因让大脑双系统的说法一直延续至今?因为绝大多数心理实验不知不觉地沿用了这个说法。在现实生活中,你的大脑的预测从不间断,每个大脑状态都取决于前一刻的状态。而实验室里的实验打破了这种依赖。受试者看到的图像或者听到的声音都是随机提供的,而且,在看到每张图片或者听到每个声音后,都要按一下按钮,给出反应。这样的实验过程打破了大脑预测的自然过程。实验的结果就是,受试者的大脑做出了快速、自动的反应,然后在大约150毫秒后有意识地做出选择,就好像这两种反应来自大脑中不同的系统。近百年来,我们的实验一直存在这种缺陷,而恰恰是这种缺陷导致了双系统大脑的幻觉,而我们的法律维持了这种错觉。①

---

① 在我心情特别不好的时候,我也会觉得"双系统大脑"就是一个方便的替罪羊——当我们行为不当时,就可以完全归咎于我们大脑中兽性的、情绪化的那一部分。

第11章 情绪失控,就可以激情杀人?

法律体系根据本质论对大脑和思维的解释,混淆了意志——你的大脑是否真的可以控制你的行为——和意志的意识?你是否可以选择?神经科学对二者的区别有很多说法。如果你双腿弯曲坐在一张椅子上,脚趾不碰触地面,敲击你膝盖骨下面一点儿的位置,你的小腿下部会弹跳一下。把手伸向火焰时,你的手臂会退缩。向你眼睛吹气,你会眨眼。每个动作都是一种条件反射:感觉直接导致了运动。周围神经系统的反射活动使感觉神经元直接联结运动神经元。我们把反射产生的运动叫作"无意识运动",有一个且仅有一个特定的感觉刺激的特定行为是由直接联结造成的。

但是,你的大脑的联结和反射不一样。如果一样,你就会被周围的世界控制,就像海葵一样,即使不小心碰触到其他鱼类,也会迅速刺向对方。海葵的感觉神经收到来自周围世界的感觉输入,直接联结它的运动神经,引起运动。海葵没有意志力,无法自己做出选择。

但是,人类大脑的感觉神经和运动神经之间不是直接连通的,有中间媒介,即联合神经元,联合神经元赋予你的神经系统十分强大的能力:决策力。当一个联合神经元收到一个感觉神经元信号时,它会有两个行动,而不是一个。它会刺激或者抑制运动神经元。因此,相同的感觉输入在不同的场合可以产生不同的结果。这就是选择的生物基础,是最宝贵的人类财产。因为联合神经元的存在,如果一条鱼碰到了你的皮肤,你可能会产生各种反应:无所谓,大笑,暴力回击,或者其他任何的行为。你有时可能感觉自己就像一只海葵,但绝大多数时候,你可以控制自己的行为,这种能力远超你自己的想象。

大脑中帮助你选择行动的控制网络由联合神经元构成。控制网络不停歇地对你的行动做出选择，你只是感觉不到自己被控制了。换句话说，你掌控一切的体验就是这样——一种体验。

因为传统人性观，法律无法与科学同步。法律把深思熟虑之后做出的选择——自由意志——看成你是否觉得这是对自己行为和想法的控制。这没有区分选择能力——大脑控制网络的运作方式——以及你主观的选择体验之间的区别。在大脑中，这两者是完全不同的。

虽然科学家一直没有弄清楚大脑是如何创造控制体验的，但有一件事是可以确定的：在没有科学依据的情况下，把"没有控制意识的时刻"看成一种情绪，这是毫无科学依据的。

这一切对法律意味着什么？请记住，我们现在的法律体系是根据意图——某个人是否故意实施伤害——来判定有罪或无罪。法律应该以犯罪方是否具有伤害意图，伤害意图是否明显来定罪量刑，而不应根据是否涉及情绪或者这个人当时是否意志清醒。

情绪不是理性的暂时性偏差，不是未经你同意就入侵你的外星力量，也不是留下无尽破坏的海啸，甚至不是你对世界的反应。情绪是你对周围世界的构建，情绪实例不会比想法、感觉、信念或者记忆更容易失控。事实是，你构建了很多感觉、体验，你执行了很多行动，大多数你都可以控制得很好，但也有一些是你不能控制的。

· · ·

在法律系统中，有一个标准，叫理性人。理性人代表了社会行为准则，也就是说，你所属文化的社会现实。被告根据这个标准被评估。想想激情杀人辩护的核心法律依据：如果一个理性人同样被激怒，他也没有机会冷静下来，那么他会犯同样的罪吗？

理性人标准以及其后存在的社会行为规范不仅仅反映在法律上——它还创造了法律。有这样一种说法:"这就是我们期望的人类行为,如果你无法遵守,就会受到惩罚。"这是一种社会契约,是不同个体构成的族群中的普通人的行为指南。和所有的平均值一样,理性人也不可能完全适用于任何个体。它是一种刻板印象,它包含了情绪"表达"、情感和知觉,它是传统情绪观和人性古典观支持的人性的一部分。

基于情绪刻板印象的法律标准在对待男性和女性公平上问题尤其大。在很多文化中,有一种观点十分盛行,即女性比男性更加情绪化,更富有同情心,而男性自制力更强,更善于分析。带有这种刻板观点的书籍到处都是,似乎这就是事实了,这样的书籍包括:《女性大脑》(The Female Brain),《男性大脑》(The Male Brain),《他的大脑,她的大脑》(His Brain, Her Brain),《本质相异》(The Essential Difference),《脑部性别》(Brain Sex),《释放女性大脑力量》(Unleash the Power of the Female Brain),等等。这种刻板印象甚至影响了一些广受尊重的女性的看法。美国第一位女国务卿玛德琳·奥尔布莱特在她的回忆录中写道:"我的很多大学同学让我感到自己过于情绪化,我一直努力在克服这一点。后来,在谈论我心中的重要话题时,我学会了如何让自己的声音保持平静,没有情绪波动。"

花点儿时间,思考一下你自己的情绪。你是经常情绪反应激烈,还是对很多事都没有感觉?在我的实验室里,当我们让受试者根据类似问题描述他们记忆中的情感时,一般来说,女性认为自己比男性更情绪化。也就是说,女性认为她们比男性更加情绪化,而男性对此表示同意。有一个情绪例外,那就是愤怒,因为受试者认为男性更容易发怒。但是,当同样一批人记录他们在日常生活中所经历的情绪体验时，并没有性别差异。在男性和女性中，有的人比较情绪化，而有的人情绪波动并不大。同样地，女性的大脑并不是天生就具有情感和同情心，男性的大脑并不是天生就具有高度自制力或者是更加理性。

这些对性别的刻板印象从哪里来的？至少在美国，相对于男性而言，女性通常"表现"得更加情绪化。例如，在看电影时，女性的面部表情变化就比男性多，但是女性并没有报告说自己在观看电影的时候比男性有更强烈的情绪体验。这个发现可能有助于解释"在法庭上女性更加情绪化而男性更加理性化"这样的刻板认识，这种认识对法官和陪审团影响很大。

因为这些刻板印象，男性和女性会适用于不同的激情杀人辩护和一般法律诉讼。我们来看两个案例，在这两个案件中，被告除了性别不同，其他情况都一样。第一个案例中，一个叫罗伯特·艾略特的男人被指控杀死了他的兄弟，据称他因为"极度的情绪不稳"，包括"极度害怕他的兄弟"。陪审团判定他的谋杀罪成立，但裁决结果被康涅狄格州最高法院推翻，最高法院认为他对兄弟的"强烈感情"压倒了他的"自控力"和"理性"。第二个案例中，一个叫作朱迪·诺曼的女性在被丈夫蓄意殴打和虐待多年后，终于不堪虐待，杀死了他。诺曼辩护称自己是出于自卫，以及对即将到来的死亡或巨大身体伤害的恐惧。但北卡罗来纳州最高法院驳回了她的辩护，最终她还是被判了故意杀人罪。

这两个案件中截然不同的判决结果体现了人们对男性和女性情绪认识的几个刻板印象。男性愤怒很正常，因为他们应该是攻击者；女性则应该是受害者，她们不应该生气，她们应该感到害怕。女性一旦表达愤怒就应该受到惩罚——失去尊重、减薪，严重的会失去工作。每当我看到一个精明的政客为自己的女对手贴上"愤怒的母老虎"的称号时,我就觉得这种讽刺事实上是在强调她实力强悍、能力卓越。(我还没见过哪位女性在获得成功、登上高位之前,不被认为是"母老虎"的。)

在法庭上,诺曼女士因为愤怒失去了自由。实际上,在家庭暴力案件中,同样是杀死自己的伴侣,和女性相比,男性一般判刑时间比较短,被起诉的罪行也比较轻。一个杀人的丈夫是一个典型的丈夫,杀死丈夫的女性就不是一个典型的妻子,因此她们很少被判无罪。

当家庭暴力受害者是非洲裔美国女性时,情绪的刻板印象带来的后果更严重。在美国文化中,受害者应该具有的典型特征是恐惧、消极和无助,而非洲裔美国人社区,女性有时会违背这种刻板印象,为保护自己免受施暴者的迫害,大力为自己辩护。通过回击,她们塑造了一个完全不同的女性情绪刻板印象,即"愤怒的黑人女性",这也是美国法律系统中普遍存在的说法。这些妇女本身更有可能受到家庭暴力的指控,即使她们可能因为自我防卫进行了回击,但力度远小于遭受的暴力。(在这里,不允许你"坚持立场!")如果这些女性伤害或者杀死了对她们施暴的人,同等情况下,和欧洲女性相比,她们遭受的惩罚更严重。

例如,一位名叫珍·班克斯的非洲裔美国女性刺死了她的同居恋人。她的同居恋人叫詹姆斯·布拉泽·麦克唐纳。两人住在一起时,她经常遭受到家庭暴力,多次因被虐入院接受治疗。某一天,两个人喝醉后,大吵了起来,在争吵中,麦克唐纳把班克斯推倒在地,试图用玻璃刀划伤她。班克斯为了保护自己抓住刀进行反抗,在反抗中,刀刺穿了麦克唐纳的心脏。虽然她坚称自己是自卫,但依然被判二级谋杀。(而前文提到的朱迪·诺曼因为是白人,被判故意谋杀,这个判决要比二级谋杀轻。)

除了在家庭暴力案件中受到不公正的对待外,容易发怒的女性在其他地方同样受到了不公正的对待。在强奸案中,如果女性是易怒性格,法官就会从她们身上推断出各种各样的负面性格,但如果受害者是男性,同样易怒,法官则往往不会这样做。当一个女性被强奸时,法官(和陪审团以及警察)在证人席上希望看到的是一个痛苦的女性,这通常会让强奸犯被判得更重。如果这个女性表现得很愤怒,会给法官留下负面印象。这些法官会把她们看成另一个版本的"愤怒的母老虎"。当人们在一个男性身上感知情绪时,通常会和他的处境联系在一起,但是当他们感知一个女性的情绪时,却会和女性的性格联系到一起——她就是一个坏女人,而他只是过了糟糕的一天。

在法庭之外,我们发现刻板印象也对我们的情绪进行了规定,规定了我们感知和表达的哪些情绪是可接受的。堕胎法表明了女性堕胎后有哪些感觉是合适的,其中包括悔恨和愧疚,却没有提到解脱和快乐。同性婚姻合法性的争论,在某种程度上,就是法律是否应该认可同性之间存在着浪漫的爱情。收养法中,当男同性恋收养孩子时,存在的质疑是父爱是否可以等同母爱。

总之,法律对男性和女性情绪的看法没有任何科学证据。这些观点只不过是延续了过时的人性观。不管是从法律上来看,还是从科学的角度来看,我选择的例子只是这个问题的一小部分。我几乎没有触及种族群体的情绪刻板印象,有些种族群体在法庭内外都遇到了类似的困境。只要法律规定了情绪的刻板印象,就会继续有人受到不公正的待遇。

第11章 情绪失控,就可以激情杀人?

• • •

例如,斯特凡尼娅·艾伯丁被控杀害了自己的妹妹,在杀人前她给被害人强行喂食了毒品,然后焚烧其尸体。她的辩护团队采取了非常大胆的辩护形式,把其犯罪归咎于她的大脑。

脑成像显示,和另一组10个健康女性的大脑相比,艾伯丁大脑皮质中有两个区域含有较少的神经元。其中一个区域是脑岛,据辩方律师称脑岛和进攻相关。另一个是前扣带回,据称和降低一个人的抑制性有关。于是,两位专家证人得出结论:她的大脑结构和犯罪之间存在"因果关系"是可能的。有了这个证词后,艾伯丁的判决从终身监禁降到了有期徒刑20年。

2011年,像这样的法律判决在意大利媒体上引起了极大的轰动,但现在,随着律师们在辩护策略中使用神经科学的发现结果,这种判决越来越普遍。但是,这些判决合理吗?大脑结构可以解释某些人为什么会犯罪吗?大脑内某一区域的大小或者联结情况真的可以导致谋杀行为?真的可以以此为依据减少罪犯的责任吗?

艾伯丁辩护团队所做的法律论证严重歪曲了神经科学的研究结果以及从中得出的结论。把一个复杂的心理类别,如"攻击"定位到一套神经元,这是根本不可能的,这是因为简并性。"攻击"和其他概念一样,每次构建时,大脑中所用神经元都不同。甚至是打或咬这样的简单动作,也无法定位到人类大脑的一组神经元上。

艾伯丁辩护团队提到的大脑区域是整个大脑联结最紧密的区域之一。每个你能够列举出来的心理活动,从语言、到疼痛、再到数学技巧,它们都显示出了更强的激活能力。因此,没错,在某些情况下,它们可能会在攻击行为和冲动行为中发挥作用;但要说这些区域和极端的谋杀行为具有某种特定的因果关系,就有些夸张了——如果艾伯丁一开始的动机就是攻击的话。

大脑大小的变化会导致行为变化——这种说法同样是在夸大其词。没有两个大脑是完全一样的。每个大脑中，组成部分一样，每个部分的位置大致相同，各个部分之间以相同的方式联结，但在细粒度级别，以及微回路联结上，每个大脑都存在着巨大的差异。有些可能会导致行为差异，但多数不会。和我的大脑相比，你的脑岛可能比我的大，联结也比我的密切，但这并不会让你我的行为出现显著差异。我们研究了很多人的大脑，统计发现，攻击性差不多的人的脑岛大小差别很大，因此，不能说脑岛大就容易发动攻击，甚至谋杀。（另外，即使脑岛大的人容易发动攻击，但到底多大才会让他成为杀人犯？）在极少数情况下，脑瘤会压迫脑神经，让人性格大变，但把谋杀归咎于大脑的一个区域则是毫无科学根据的。

也许，在艾伯丁案件中，最令人震惊的事情是专家证人和法官认为大脑的不同可以解释她的谋杀行为，她的行为是情有可原的。所有的行为都源于大脑。人类的行为、思想或者情感的存在离不开神经元的放电。在法庭上滥用神经科学知识，用生物学解释自动减轻某个人应承担的责任。这无异于在说，你的大脑就是你。

法律经常寻找简单的单一原因，所以很容易将犯罪行为归咎于大脑的失常。但现实生活中，没有哪个行为是简单的。每个行为都是多个因素共同作用的结果，包括你大脑的预测，来自五感的预测误差，内感受感觉，以及数以亿计的预测回路的复杂级联。这仅是一个人大脑内的活动。你周围其他人的大脑也会影响你的大脑，不管你什么时候说话或采取行动，你也会影响到你周围人的预测。反过来，他们也会影响到你的预测。你所属的整个文化环境都会对你产生影响，影响你构建概念，影响你的预测，进而影响你的行为。

人们可以就文化作用的大小展开讨论，但文化的作用是无可否认的。

需要注意的是，有时生物病变也可能会干扰到你的选择能力，如得了脑瘤或者某些神经元坏死。但是大脑的变化——在结构、功能、化学物质或者基因等方面——并不能作为减轻刑罚的合理解释。变异性是常态。

· · ·

2015年，波士顿马拉松爆炸案中的焦哈尔·萨纳耶夫在获罪两年后，最后还是被判处了死刑。萨纳耶夫接受了陪审团的审判，这是美国宪法赋予美国人的权利。根据英国广播公司（BBC）对量刑的报道，"只有两位陪审员认为萨纳耶夫有懊悔之心，另外的十位陪审员，和马萨诸塞州的其他陪审员一样，都认为他毫无悔意"。陪审员通过审判过程中对萨纳耶夫的仔细观察，来判断他是否具有悔意。据说，在整个审判的绝大部分时间，萨纳耶夫都表情僵硬地坐在那里。Slate.com 网站指出，公诉人认为焦哈尔·萨纳耶夫毫无悔意，而他的辩护律师未能——或者不能——提供任何证据表明他对自己的行为感到后悔。

在刑事案件中，陪审团的审判被认为代表了公平的黄金法则。陪审员需要根据提交的证据做出决策。但是在一个预测的大脑中，这是不可能完成的任务。陪审团成员观察每个被告、原告、证人、法官、律师、法庭以及细微的证据时，都是通过他们自己的概念系统进行的，在这种情况下，陪审员的观点根本不可能完全公正。实际上，最后应该产生的公正、客观的事实是由12个陪审员的主观看法组成的。

认为陪审员可以通过某种方式从被告的面部表情、身体动作或言语中察觉到被告的悔恨，这种看法完全体现了传统情绪观，这种观点认为情绪的表达和认可具有普遍性。法律体系认为，悔恨具有一个单一的、普遍的本质，可通过特定指纹检测到。但是，悔恨是一个情绪类别，由多个不同实例构成，每个实例都是针对特定情况构建的。

被告的悔恨构建取决于他的"悔恨"概念，他以前的文化体验以一连串预测的方式存在，指引着他的表情和行为。另一方面，陪审员对悔恨的感知是一种心理推理——根据被告的面部运动、身体姿势和声音进行一连串的预测，然后依据这些预测进行猜测。如果陪审员的预测是"准确的"，那么陪审员和被告对概念的分类必然十分相似。一个人感觉悔恨，在不需要任何言语提示的情况下，另一个人也能感觉到这种悔恨。这种同步只有在两个人背景相同，年龄、性别或者种族都相似的情况下才会发生。

在波士顿马拉松爆炸案中，如果萨纳耶夫对自己的行为感到悔恨，他又会是什么样呢？向受害者祈求原谅？解释自己的错误行径？如果他按照美国的刻板印象来表达懊悔，如果这是好莱坞电影中的一场审判，结果也许会不同。但是，萨纳耶夫来自车臣，是一个信奉伊斯兰教的年轻人。他住在美国，有很多美国好友，但萨纳耶夫也花了很多时间和他同样来自车臣的哥哥在一起。（据他的辩护团队解释）。根据车臣文化，在面对困境时，男人应该坚忍自制。如果他们战斗失败，就应该勇敢地接受失败，这种心态在车臣非常普遍，被称为"车臣狼"。因此，即使萨纳耶夫心怀悔恨，他可能依然面无表情。

据报道，当他的阿姨站在证人席上为他辩护时，有那么一刻，他流泪了。车臣有一种荣誉文化，让家人蒙羞是一件让人感觉痛苦的事。如果萨纳耶夫看到自己所爱的人当众受辱，比如他的阿姨为他求情，那么流泪就符合了车臣的荣誉文化习俗。

在构建一个感知解释萨纳耶夫的冷漠态度时，我们——和陪审团成员——只能猜测。根据我们西方文化中的悔恨概念，我们会觉得他冷漠无情，或者在虚张声势，绝不会感知到他的坚忍克制。在这种情况下，在法庭中，我们的猜测可能产生了一种文化上的误解，最终导致了他的死刑判决。当然，也有可能他真的毫无悔意。

后来人们发现，在2013年，就在爆炸发生几个月之后，萨纳耶夫写了一封信。这是一封道歉信，在信中，他确实表达了对自己行为的悔恨。但是陪审团没有看到这封信。根据美国特殊管理办法，该信件属于"国际安全问题"，因此被列为机密文件，不得作为审判的证据。

2015年6月25日，萨纳耶夫在宣判听证会上发言。他承认了自己的罪行，并指出，自己明白自己的罪行会产生的影响。"对那些因我而失去生命的人，我感到很抱歉，"他充满歉意地说道，语气平静，"对于我带来的伤害，以及我所造成的损失，不可弥补的损失，我很抱歉。"可以预见受害者和报道审判过程的媒体的反应，有人震惊，有人伤心，有人愤怒，有人接受了他的道歉。很多人无法确定他的道歉是否是真诚的。

我们永远不会知道他是否对他的恐怖行为感到悔恨，也不会知道他写的信是否会对他的判决有影响。但是有一件事是确定的：在死刑的诉讼程序中，依据法律，被告被判死刑还是监禁，其是否有悔意是陪审员量刑的一个关键依据。对悔恨的感知，和对其他情绪的感知一样，不是被探测到的，而是构建的。

另一方面，悔恨的表现毫无意义。一起来看一下多米尼克·斯内利案例。斯内利在30年间多次持枪抢劫袭击他人，而且还越过狱。2008年，当他出现在马萨诸塞州假释委员会面前时，他已经有过连续三次被判处终身监禁的记录。假释委员会由心理学家、狱警和其他知识渊博的专业人士组成，职责是确定一个犯人的服刑期是否已超过他的最低刑期或是否可以被提前释放。他们目睹过很多真实的悔恨，有些人是真实的，有些人则是假装的。准确判断假释人员的悔意，是假释委员会对公众应承担的责任。

2008年11月，斯内利让假释委员会相信他不再是一个灵魂黑暗的罪犯。假释委员会投票一致同意给他假释。但出狱后不久，斯内利就开始了新一轮的抢劫，并残忍地枪杀了一名警察。他后来在和警察的交火中被击毙。马萨诸塞州州长德瓦尔·帕特里克辞去了假释委员会七名成员中的五名，认为他们缺乏发现真实悔恨的能力。

斯内利假装悔恨是有可能的。当然，斯内利在作证时，他也有可能真的对自己的行为感到了悔恨。但是，一旦离开了监狱，他的旧世界模型就会重新浮出水面，因为旧的预测缔造了旧的自我，让他的悔恨随之消散。因为没有客观的标准可以衡量悔恨情绪，所以我们永远也不会知道悔恨是真是假。同样地，在审判中，愤怒、悲伤、恐惧或者其他情绪也都没有一个客观的评判标准。

美国最高法院大法官安东尼·肯尼迪曾经说过，要想给被告一个公正的审判，陪审团成员必须"了解罪犯的想法"。但是在人的面部活动、身体姿势和手势，或者声音中并不存在一致性的指纹。陪审团成员和其他感知者对那些运动和声音做出有根据的推测，判断它们在情感上意味着什么，但是没有客观的准确性。最好的情况是，我们可以评估陪审员在他们所感知的情绪之间是否达成了一致，但是当被告和陪审员的生活背景、信仰或者期待不同时，这种一致性的准确性就变得很可疑了。如果无法从被告的言行举止中看出他的情绪，那么法律系统就需要解决一个十分棘手的问题：在什么情况下，审判才能绝对公平？

• • •

当陪审团或者法官在被告的微笑中看到一些自得，或者听到证人的声音因恐惧而颤抖时，他们就会利用他们自己的情绪概念进行推理，猜测那个行为（得意的笑或者颤抖）是由某种特定心态导致的。你应该记得，心理推理是指你的大脑通过一连串的预测给别人的行为赋予意义的过程。

心理推理具有自动性和广泛性，至少在西方文化中是如此，我们通常意识不到自己在进行心理推理。我们认为是自己的感官提供了准确而又客观的世界表征，好像我们具有 X 光射线一样的能力，可以通过解读一个人的行为，发现对方的意图（"我可以看穿你"）。在这些时刻，我们把对他人的感知看成他们的明显特性——这种现象我们称之为情感现实主义，而不是他们的行动和我们大脑中的概念的组合体。

当某人因犯罪受审时，其自由和生命都处于危急关头，表象和现实之间可能存在着巨大的鸿沟。在内心深处，我们非常清楚这一点，但与此同时，我们又非常有信心，认为自己比房间里其他人能更准确地辨别真相。法庭上的问题就在于此。

陪审员和法官承担了一个几乎不可能完成的任务：掌握读心术，或者成为一个测谎仪。他们必须确定一个人是否有意造成伤害。根据法律制度，意图就是一个事实，就像被告脸上的鼻子一样真实。但在预测的大脑中，对他人意图的判断往往是你基于被告的行为构建的猜测，而不是你所察觉到的事实；就像情绪一样，意图没有一个客观的、脱离感知者独立存在的标准。70 年来的心理学研究表明，像这样的判断就是心理推理,也就是猜测。即使DNA证据将被告与犯罪现场联系在一起,也不能确定罪犯具有犯罪意图。

法官和陪审员在推断犯罪意图时,通常与他们的信仰、刻板印象和当前的身体状态保持一致。下面我们来看一个例子。先让受试者观看一段警察驱散抗议者的视频,然后告诉他们,抗议者是反对堕胎的积极分子,他们正在一家堕胎诊所前示威。那些属于自由民主党、支持合法堕胎的人会推断这些人有暴力意图,而那些在社会问题上比较保守的人则推断出他们的意图是和平的。这些研究者同时把这个视频给第二组受试者观看,这次他们告诉受试者,这些抗议人士是同性恋权利活动家,他们正在举行活动,抗议军队里的"不说,不问"政策。这次,自由民主党人士倾向于支持同性恋权利,他们推断那些抗议者拥有和平意图,而保守派的受试者推断他们存在暴力意图。

现在,设想一下,如果这个视频是法庭审判的一个证据。所有陪审员都会看到相同的视频,在视频上观看到完全一致的行为。但是根据情感现实主义,他们最终离开时,不会带走事实,带走的只有他们根据自己的信念,在自己毫不知情的情况下构建的感觉。我要说的是,偏见并不是陪审团独有的标志,我们都要对此负责,因为大脑天生就是为了看到我们相信的东西,而这一切的发生我们往往是意识不到的。

情感现实主义毁灭了公正的陪审员神话。想要提高谋杀案审判中的准确定罪的概率,给陪审团看一些可怕的照片证据,破坏他们的身体预算平衡,他们就很可能把自己不愉快的情感归咎于被告:"我感觉很糟糕,你一定做了坏事,你是一个坏人。"允许死者家属描述罪犯是如何伤害受害者的,这种做法被称作"受害人影响陈述",这时陪审团将倾向于提出更严厉的惩罚措施。如果你在视频上添加专业录音、音乐和讲述过程,就像一部冲突激烈的电影那样,那么就会提高受害人影响陈述的情绪感染力,这样你就拥有了一部可以左右陪审团的杰作了。

除了法庭审理,情感现实主义和其他法律也关系密切。想象一下,你正在家里享受一个宁静的夜晚,正在这时,你突然听到门外一声巨响。你看向窗外,看到一个非洲裔美国人正在试图暴力打开邻居的房门。作为一个有责任感到市民,你拨打了911,警察来了,然后逮捕了那个作案者。恭喜你,你刚刚通知警察逮捕了哈佛大学的教授小亨利·路易斯·盖茨,这是发生在2009年7月16日一件真实的事情。盖茨出去旅游,回来时发现自己家的门卡住了,于是他试图用蛮力打开自己家的门。这时情感现实主义出现了。在这个事件中,现场目击者的情感是基于她对犯罪和肤色的概念,她由此做出推理,认为窗外的那个男人在有意进行犯罪。

佛罗里达州颇具争议的"不退让法"就诞生于类似的情感现实主义。根据这条法律,当你有理由认为自己面临死亡威胁或者巨大身体伤害时,你可以在自卫时使用致命武器。现实生活中的事件是法律的催化剂,但可能和你想的相去甚远。有这样一个故事:2004年,有一对老年夫妇正在佛罗里达州自己家的拖车屋里睡觉。一个入侵者试图闯入他们的家,老年夫妇中的男主人,即詹姆斯·沃克曼,抓起枪,打中了这个人。但这是一个悲剧:沃克曼的拖车处于飓风破坏地区,他射杀的那个男人是联邦应急管理局(FEMA)的一名员工,他叫罗德尼·考克斯,是一名非洲裔美国人。沃克曼是白人,他很可能当时受到了情感现实主义的影响,认为考克斯意图伤害他,于是他开枪,杀死了一个无辜的人。尽管如此,这个预测失误的故事成了佛罗里达州这项法律的主要依据。

讽刺的是，"不退让法"的历史彻底否定了该法的价值。现代社会到处充斥着种族主义的刻板印象，情感现实主义改变了人们对彼此的看法，因此合理确定是否威胁到生命是不可能的事情。"不退让法"的整个推理过程被情感现实主义从内部摧毁了。

如果"不退让法"无法吓退你，那么想想情感现实主义对那些合法携带武器的人的影响。毫无疑问，情感现实主义会影响人们对威胁的看法，因此这实际上会导致无辜的人被意外杀害。道理很简单：你预测了一个威胁，来自周围环境的感觉信息却说不是威胁，但随后你的控制网络会忽视预测误差，维持恐惧预测。砰，你开枪打死了一个无辜的公民。人类大脑就是为这种幻觉而构建的，白日梦和想象也是通过相同的方式产生的。

现在，我不会深入讨论关于枪支管制这个全民争论的话题，而是从纯科学的角度考虑一下这个问题。美国的开国元勋们完全有理由在《宪法第二修正案》中保护"公民持有和携带武器的权利"，但他们不是神经系统科学家。在 1789 年，没有人知道是人类大脑构建了每个感知，也没人知道大脑是由内感受预测控制的。现在，在美国，超过 60% 的人相信犯罪率在上升（虽然犯罪率已是历史最低），他们也相信拥有枪支会让他们更有安全感。这些信念在时机成熟时，就会通过情感现实主义引导人们看到一个实际上并不存在的致命威胁，然后他们会采取相应的行动。既然我们已经明确地知道了我们的感官并不能准确揭露客观事实，那么这些关键知识难道不应该对我们的法律产生影响吗？

一般来说，我们的感觉无法如实解读周围的世界，大量证据证明了这一点，但面对堆积如山的证据，法律系统应对起来困难重重。

在过去的数百年间，目击者的报告一直被认为是最可靠的证据形式之一。当一个证人说，"我看见是他做的"或者"我听到他说了"，这些话就被认为是事实。法律也把记忆看作事实，就好像这些记忆被原封不动地输入大脑，然后被完整保存，可以像电影回放一样被提取出来。

就像陪审员无法排除自己信仰的影响，直接获取一些没有瑕疵的现实情况一样，证人和被告在陈述一系列事实时也不可能不带有他们自己的看法。在第3章开头，我们一开始觉得塞雷娜·威廉姆斯在惊恐地尖叫，后来，我们知道，威廉姆斯没有害怕，她是因为获胜而高兴、兴奋。目击者说的任何话都是以当时构建的回忆为基础的，他们利用自己过去的体验构建了这些回忆。

心理学家丹尼尔·L.沙赫特是世界著名的记忆研究专家，他讲述了一个关于暴力强奸的故事。这个故事发生在1975年的澳大利亚。受害者告诉警察她清楚地看清了攻击者的面孔，确定他就是唐纳德·汤姆森，一位科学家。警察根据这位目击者的证词，第二天便逮捕了汤姆森。但汤姆森有明显不在现场的证据：在强奸发生的那一刻，他正在接受电视台的采访。原来是，当入侵者闯进受害者家里的时候，受害者正在看电视，电视上播放的就是汤姆森的采访节目。讽刺的是，汤姆森在节目中谈论的就是记忆扭曲的问题。这个可怜的女人，在遭受创伤后，莫名其妙地把汤姆森的面孔和身份看成强奸犯的了。

很多被诬告的人就没有汤姆森那么幸运了。陪审员非常重视目击者的证词，只要目击者看起来很自信，他们就会把目击者的证词看成正确的，然后接受。在一项后来被DNA证据推翻的定罪研究中，我们发现，70%的被告是根据目击证人的证词被定罪的。

目击者的报告可能是最不可靠的证据。记忆不像照片——它们是模拟,由构建情绪体验和感知的同一核心网络创造。大脑中的记忆碎片表现为放电神经元模式,"回忆"就是进行一连串的预测,重新构建事件。因此,你的记忆极易受到当前环境的影响,就像你在证人席上或者面对一个难缠的辩方律师不停地追问时,你会全力以赴应对一样。

法律迟迟不接受记忆是构建的这一说法,但是现在情况正在发生改变。新泽西州、俄勒冈州和马萨诸塞州的最高法院在这方面走在了前面。现在,这几个州的陪审团必须接受心理学方面的指导,这些指导提供了很多细节,循序渐进详细解释目击者证词中可能出现的记忆错误。陪审团成员学会了:记忆是如何构建的,记忆是如何与自身信念融合导致了记忆扭曲并出现幻想的,律师和警察的指示如何引起偏见,自信为什么不代表准确性以及压力是如何破坏记忆的。他们也必须了解目击者证词是如何让超过3/4无罪的人被定罪的,这些人最后经DNA证据显示并没有犯罪。

遗憾的是,没有一个准则可以向陪审员解释,情绪表达是什么,心理推理是什么,以及它们是如何构建的。

· · ·

在许多社会中,法官给人们留下的典型印象是,公正客观、严格遵守法律、判决时不掺杂任何个人情绪。法律希望法官保持中立,因为情绪会影响公正的判决。"优秀法官引以为傲的是他们公正的裁决以及对个人喜好的控制,"已故美国最高法院大法官安东尼·斯卡利亚写道,"尤其是对情绪的控制。"

在某些方面,一个纯粹理性的法律决策听起来很有道理,甚至是高尚的,但就像我们目前所看到的,大脑的联结并不区分激情和理性。我们没必要非得找出其中的漏洞,因为它本身就存在很多漏洞。

我们先来看看这个说法:法官可以公正客观,意味着他"没有情感"(而不是"没有情绪")。从生物学上来讲,这种说法完全错误,除非这个人遭受过脑损伤。正如我们在第4章探讨的,在大脑中,只要是喜欢高谈阔论的身体预算回路在驱动预算,任何决定都不可能不受情感影响。

法官的决策不含任何情感,无异于一个神话。美国最高法院前大法官罗伯特·杰克逊把"不带感情的判决"描述成了"神秘生物",说它就是"圣诞老人、山姆大叔或者复活节兔子"一样的存在。有直接的科学证据表明他说得完全没有错。还记得在午饭前,法官的公正是如何被轻易地动摇的吗?他们将自己不愉快的情感归咎于囚犯,而不是饥饿。在另一个系列实验中,来自美国各州和联邦的法官以及来自加拿大的法官,总共超过1800名,他们被问及民事和刑事案件的情况,然后请他们做出裁决。有些场景是相同的,但里面的被告有的被描述得很可爱,有的被描述得非常令人讨厌。实验结果显示,法官倾向于对更讨人喜欢或能让他们产生好感的人做出有利判决。

即使是美国最高法院的法官也不能说自己毫无激情。一组政治科学家对过去30年间法庭成员在口头辩论和提问中使用的800万个词语进行了研究。他们发现,法官对哪一方的律师言辞更不客气,哪一方就更容易输掉官司。你可以通过简单计算法官在提问时使用的消极词汇来预测谁会输掉官司。不仅如此,通过检查法官在口头辩论中隐藏的情感,你可以预测他们的投票结果。

根据常识,我们都知道法官在法庭上有很强的影响力。他们又怎么会不知道呢？他们手中掌握着人们的未来。他们工作时，接触到的都是令人发指的罪行和被严重伤害的受害者。我知道这有多么令人心力交瘁，我曾为遭受过强奸和儿童期性虐待的受害者做过心理医生，有时还要和施暴者打交道。法官也会遇到一些被告，他们比同案中的原告更招人喜欢，这种情况对法官来说肯定极具挑战性，尤其是法庭上还坐满了窃窃私语的听众，还有争吵不休的律师。有时法官肩负着全国人民的情感。在小布什诉戈尔案中，美国最高法院前大法官戴维·苏特在做裁定时承受了很多压力，每一次提到这次（美国一半公民参与的）审议过程，他都忍不住潸然泪下。所有这些脑力劳动都加重了法官的身体预算。在平静的假象下，法官的生活充满了持续的激烈的情绪波动。

尽管如此，法律依然对法官的冷静公正抱着幻想，甚至最高法院也是如此。2010年，当最高法院法官艾蕾娜·卡根获得候选人提名，被问及是否有合适的情感可以帮助裁定一个案件时，她的回答完全相反，"一切以法律为准"。大法官索尼娅·索托马约尔在听证会上也遭遇了反对意见，因为一些参议员担心她的情绪和同情心会直接影响她无法做出公正判决。她对此的看法是，很多时候，法官一定会带有情感，但不能以此作为审判的依据。

尽管如此，有一点是显而易见的：法官的裁决不可能不受情感的影响。接下来我们要探讨的问题是：法官在裁决时应该带有情感吗？纯理性是做出明智决定的最佳方式吗？想象一下，一个人沉着冷静地衡量利弊，确定一个人是否应该被判处死刑，不带丝毫情绪。就像《沉默的羔羊》中的汉尼拔·莱克特，或者《老无所依》中的安东·奇古尔。我这样说似乎有点不合适，但这种不带任何感情的决策本质上就是对刑事案件判决的指导。不要假装情感不存在，明智地利用情感才是上选。正如最高法院大法官威廉·布伦南所说的："对一个人直觉和激情反应的敏感性，以及对人类体验范围的认识，不仅不可避免，同时也是司法程序希望出现的，是一个需要培养而不是畏惧的方面。"问题的关键在于情绪粒度：拥有广泛而深刻的概念（情绪、生理或者其他），了解身体感觉的冲击是工作的危险所在。

考虑一下，例如，一位法官面对一个像詹姆斯·霍尔姆斯这样的被告。2012年，在科罗拉多州奥罗拉市一家影院《蝙蝠侠》的午夜首映现场，他持械发动袭击，造成12人死亡，70多人受伤。这时法官构建出一个愤怒的体验是合理的，但如果只有这种感情那就存在问题了。愤怒可能会促使法官对被告进行过于严厉的惩罚，威胁审判建立的道德秩序基础。为了平衡他的看法，一些法律学者认为，这个法官可以尝试着培养对被告的同情心，他可能精神不正常或者自己也是一个受害者。可见，愤怒是一种无知，在这个案件中，是对被告情绪的无知。霍尔姆斯很明显已经患有严重精神疾病很多年了。在11岁时，他第一次企图自杀，后来，他在监狱服刑时也曾多次自杀。对于那些在电影院向无辜的民众开枪的人，人们很难给予同情。记住，被告是一个人，不管他的罪行有多严重或可怕，在犯罪时其内心都是挣扎的，就是这种时候，才更需要给予他同情。这可能有助于防止法官在量刑时对罪犯给予过于严厉的惩罚，同时确保刑事判决和报应性司法的道德性。这是一种情绪粒度类型，即在法庭上理智地运用情绪。

在谈到情绪时，对法官来说，哪种情绪最有用取决于法官在审判中的目的。例如，刑罚的目的是什么？为了惩罚？有效阻止未来伤害的发生？对罪犯改造再教育？这取决于关于人类认知的法律理论。无论目的是什么,都必须制定惩罚措施,这样才能让被告的人性得以保存,让受害者的人性获得尊重,即使被告犯下了不可理喻的罪行。否则,法律系统本身就会受到威胁。

• • •

为什么当某人打断你的腿时,你可以控告他;但如果他让你心碎,你却不能控告他?法律认为,情绪伤害比身体上的伤害要轻,不应受到惩罚。想想这是多么的讽刺。法律保护了你身体的完整性,而不是你心灵的完整性,即使你的身体只是一个承载器官的容器,这个器官让你成了你——你的大脑。除非伴随着身体伤害,否则情感上的伤害就不是真实的。心灵和身体是分开的。(现在,让我们一起向勒内·笛卡儿致敬吧。)

如果说有哪个知识是你可以从本书中吸取的,那一定是:心灵和身体之间的边界是可渗透的。在第10章,我们介绍了慢性压力、情绪滥用和疏忽,以及其他心理疾病,最终它们都有可能导致身体的疾病和伤害。我们已经知道,压力和促炎性细胞因子会导致很多健康问题,如脑萎缩,增加患癌症的概率,导致心脏病、糖尿病、中风、抑郁以及其他大量疾病。

不仅如此,情绪伤害还可能缩短你的寿命。在你的身体内,你的染色体末端有一些很小的、就像保护帽一样的遗传物质,被称作端粒。所有生物都有端粒——人类、果蝇、变形虫,甚至是你花园里的植物都有。每当你的细胞分裂时,它的端粒就会变短(虽然可以通过一种叫作端粒酶的酶进行修复)。所以,一般来说,它们的长度会慢慢变短,在某一时刻,短到极限时,你就死了。这是正常的老化。但是猜猜看,还有什么原因会导致你的端粒变短?压力会让人的端粒变短,童年遭遇过逆境的孩子的端粒会变短。换句话说,和摔断腿相比,情绪伤害造成的损害更严重,持续时间更长,对将来的有害影响也更大。这就意味着在理解和衡量情绪伤害所带来的持久损害方面,法律系统可能被误导了。

我们再来看一下慢性疼痛。法律将慢性疼痛视作情绪伤害,因为没有明显的组织损伤。在这种情况下,法律通常会得出这样的结论:一个人的痛苦不是真实存在的,因此不应得到补偿。患有慢性疼痛的人通常被诊断为精神疾病,如果他们选择有创手术来减少他们"虚幻"的痛苦,他们的症状会变得更严重。医疗保险公司不承认慢性疼痛的治疗,因为慢性疼痛被认为是心理疾病,而不是身体疾病。患者无法工作,但却得不到任何补偿。但是,正如我们在前一章看到的,慢性疼痛很可能是大脑预测错误导致的疾病,痛苦是真实的。法律忽略了这一点,即预测和模拟是大脑的正常工作方法,慢性疼痛只存在程度上的不同,而不是种类的不同。

有趣的是,法律承认其他类型的伤害现在可以不存在,但是将来会出现。一个突出的例子是化学伤害,如海湾战争综合征,一种具有多种症状的慢性疾病,据说是海湾战争期间由未知因素造成的,其影响直到后来才显现出来。海湾战争综合征引起广泛争论,但对于这是否真的是一种独特的疾病,至今人们还未达成共识。不管怎样,成千上万的退伍军人向法庭提起诉讼,就海湾战争综合征提出索赔。关于压力或者其他情绪类的伤害,没有类似的法律途径可以求助。(对疼痛和痛苦的赔偿金也非常的少。)

对此做了深入观察之后,我必须指出,在谈到酷刑的国际准则时,法律对情绪伤害采取了完全不同的标准,这是极具讽刺意味的。《日内瓦公约》中明确规定不能对战俘进行心理伤害,同样,美国宪法也禁止"残酷和不寻常的刑罚"。因此,官方在心理上折磨犯人是违法的，但是把一个囚犯长期单独监禁则是完全合法的——尽管监禁可能会导致囚犯心理压力过大、端粒缩短，从而寿命变短。

一个高中校园的恶霸侮辱、折磨和羞辱你的孩子也是完全合法的，即使这样会缩短你的孩子的端粒，对他们的寿命造成潜在威胁。当一群中学女生故意排挤另一个女生时，她们这样做的主观意图就是让对方痛苦，然而，对于这种情况，几乎没有任何法律可适用。下面来看一个案例，2010年，15岁的菲比·普林斯在连续几个月饱受他人的言语和身体欺凌后，上吊结束了自己的生命。曾有6名青少年对她进行了骚扰、跟踪和殴打，他们还在她的脸书网纪念页面留言辱骂她。这6名青少年因各种侵犯人权的行为而受到刑事起诉。这个案件促使马萨诸塞州通过了反欺凌法案。这些法律只是一个开始，但惩戒的也只是极端案例。如何通过法律控制校园暴力行为？

学校恶霸想要欺辱他人，但他的意图是造成伤害吗？对比我们无法确定，但在大多数情况下，我对此表示怀疑。大多数孩子并未意识到他们遭受的精神痛苦会转化成身体疾病、脑组织萎缩、智商降低和端粒缩短。我们会说，孩子毕竟是孩子。但在全美各地，欺凌无处不在。一项研究表明，在全美范围内，超过50%的学生报告称在学校曾被言语欺负或者被孤立过，或在学校里欺负过其他孩子，这种情况每两个月至少发生一次；超过20%的学生报告说，他们是身体暴力的受害者或者施加者；超过13%的学生报告称自己参与过网络欺凌。校园欺凌被认为是一种十分严重的童年风险，会对儿童的终身健康造成影响，在新闻发布会上，美国医学研究院和国家研究委员会及司法委员会就欺凌带来的生理和心理影响出具了一份十分全面的报告。

如果你现在正在遭受精神折磨，无论是来自欺凌还是其他原因,你的痛苦应该被认为是伤害吗?那么,作恶者应该受到惩罚吗?最近的一个法律案例表明,答案有时是肯定的。亚特兰大的一家公司要求员工提供 DNA 样本,因为有人用粪便污染了仓库。未经本人同意获取某人的遗传信息是非法的(这违犯了《基因歧视法》),但这个案件能够获胜很大程度上取决于情绪因素。两名原告获得了大约 25 万美元的赔偿金,以补偿他们遭受的羞辱和被欺凌,另外,他们还得到了一笔可观的赔偿金,金额高达 175 万美元,这是对他们遭受的精神痛苦的惩罚性损害赔偿。这笔大额赔偿并非针对原告的实际情绪痛苦,而是针对他们未来可能出现的情绪痛苦。毕竟,在未来,他人随时可以利用他们的个人健康信息来对付他们。陪审团成员很容易模拟出这种对未来的恐惧,并产生共鸣。如果是一个慢性疼痛案件,赔偿就会变得十分艰难:你怎么看见无形的东西?因为没有可见的损伤,也就没有东西可以帮助你的大脑构建模拟,因此也就无法产生共鸣,想要赔偿也就无从谈起了。

从法律角度来看,心理上的痛苦很难找出一个实际原因。如果情绪没有本质或指纹,如何客观衡量情绪呢?另外,身体上的伤害,比如断腿,从经济上来讲,具有很大的可预见性,情绪则不然,情绪存在很大的变数。你要如何区分每天的疼痛和持久的伤害?

也许最重要的问题是:谁的痛苦可以看作伤害?谁值得我们同情,因此需要法律保护?如果你弄断我的手臂,不管是有意还是无意,你都应该赔偿我。但是如果你让我心碎,不管是有意还是无意,你都不欠我什么。即使我们曾经很长一段时间关系亲密,曾互相调节彼此的身体预算,分手也会让我的身体经历一段痛苦过程,就像戒掉毒瘾一样饱受折磨。不管你多么想这么做(或者他们是多么的罪有应得),你都不能因为心碎而起诉某人。法律是关于创造和实施社会现实的规范。从根本上来说，与疼痛有关的同情主张就是关于权利的问题……以及人性的问题。

• • •

正如你所看到的，法律体现了传统情绪观和人性古典观。本质主义的叙述就是一个民间传说，大脑及其与身体之间的联系和它无关。因此，根据当今对大脑的科学研究，我冒险对陪审团成员、法官和整个法律系统提一些建议。我不是一个法律学者，我知道科学和法律的关注点不同。我也知道，在一本书中推测人类的基本困境是一回事，但要想在困境中建立法律判例又是另外一回事了。但是，尝试在不同学科之间建立桥梁是很重要的。在关于人类的本质这一问题上，神经系统科学的发展和法律发展完全不在一个频道上。如果法律制度要继续成为我们的社会现实中最令人印象深刻的成就之一，并继续保护人民不可剥夺的生存权、自由权和追求幸福的权利，那么它就必须解决这些差异。

首先，我要向法官和陪审团（以及其他法律工作者，如律师、警察以及假释官）灌输一些情绪和预测性大脑的基本科学知识。新泽西州、俄勒冈州和马萨诸塞州的最高法院正在采取正确步骤，给陪审员做培训，让他们知道人类记忆是构建的，并不可靠。我们需要一个类似方法对他们进行情绪知识的培训。为了实现这个目标，我一共提出了5个教学要点，你可以把它称为法律系统的一份情绪科学宣言。

宣言中提到的第一个教学要点就是所谓的情绪表达。情绪在人的面部、身体和声音中，并不是以任何客观的方式表达、显示或者揭露出来的。任何对他人是否无辜、有罪以及定罪量刑有决定权的人一定要知道这一点。你无法识别或察觉到他人的愤怒、悲伤、悔恨或其他情绪——你只能靠猜测，有些猜测有根据，有些猜测则没有根据。一场公平的审判取决于体验者（被告和目击者）和感知者（陪审团和法官）之间的同步，这在很多情况下都很难实现。例如，有些被告更擅长用非语言的动作来传达他们的情绪信息，如悔恨。一些陪审团成员更擅长把他们的概念和被告的概念同步，有些人则不擅长这样做。这意味着，在具有挑战性的环境中，如果陪审员不同意被告或者目击者就某一个政治问题的看法时，或者另一个人属于不同的种族时，陪审员可能需要更努力才能感知对方的情绪。陪审员应该设身处地为他人着想，这有助于促进情绪同步，培养同理心。

第二点是关于现实的。你的视觉、听觉和其他感官总是受你的感觉影响。即使是最客观的证据也会被情感现实主义所影响。陪审员和法官必须接受预测性大脑和情感现实主义的教育，了解在法庭上，他们的感觉是如何改变了他们在法庭上的所见所闻。在我提到的抗议者视频研究中，政治信仰的不同导致了人们对暴力意图判断的差异，该视频可以作为一个教育实例。陪审员还必须了解情感现实主义对目击者的影响。即使是"我看到他拿着刀"这样的简单陈述，也是一种充满了情感现实主义的感觉。目击者的证词并不是冰冷确凿的事实。

第三点是关于自制的。感觉会自动发生的事件并不一定完全超出你的控制范围，也不一定是完全情绪化的。当你构建一种情绪时，你的预测大脑提供的控制范围与你构建一个想法或者记忆是相同的。在谋杀案的审判中，被告并不是一个受环境摆布的人形海葵，一碰就暴怒，不受控制地采取一些进攻行为。大多数情况下，无论多么无意识的愤怒，都不会导致谋杀。人们可以故意表现出愤怒，而且可以维持很长时间，所以它没有内在的自动机制。相比较而言，你的控制力越强，你对自己的行为承担的责任就越大，不论这是一个情绪事件还是一个理性事件。

第四点，小心"我的大脑让我这样做的"辩护。某些大脑区域直接导致不良行为，对这种说法，陪审员和法官应该提出质疑。这是垃圾科学，每个大脑都是独一无二的，变化是正常的（简并），不一定都有意义。非法行为从未被明确定位于大脑哪些区域。在这里，我并不是说像脑瘤一样的异质增长，或者明显的神经退化的迹象更容易让人犯法，如某些类型的额颞叶失智症。实际上，许多脑瘤和神经退行性疾病根本不会让人实施触犯法律的行为。

最后一点是警惕本质主义。陪审员和法官需要知道，每一种文化都充斥着各种社会类别，如性别、种族、族群和宗教。我们不能将它们看成自然界中有着明显分界线的物理、生物范畴。另外，情绪的刻板印象不应该出现在法庭上。面对攻击者，不能因为女性愤怒大于恐惧，就要遭受惩罚；男性也不应该因为感觉到了无助和脆弱而不是勇敢和好斗，就遭受惩罚。法律中理性人标准是以刻板印象虚构出来的，而且应用时也没有实现统一。也许是时候该埋葬理性人，构想一些其他的比较标准了。

除了情感科学宣言，长期以来，我们都有这样的一个神话，即"带情感的公正法官"。最高法院和其他法律专家希望所有法官都如此，但又心存质疑。学者们可以在法律杂志上辩论司法行为中的情感价值，但对人类大脑的剖析显示，任何人（包括法官）在做决策时，都不可能摆脱内感受和情感的影响。情绪既不是敌人，也不是一种放纵，它是智慧的源泉。法官不必透露自己的情绪（就像心理医生一样），但他们必须了解自己的情绪，明白如何充分利用自己的情绪。

要想明智地利用情绪,法官们需要学会以高情绪粒度来体验情绪。当他们感觉不愉快时,如果他们能够准确分类,弄清楚愤怒和恼怒或者饥饿之间的差别,他们就能从中获益。愤怒可以是一种提醒,提醒你对一个冷酷无情的被告、一个容易受骗的原告、一个生性好斗的目击者,或者一个特别咄咄逼人的律师产生同理心。如果没有同理心,愤怒就会滋生报复性惩罚,破坏法律系统的正义理念。我在第9章介绍了如何提高情绪粒度的练习,法官们可以通过练习,提高自己的情绪粒度:收集体验,学习更多新概念,利用概念融合法发明和探索新的情绪概念,对情绪概念进行重新构建,重新分类。听起来这个工作量很大,但就像所有的技能一样,经常练习,你就会习惯成自然。另外,当被告来自不同文化时,法官如果能了解不同文化的情绪体验和交流规范,那么这对他们来说百利而无一害。

在挑选陪审员(即预先审查程序)时,法官通过学习可以减少情感现实主义的影响。通常,法官和律师在淘汰陪审员时,一般会提问一些直接、明显的问题,如,"在这个案件中,你能够自始至终秉持客观、公正、不偏不倚的态度吗?"或者"你认识被告吗?"他们还评估陪审员和被告之间是否存在表面相似性。例如,如果一位金融顾问被指控侵吞了客户的退休金,那法官可能会询问候选陪审员,他们自己是否有过类似的被害经历,或者是否有近亲在金融行业工作。但是,像相似性和差异性这样的表面标记只能对候选人做初步的了解,犹如冰山一角。审查陪审员的情感空间,了解他们在审判过程中如何预测,才是明智的选择,因为他们的感知中可能存在偏见。例如,法官可以询问陪审员读哪些书,喜欢看什么电影,或者是否玩第一人称的射击游戏,利用心理学标准进行评估。这些信息有助于法官根据陪审员如何打发他们的时间来判断他们的潜在偏见，而不是直接询问陪审员他们的偏见（因为这样的自我报告不一定有效）。

到目前为止，我给出的建议都简单易行。接下来，我们要做好准备迎接真正的难点了——从科学角度探讨能够改变法律基本假设的因素。

我们已经知道，我们的感觉无法揭示现实，法官和陪审员必然会受到情感现实主义的影响。这些因素，再加上我们对精神和大脑的认识，形成了一个相当激进的想法（我几乎不敢这样说）：也许是时候考虑一下，是否应该以陪审团的审判作为评判有罪无罪的依据了。没错，这被写入了《美国宪法》，但书写这个里程碑式文件的作者对人类大脑的运作方式一无所知，也无法想象有一天我们可以在受害者的指甲中发现被告的 DNA。在 DAN 证据出现之前，法律无法判定有罪是真是假。法律系统只能确定判决是否公平，也就是说，只需要确定法律的规则和程序是否一致。因此，那个时候的法律不是关于真实性，而是关于一致性的。正当程序是为了在做有罪或无罪判决时，避免犯程序上的错误，而和决定本身的有效性无关。今天，只有当我们假设一致性产生公正的结果时，法律制度才有效。DNA 检测改变了这一切。DNA 检测也不是完美无缺的，但毫无疑问，DNA 检测结果比充满情感的陪审员的感知要更加客观。

当 DNA 证据无法获取或不相关的时候，可能审判就不需要陪审团了，而是要发挥多名法官的集体智慧作用，这些法官都是随机选拔出来的。正如我前面所说的，我不是法律学者，只是一个科学家，因此或许更明智的法律界人士能够以更好的方式构建一个平衡的司法陪审团制度。一个由经验丰富的法官组成的小组，他们接受过培训，具有很强的自我意识和很高的情绪粒度，他们或许能比陪审团更有效地避免情感现实主义的干扰。这不是一个完美的解决方案：至少在美国，法官往往会站在年龄较大的人的一边，主要是欧洲裔美国人，他们可能夸大了一套特定的信仰，但却自欺欺人地认为自己不会受影响。法官更可能因此提出最高刑罚。但有一件事是确定的：在美国，每天都有成千上万的人出现在陪审团面前，希望他们能得到公正的判决，而实际上，陪审团成员的判决是由人类大脑做出的，而人类的大脑总是从自私的角度看待世界。这种信任的是虚构的，并没有得到大脑结构的支持。

现在我们来讨论最棘手的问题：控制你的行为并对你的行为负责意味着什么。法律（和许多心理学家一样）通常把责任分成两部分：由你引起的行动，你需要承担更多的责任；因形势所迫造成的行动，你不需承担过多的责任，但内因与外因的简单二分法与预测大脑的现实并不相符。

根据人性构建理论，每个人的行动都涉及三种类型的责任，而不是两种。第一种是传统的：你当下的行为。你扣动扳机，抢了钱，然后逃跑。（法律制度把这种行为称为犯罪行为，即有害的行为。）

第二种责任类型是因为你的具体预测而导致的非法行为（即犯罪意图、犯罪心理）。你的行为不是瞬间引起的，是由预测产生的。当你从一个打开的收银机里偷钱时，在那一刻你就是一个动作执行者，但是导致你行为的终极原因还包括其他概念，如"收银机""钱""占有""偷"。在这些概念中，它们每一个都和你大脑中庞大而又多样化的实例息息相关，正是以它们为基础，你进行了预测，然后采取行动。现在，如果在同样的情境中，其他人（例如一个理性的人）拥有类似的概念也会偷钱，这样，你就不需要为你的行为承担更多的责任。但是，他们很可能没有拿走钱，这种情况下，你的责任就更大了。

第三种责任类型和你概念系统中的内容有关，在违反法律时，你的大脑是如何利用概念系统进行预测的。大脑不能在真空中推断想法。每个人都是他或她的概念的总和，这些概念形成驱动行为的预测。你大脑中的概念不仅是个人选择的问题，你的预测还深受你所处的文化环境的影响。例如，一个欧洲裔美国警察射杀手无寸铁的非洲裔美国公民时，由于情感现实主义的影响，这位警察真的在他的手中看到了枪。这一事件源于当时之外的一些事情。即使这名警察是一个明显的种族主义者，他的行为也一定程度上由他的概念造成，这是由他一生的经历所形成的，其中包括美国人对种族的刻板印象。受害者的概念和行为同样受其一生的经验影响，包括美国人对警察的刻板印象。你所有的预测不仅仅是由你的直接经验塑造，还受电视、电影、朋友，以及你所属文化的影响。虽然在电影中逃进犯罪之城，或者在电视上看一两个小时警匪片来舒缓一天的压力，都令人非常兴奋，但在日常生活中和警察发生冲突是要付出代价的。它们很好地调整了我们的预测，让我们对某些种族或社会经济地位的人构成危险性预测。你的思维不仅是你一个人大脑活动的结果，也受你所属文化其他人的大脑活动的影响。

责任的第三个方面具有两面性。有时它也被当成"社会责任"，这个词被讽刺为忧国忧民的自由主义情绪。我要说的是更细微的差别。如果你犯了罪，你确实应该受到责备，但是你的行为根源于你的概念系统，那些概念不是变魔法一样变出来的。它们是由你所生活的社会现实塑造的。社会现实通过打开和断开基因干扰你，并与你的神经联结。和其他动物一样，你也从环境中学习。所有的动物都塑造了自己的环境。因此，作为一个人，你有能力塑造你的环境，改变你的概念系统，这意味着你最终要对你接受和拒绝的概念负责。

正如我们在第8章所讨论的，大脑的预测功能扩大了自我控制的范围，远超行动的那一刻，从而以一种十分复杂的方式扩大了你的责任。你所处的文化可能会告诉你，某些肤色的人更容易犯罪，但你有能力减少这种信念所带来的伤害，从不同的方向培养你的预测能力。你可以和不同肤色的人交朋友，亲眼见证他们是守法公民。你可以选择不去看那些强化种族主义刻板印象的电视节目。或者你也可以盲目地遵循你所属的文化规范，接受文化赋予你的刻板印象，这样就会增加你恶劣对待某些人的可能性。

德拉诺·鲁夫在教堂枪杀非洲裔美国人，他选择了用白人至上的理念包装自己。的确，他在一个充满了种族主义斗争的社会中长大，但美国的大多数成年人也是如此，我们绝大多数人都不会因此开枪杀人。所以，从神经层面来讲，很可能是你和你所处的社会共同导致了某些预测出现在你的大脑中。但你依然有责任克服有害的意识形态。现实是残酷的，最终，我们每个人都需要为自己的预测负责任。

这种基于预测承担的责任，在法律上有先例。例如，如果你酒后驾车，并撞了人，你就需要对你造成的伤害负责，即使你在酒醉的状态下无法有效控制你的肢体。因为社会中每个成年人都应该知道，醉酒可能会让你做出错误的决定，因此你要对随后发生的不良事件负责任。

法律把这称为可预见理论。不管你是不是故意造成伤害，你都要负责任。现在，我们有足够的科学证据将可预见理论从大规模的常识扩展到毫秒级的大脑预测。你很清楚，你的一些概念会给你带来麻烦,如种族偏见。如果你的大脑预测你面前的非洲裔美国年轻人有武器,你就会感觉到实际上根本不存在的枪,即使面对情感现实主义,你也有一定的责任,因为改变概念是你的责任。如果你进行自我教育,抵制这种刻板印象,你仍然会看到根本不存在的枪支,悲剧依然可能发生。但是,你的过错在一定程度上减少了,因为你已经采取了负责任的行动,尽自己所能地做出了改变。

最终,法律制度必须正视文化对人们的观念和预测的巨大影响,这些观念和预测决定着人们的体验和行为。毕竟,大脑已将自身连接到社会现实上,你会发现自己也身处其中。这种能力是我们作为人类所拥有的最重要的进化优势之一。在我们的帮助下,一些改变会进入后代子孙的大脑中,对这些概念,我们需要承担责任。但这并不是刑法问题,这实际上是一个与美国《宪法第一修正案》有关的政策问题,其目的是保证言论自由权利。言论自由会引发思想战争,最终真理一定会获胜,《宪法第一修正案》正是以此概念为基础建立的。但是《宪法第一修正案》的作者们并不知道文化连接着大脑。长时间接触某些想法,它们就会对你产生影响。一旦某个想法在大脑中扎根,你可能就很难再否决它了。

· · ·

情绪科学解释了长期以来法律关于人性的一些假设。现在我们知道,这些假设和大脑结构毫无关系。人没有"理性人"和"情绪化的人"之说,也不存在理性控制情绪的说法。法官不能摆脱情感影响,纯理性判案。陪审员无法准确探测被告的情绪。最客观的证据也会被情感现实主义玷污。犯罪行为不能被孤立在大脑中的某一个点上。情绪伤害不仅会让人不舒服,还会缩短人的寿命。总之,法庭上的每一个感知和体验——或者其他任何地方——都是一种文化注入的高度个性化的信念，需要接受来自周围世界的感觉输入的修正，审判过程和结果不可能毫无偏见。

我们正处在一个转折点上，思维和大脑的新科学开始走进法律。通过对法官、陪审员、律师、目击者、警察以及法律过程的其他参与者进行培训，我们最终可以创造一个更公平的法律体系。也许短时间内我们还不能摆脱陪审团的审判，但即使采取一些简单的步骤，比如让陪审员了解情绪是构建的，也有助于改善当前的情况。

至少现在，法律体系仍然认为在你的理性思维中存在着一只情绪怪兽。在这本书中，我们通过证据和观察，经过系统论证，挑战了这个虚假说法，但是还有一种说法我们还没有提出过质疑：野兽也有情绪？我们人类的近亲灵长目，如黑猩猩，也可以构建情绪吗？那么狗呢？它们和我们一样，有概念和社会现实吗？在动物王国中，我们拥有的情绪能力有多么独特？在接下来的章节中，我们将逐一探索这些问题。

第 12 章　动物也有情绪吗？

我不养狗，但是几个要好朋友家都养狗，我们经常一起玩。其中，我最喜欢的一只狗叫罗迪，它是金毛猎犬和伯恩山犬的后代。罗迪精力旺盛，十分顽皮，活泼好动。"罗迪"的意思是"爱吵闹的"，这个名字非常适合它——罗迪不仅喜欢大叫，还喜欢跳跃，当有其他狗或者陌生人走近时，它就会狂吠不止。它毕竟只是一只狗。

有时，罗迪几乎无法控制自己，这种习性差点让它遭受毁灭。罗迪的主人是我的朋友安琪。有一次，他们出去散步时，一个十几岁的男孩走近它，想要抚摸它。罗迪不认识这个男孩，开始大叫并扑向这个男孩。这个男孩没有受到明显的伤害，但令人惊讶的是，几个小时候后，男孩的妈妈（当时并不在现场）报警抓走了罗迪，认为它是一只"具有潜在危险的狗"。在随后的好多年里，可怜的罗迪在出去散步时都要戴上口套。如果罗迪再次扑向某个人，它就会被打上凶残的印记，甚至可能会被杀死。

这个男孩害怕罗迪，因此觉得罗迪在发怒，具有危险性。当你遇到一条狂吠不止的狗时，它真的生气了吗？或者这只是一种保卫领地的行为，或者它大叫着扑向你只是在尝试表达友善？总之，狗能够体验到情绪吗？

根据常识，我们的回答通常是"是的"。罗迪在吼叫时，它能够感觉到情绪。很多畅销书都探讨过这个问题，其中包括马克·贝科夫的《动物的情感世界》(The Emotional Lives of Animals)，维吉尼亚·莫雷尔的《动物智慧》(Animal Wise)以及格雷戈里·伯恩斯的《狗狗是如何爱我们》(How Dogs Love Us)。数十个新闻故事介绍了和动物情绪相关的科学发现：狗会忌妒，老鼠能够体验到悔恨，小龙虾会焦虑，甚至是苍蝇都会害怕即将落下的苍蝇拍。当然，如果你和宠物生活在一起，你肯定会觉得它们的行为方式看起来很情绪化：恐惧时到处跑，高兴时蹦跳，悲伤时呜呜叫，被爱抚时发出咕噜声。很明显，动物体验情绪的方法似乎和我们人类是一样的。[①]《没有词汇：动物如何思考和感觉》(Beyond Words: What Animals Think and Feel)一书的作者卡尔·沙夫纳一针见血地指出："因此，其他动物有人类的情绪吗？是的，有。那么人类有动物的情绪吗？是的，基本上是一样的。"

但有些科学家并不认同这个观点，他们认为动物的情绪只是一种幻觉：罗迪的大脑回路激活行为不是为了情绪，而是为了生存。在这些科学家看来，罗迪走近是为了捍卫自己的领地，它撤退是为了避开威胁。在这些情况下，根据该观点，罗迪可能会体验到快乐、痛苦、兴奋或其他各种各样情感的影响，但它没有心理机制去体验更多的东西。这种解释无法让人满意，因为它否定了我们的体验。数以百万计的宠物主人认为，他们的狗在愤怒时会咆哮，在悲伤时会垂头丧气，在羞愧时会藏起它们的脑袋。我们很难想象这些感知只是动物的幻觉，是建立在一些一般性情感反应之上的幻觉。

[①] 为了简单起见，当我使用"动物""哺乳动物""灵长目动物""猩猩"这些词语时，我的所指都不包括人类。当然，我们人类也在这些范畴里。

图 12-1　罗迪

就我而言，我认同"动物有情绪"这个观点。多年来，我女儿在她的卧室里养了一群豚鼠。一天，我们买了一只小豚鼠，我们管它叫"纸杯蛋糕"。在它来到我们家的第一周，每天晚上，它独自待在围栏里时都会发出声音，好像在哭。一旦我把它放在我温暖舒适的毛衣口袋里，它就会快乐地叫起来。每当我接近笼子时，其他的豚鼠都会尖叫着跑开，但是"纸杯蛋糕"却坐在那里一动不动，好像在等着我来接它。然后，它会立刻爬到我的脖子边，用鼻子蹭我。在那个时刻，它绝对是爱我的。一连几个月，它都在深夜陪着我。当我伏案工作时，它会依偎在我的大腿上，发出咕噜咕噜的叫声。我们家每个人都觉得，小"纸杯蛋糕"好像是一只被困在豚鼠体内的小狗。但是，作为一个科学家，我知道，我的感觉不一定就是它的真实感受。

在本章，我们将根据动物的大脑回路和实验研究，系统地探索它们的感知能力。我们需要暂时放弃我们对宠物的喜爱，以及人性本质主义，认真地以证据说话。几乎所有的科学家都认为，地球上相当多的动物，从昆虫到蠕虫，再到人类，都具有相同的基本神经系统。他们甚至认为，动物的大脑是按照同样的总体蓝图构建的。但是，任何翻修过房子的人都知道，当把蓝图转化为现实时，问题往往存在于细节中，而细节决定成败。在比较不同物种的大脑时，即使它们有相同的区域网络，但回路上的细微差异也一样重要。

根据情绪建构论，情绪的炼成需要3个必要材料，因此我们需要知道动物是否具有这3个材料。第一个材料是内感受：动物有神经结构创造内感受感觉，并把这些感觉体验为情感吗？第二个材料是情绪概念：动物可以习得纯心理概念，如"恐惧"和"快乐"吗？如果可以，它们可以用这些概念进行预测吗？它们能对感觉进行分类，最后得到和我们一样的情绪吗？最后一个材料是社会现实：动物可以彼此分享情绪概念吗？它们能够把情绪概念传给下一代吗？

为了弄清楚动物的感觉，我们主要关注了猴子和大猩猩，因为在进化史上，它们被认为是人类的近亲。在这个过程中，我们将会发现动物是否和我们具有相同的感觉……答案出现了意想不到的转折。

· · ·

为了维持生命，所有的动物都需要调节自己的身体预算，因此它们必然都具有某种内感受网络。我的实验室和神经科学家维姆·范德菲尔以及但丁·曼特尼一起开始验证猕猴大脑中是否存在这个网络，最后证明确实存在。（2 500万年前，猕猴和人类拥有最后的共同祖先。）我们发现，猕猴大脑的内感受网络和人类的有相似的部分，也存在差异。猕猴内感受网络的构建方式和人类大脑的构建方式一样，都是通过预测的方式。

猕猴也可能有情感。当然，它们不能用语言来告诉我们它们的感受，伊莱扎·布利斯-莫罗以前是我的一位博士生，现在在加州大学戴维斯分校的加州国家灵长目研究中心研究猕猴。她通过实验表明，人类在体验情感时会出现身体变化，在相同情况下，猕猴也会出现同样的身体变化。伊莱扎给猴子观看其他猴子玩耍、打架、睡觉等活动的视频，视频一共有 300 个。在这个过程中，她追踪了猕猴的眼睛运动情况和心血管反应。她发现，在观看这些视频时，猴子自动神经系统活动的反应和人类在观看这些视频时的反应如出一辙。对人类来说，这种神经系统活动与他们感觉到的情感有关。也就是说，猕猴在观察积极正面的行为，如觅食和梳理毛发时，它们会感觉很愉快；而当观看消极行为，如畏缩时，它们会出现不愉快的情绪。

根据上述观察结果以及生物学上的一些线索，毫无疑问，猕猴对自己的内感受进行了加工，并且体验到感情，如果是这样的话，那么类人猿，如黑猩猩、倭黑猩猩、大猩猩以及猩猩一定也可以感受到情感。至于一般的哺乳动物，就很难说了。毫无疑问，它们可以感受到快乐和痛苦，感知到危险和疲劳。很多哺乳动物拥有和我们人类类似的大脑回路，但功能不同，因此我们不能只通过检测大脑回路来回答这个问题。据我所知，没有人专门研究狗的内感受回路，但从它们的行为来看，答案似乎非常明显——它们具有情感生活。那么，鸟类、鱼类以及爬行类动物又如何呢？我们同样无法确定。我必须承认，作为一个普通人（我丈夫叫我"非科学家"的时刻），这些问题引起了我的思考。在超市购买肉或鸡蛋时，或者在厨房里拍死果蝇时，我忍不住问自己……这些生物有什么感觉？

我认为最好是假设所有的动物都能够体验情感。我意识到这一讨论有可能将我们从科学领域带到伦理道德领域，即将触及危险的道德边缘，如实验用的动物的痛苦和折磨；那些由工厂养殖出来的生物；还有，当鱼钩钩住鱼嘴时，鱼是否会感到疼痛。在我们的神经系统中，缓解痛苦的天然化学物质阿片类物质，在鱼、线虫、蜗牛、虾、螃蟹和一些昆虫体内都可以发现。即使是小果蝇也会感到疼痛，我们知道，它们可以学会避开与电击相联系的气味。

18世纪的哲学家杰里米·边沁认为，只有当我们能够证明动物可以感受到快乐或痛苦时，动物才可以归入人类的道德圈子。我不同意这种说法，我认为，只要动物有一丝一毫的可能性感受到疼痛，就应该被包括在人类的道德圈内。但是，这会阻止我拍死一只苍蝇吗？当然不会，而且我会速战速决。

就情感而言，猕猴的情感和人类的情感有很大的不同。在这个世界上，有许许多多的事物，小到微小昆虫，大到巍峨高山，都能够引起你身体预算的波动，改变你的情感体验。也就是说，你有一个很大的情感空间。但猕猴，和你我不一样，它们不会关心那么多事情。它们的情感空间比我们人类要小得多，看见远方的雄伟高山，猕猴的身体预算不会发生丝毫变化。简单来说，我们只是觉得很多事情很重要。

一个情感空间就是一个生活领域，大小真的很重要。在实验室中，如果我们给一个蹒跚学步的孩子很多玩具，这些玩具通常会在她的情感空间里。我的女儿索菲亚会根据玩具的形状、颜色、大小给玩具分类，这纯粹是因为乐趣，一遍又一遍，系统练习各种各样的概念。猕猴无法做到这一点。这些玩具本身没什么意思，不会影响到猕猴的身体预算，当然也不会促使它们形成概念。我们必须给猕猴提供某种奖励，如可口的饮料或食物，才能让这些玩具进入猕猴的情感空间，然后统计学习才能继续。（伊莱扎告诉我，猕猴最喜欢的奖励包括白葡萄汁、干果、蜂蜜坚果、葡萄、黄瓜、小柑橘和爆米花。）当奖励达到一定次数时，猕猴就会学习在玩具中寻找相似性了。

人类的婴儿也会从照料者那里获得奖励：不仅包括美味的食物，如母乳或者奶粉，还包括日常照顾对他身体预算的影响。婴儿的照料者变成了婴儿情感空间的一部分，因为他们喂养他，给他温暖。婴儿在妈妈子宫时，就熟悉了妈妈的气味和声音，因此生来就对妈妈的气味和声音有基本的概念。在出生的前几个星期，他学会了整合妈妈的其他知觉规律，如妈妈的抚触，最后看见妈妈的脸，因为妈妈正在调节他的身体预算。她和其他护理人员也会引导婴儿关注周围其他有趣的事物。婴儿会跟着他们的目光看向一个物体（说，一盏灯），然后他们会看他，再看台灯，告诉他他正在看的是什么。大人会故意对孩子说出"灯"这个词，用"儿语"的语调提醒他，让他适应。

其他灵长目动物则无法像这样分享注意力，所以它们无法像人类那样调节彼此的身体预算。一只母猕猴可能会跟着小猕猴的视线看向一个物体，但它不会在物体和小猕猴的脸之间来回反复看，引导小猕猴猜测它内心的想法。在母猕猴没有提供明确奖励的情况下，小猕猴的确可以学习概念，但无法达到人类婴儿学习的范围和种类。

为什么人类和猕猴的情感空间大小会有这么大的不同？首先，猕猴的内感受网络不如人类的发达，特别是有助于控制预测误差的回路。这就意味着，猕猴无法根据过去的体验迅速把注意力转移到周围事物上。人类的大脑差不多是猕猴大脑的 5 倍。在人类大脑的控制网络和部分内感受网络内，我们的联结要多得多。就像我们在第6章探讨的那样，人类大脑通过这个繁复的机制压缩和总结预测误差。因此，和猕猴相比，我们可以接受更多的信息来源，融合和加工更多的感觉信息，而且学习纯心理概念时也更有效率。这就是为什么巍峨的高山会引起你的情绪波动，而猕猴却毫无感觉。

· · ·

一个内感受网络，以及由内感受网络帮助构建的情感空间，并不足以感受和感知情绪。大脑还必须具备建造概念系统的能力，构建情绪概念的能力，以及赋予感觉以意义，使之成为自己和他人的情绪的能力。如果一只猕猴具有了情绪能力，那么当它看到另一只猕猴在树上荡秋千时，它不仅能看到对方身体的运动，还能看到一个有关"快乐"概念的实例。

动物绝对可以学习概念。猴子、绵羊、山羊、奶牛、浣熊、仓鼠、熊猫、麻斑海豹、宽吻海豚以及其他动物都可以通过嗅觉学习概念。你可能觉得嗅觉不是概念知识，但每当你闻到相同的味道，比如电影院里爆米花的味道，你就是在分类。每次空气中混合的化学物质都不同，但你却能感知到奶油爆米花的味道。同样，大多数哺乳动物都使用嗅觉概念来识别朋友、敌人和后代。也有许多其他动物通过视觉或听觉来学习概念。绵羊好像是通过看脸识别彼此，而山羊是通过咩咩叫来互相识别。

在实验室里，如果你给小动物奖励，如食物或者饮料，扩大它们的情感空间，它们就可以学习更多的概念。例如，狒狒可以学会区分字母"B"和"3"；猕猴可以区分动物图片和食物图片；而恒河猕猴可以学习"恒河猕猴"和"日本猕猴"的概念，并加以区分，虽然二者是同一物种，只有颜色不同。（这是否让你想起了某些人类行为？）猕猴甚至可以学习概念，区分克劳德·莫奈、文森特·梵高以及萨尔瓦多·达利的绘画风格。

但动物学习的概念与人类习得的概念是不一样的。人类构建概念是以目的为基础的，而猕猴大脑则缺少必要的联结回路。也正是因为缺少这样的联结，猕猴的情感空间才会很小。

那么类人猿呢？——它们能够构建以目的为基础的概念吗？黑猩猩，我们基因上的近亲，其大脑体积比猕猴大，也拥有更多可以整合感觉信息的必要联结。但是人类大脑依然是黑猩猩大脑体积的3倍，而且有更多的关键联结。但这并不能排除大猩猩可以构建以目的为基础的概念。很可能你的大脑更擅长创造纯粹的心理概念，如"财富"，而黑猩猩的大脑更善于构建与行动和具体概念相关的概念，如"吃""集合""香蕉"。

几乎可以肯定的是，类人猿有身体行为的概念，例如在树枝间跳跃。最大的问题是，当一只黑猩猩看到另一只黑猩猩在树上荡秋千时，它能够感知到"快乐"的实例吗？这就需要观察黑猩猩是否具有纯心理概念，可以推理荡秋千的黑猩猩的意图，并做出一个心理推理。大多数科学家认为，心理推理是人类思维的核心能力。因此，如果类人猿有心理推理能力，那么会存在很多危险。我们知道猴子无法进行心理推理，它们明白人类的行为，但不知道人类的思想、渴望和感觉。

就类人猿而言，可以想象它们进行心理推理并构建基于目标的概念，但是科学上还没有定论。黑猩猩可能具有形成心理推理的先决条件，它们能够在感知差异中产生一些心理相似性。例如，它们知道豹、蛇和猴子都可以爬树。因此就可以想象，黑猩猩可以将这个概念扩展到一种新的可以执行类似动作的动物身上，如家猫，预测这只猫可以爬树。但是人类对"攀爬"概念的理解不仅仅局限在一种动作上，它还是一个目的。因此真正的考验是，黑猩猩是否明白，一个人爬楼梯、爬梯子、爬岩壁都表达了"攀爬"的目的。研究证明，可以。这一伟大的心理发现告诉我们，黑猩猩确实可以超越物理相似性，将攀爬的实例进行分类，把看起来十分不同但心理目的一致的行为分为一类。如果黑猩猩能够理解提升社会阶层也是一种攀爬，那么它们的概念就和我们的完全一样了。正如我们在第5章所说的，人类婴儿可以完成这个壮举，只要给他们可以表达这个概念的词汇。那么，下一个问题就是，类人猿是否可以像人类婴儿一样，学习词汇，并利用词汇学习概念？

从20世纪60年代起，科学家一直在尝试着教类人猿语言，通常是通过视觉信号系统和美式手语，因为黑猩猩的声音器官不适合人类语言的发音。如果有奖励的话，类人猿可以学习使用数百个词语和其他符号识别周围的特定事物。它们甚至可以把符号组合起来表达复杂的食物请求，如"芝士吃——想要"和"口香糖快点——想要一些"。这些猩猩是真正理解这些符号的含义，还是只是模仿它们的训练师以获得奖励，关于这一点，业界一直存在争议。对我们来说最重要的问题是，在没有明确奖励的情况下，类人猿是否能够在自己的团队中学习和使用词语或符号，是否能建立纯粹的心理概念，如"财富"或者"悲伤"。

到目前为止，我们几乎没有证据表明，类人猿可以自己学习和使用符号。它们似乎只有一个概念可以映射到不需要外部奖励的符号："食物"。但如果类人猿真的学会了一个词语，那么接下来它们会做什么？它们会以这个词为起点，超越它们的视觉、听觉、触觉以及味觉感受，进行心理推理吗？我们对此还一无所知。词汇当然不会促使类人猿像人类婴儿那样搜索其他生物的大脑去寻找概念，但是存在很多非常有趣的可能性。例如，看起来黑猩猩可以根据功能来给不同的物体进行分类——工具、容器、食品——如果你奖励它们，如果它们已经有了亲身的体验。而且，如果你教它们并给予奖励，让它们把一个符号和一个类别（如工具）联系在一起，它们也可以把这个符号和该类别其他不熟悉的工具联系在一起。

类人猿使用词汇只是为了获得奖励吗？怀疑者指出，类人猿肯定不会用符号或词语来谈论天气或孩子的问题；它们可以指向某个物体，不指向奖励，但必须有奖励在另一端等着。（如果它们的训练师停止对它们进行奖励，那么观察它们的情况将会很有趣。它们会继续使用这些符号吗？）我认为，最重要的一点是，对于大多数类人猿来讲，词汇似乎并不是它们情感空间的一部分，和人类婴儿不一样。对类人猿来说，单纯的词汇并不值得学习。

这里有一个很重要的例外，那就倭黑猩猩。它们是非常社会化的动物，比其他普通猩猩更注重平等和合作精神。它们的社交网络更广泛，在成年前，可以玩耍的时间也更长。一些倭黑猩猩似乎不需要额外奖励就能够完成任务，而其他猩猩则需要奖励。我们看一下坎齐的故事。坎齐是一只小倭黑猩猩，它看见它的继母和其他成年倭黑猩猩学习语言类符号后会获得食物奖励。坎齐6个月大的时候，通过观察其他猩猩获得奖励，它似乎也在自学这些符号。在特定的某一点，科学家经过认真测试，发现坎齐好像明白一些英语口语。因此，如果让一只倭黑猩猩长期接触语言，它的大脑很可能会学会具体词汇的意义。

和倭黑猩猩相比，人们一直更喜欢黑猩猩，认为它们更聪明。但这种动物性格中有阴暗的一面——它们懂得把握机会，互相捕猎、残杀以占领领土或获取食物，它们也会毫无原因地攻击陌生人。在黑猩猩群体里有着严格的等级制度，公猩猩会暴打母猩猩使其屈服获得交配权；而倭黑猩猩更乐于通过交配解决冲突，这显然是一种比暴力更好的选择。

另外，在实验室里学习概念时，黑猩猩表现得很不好。在语言实验中，小黑猩猩在婴儿期就被带离母黑猩猩的身边，在一个和它们的自然生存环境完全不同的类人环境中被抚养长大。一般情况下，小黑猩猩会和母黑猩猩一起生活10年，其中有5年吃奶的时间，因此这种过早地离开母亲可能会改变每个黑猩猩的内感受网络的联结，对实验的结果产生很大的影响。（想象一下，这样把一个人类婴儿和他的妈妈分开！）

在更自然的环境下进行测试时，黑猩猩的情感空间似乎比实验室中要宽广得多。关于这个观点，我们要感谢京都大学灵长目动物研究所的灵长目专家松泽哲郎。松泽哲郎教授设计了一个令人钦佩的实验。在一个户外人工森林里，他养了一群黑猩猩，三代同堂。每天，黑猩猩都会自愿来实验室做实验。有时，它们会得到奖励，当然，如果强调这一点就是没有抓住重点。这些黑猩猩已经和松泽哲郎教授以及研究机构的其他研究员建立了长期的信任关系。一个母黑猩猩会把它的孩子抱到膝盖上，让人类对它的孩子做实验。例如，一项研究测试了人类婴儿和黑猩猩幼崽学习哺乳动物、家具和交通工具概念（使用仿真微缩模型）的情况。当它们坐在母亲的腿上接受测试时，都没有奖励。幼崽与母亲的亲近关系，以及与人类实验的信任关系，这些可能已经足够将这种情况带入黑猩猩幼崽的情感空间。令人难以置信的是，在这些条件下，黑猩猩幼崽和人类的婴儿一样，都可以形成概念。但人类婴儿可以自发地操纵物体，如四处移动汽车玩具,这有助于概念的形成,而小黑猩猩则做不到这一点。

松泽哲郎教授的实验团队是了解黑猩猩概念能力极限的理想之地。小黑猩猩的概念系统具有可塑性,我们可以让小黑猩猩在妈妈的怀抱这样的自然环境中进行测试,也许还可以进行第5章所介绍的概念构建实验。小黑猩猩能够使用像"toma"这样的无意义词汇对外形各异的物体或者图像进行分类吗,就像人类婴儿做的那样?

然而,目前我们没有确切的证据表明黑猩猩能够形成基于目的的概念。尽管它们的网络与人类的默认模式网络(内感受网络的一部分)类似,但它们无法想象完全新奇的事物,如一只会飞的豹子。它们无法从不同的角度考虑同一件事,无法想象与现在不同的未来。它们没办法意识到给予目的的信息存在于其他动物的大脑中。这就是为什么黑猩猩和其他类人猿不可能构建以目的为基础的概念。给予奖励时,类人猿可以学习词汇,但它们不会自发地使用词汇形成具有目的性的心理概念,如"适合白蚁吃的东西"。

任何概念都可以以目的为基础。回想一下,"鱼"可以是宠物,也可以是晚餐,但是情绪概念只能以目的为基础,因此,黑猩猩似乎不可能学习诸如"幸福"和"愤怒"之类的情绪概念,即使它们能够学习"愤怒"这样的概念,我们也不清楚它们是否能够基于目的理解和使用这个概念,如把其他动物的行为归为愤怒的类别。

有时,类人猿似乎能够理解一个纯粹的心理概念。在一项实验中,黑猩猩完成任务后可以获得代用货币,然后它可以用代用货币交换食物。于是,黑猩猩自发地学会了保存它们的代用货币,然后以换取它们想要的东西。当你观察黑猩猩进行交易时,很容易就能推断出黑猩猩懂得"金钱"的概念。但在这里,代用货币只是用来获取食物的工具，而不是一种通常意义上可以交换商品的货币形式。黑猩猩不明白钱本身具有的价值，它们和人类不一样。

如果黑猩猩不能形成以目的为基础的概念，那么它们必然天生就没有能力互相传授概念，也就是说，它们没有社会现实。即使它们可以从培训师那里学会"愤怒"的概念，也无法为后代创造环境，凭借它们自己的努力把这个概念传给下一代。黑猩猩和其他灵长目动物确实有共同的做法，如用石头砸坚果，但是黑猩猩妈妈不会自发地更精准地指导它们的孩子如何做，小黑猩猩是通过观察学会的。例如，在日本有一群猕猴，其中一个成员在吃食物前会洗一下，在后来的 10 年中，在这个猴群中，3/4 的成年猕猴都学会了这个行为。但与我们人类用词汇和我们发明的心理概念形成的集体意向性相比，这种集体意向性非常有限。

在整个动物界，只有人类有社会现实，只有人类可以用词汇创造和分享纯心理概念。当我们彼此合作或者竞争时，我们可以使用这些概念，并利用它们有效地调节我们和他人的身体预算。只有我们有精神状态的概念，比如情绪概念，只有我们可以进行预测，赋予感觉以意义。社会现实就是人类的一种超能力。

让我们再次回到松泽哲郎教授和他的黑猩猩那里。松泽哲郎教授如何安置一个黑猩猩群体，保持整个黑猩猩家族的融洽关系，并让全员都融进人类文化，这是意义非凡的。我想知道的是，随着时间的推移，松泽哲郎教授的这种人类文化背景是否会影响到小黑猩猩的大脑发育，因为它们的妈妈是由一群值得信任、充满爱心的人类养大的。

维吉尼亚·莫雷尔在她的《动物智慧》中转述了一个例子，我觉得尤其值得关注。这个例子讲述了两名实验人员，他们给一只正在哺乳期的母黑猩猩提供社会支持。这只母黑猩猩不愿意给它的孩子喂奶，但实验者却温柔地鼓励它勇敢起来。莫雷尔这样写道："一名研究人员轻轻地抱起小黑猩猩，把它放到了它妈妈的怀里。小黑猩猩的爪子抓着妈妈的毛发。这个母黑猩猩试着给小黑猩猩喂奶，但是当小黑猩猩咬住它的乳头时，母黑猩猩大哭起来。它差一点把小黑猩猩扔到地上。但是研究人员温柔的声音再次响起。'是的，是的，'他安慰它说，'一开始可能会疼，但很快就不疼了。'慢慢地，这个母黑猩猩平静下来，再次把小黑猩猩抱在怀里，开始喂奶。"每天，有数以千计的新妈妈首次给孩子喂奶。作为一个母亲，我可以告诉你，第一次喂奶真的很疼。但是其他人（护士、家里的老人，或者朋友）会鼓励你，支持你，告诉你如何做，最终一切都会好的。

对于一个黑猩猩妈妈，这些提供帮助的人类不仅是它的照顾者，他们还是它情感的支撑，能够帮助它调节身体预算。黑猩猩和它的孩子，以及它们之间的关系完全受人类文化的影响。长期如此，这种社会联系会对这些猩猩的语言能力和概念能力产生重大影响吗？如果它们的后代最终能够形成以目的为基础的概念，那将是一场全新的比赛。

• • •

好了，黑猩猩和其他灵长目动物似乎没有情绪概念或社会现实。那么狗呢？比如说罗迪。毕竟，我们养狗，把它们当作我们的伙伴，因此，它们和我们一样都是真正的社会生物。如果说有任何非人类的动物具有情绪的话，那么狗将会成为最佳候选人。

就在几十年前，俄罗斯科学家迪米特里·贝尔耶夫只通过40代的培育，就把野生狐狸驯化得类似于家养的狗。每次母狐狸生产，贝尔耶夫都会挑选对人类最感兴趣、攻击性最小的狐狸幼崽进行驯化喂养。实验饲养的狐狸看起来像狗，驯化后的狐狸头骨更短，口鼻更宽，尾巴弯曲，耳朵下垂，贝尔耶夫一开始选出的小狐狸并没有这样明显的特征。它们的构造更接近于狗，而不是狐狸。它们强烈渴望和人类交流。现代的狗也是为了某些人期望的特性长期培育出来的，如依附于人类照顾者，其他的特性也随之而来，甚至出现了和人类情绪概念类似的东西。

我推测，在众多被不经意培育出来的特征中，有一个是某种狗的神经系统。我们可以调节狗的身体预算，反过来，狗也可以调节我们的身体预算。（如果狗和它们的主人心跳同步，就像我们人类彼此之间心跳会同步一样，我一点儿也不会惊讶。）在选择狗时，我们有可能会看它们的眼睛，我们觉得眼睛灵活、面部肌肉丰富的小狗犹如一张画布，我们可以在上面画出复杂的心理状态。我们爱狗，我们培养它们，希望它们也爱我们，或者至少把它们视作是爱我们的。我们差不多把狗当作孩子来养，只不过这个孩子有四条腿，穿着一身皮衣。但是狗可以体验或感知人类的情绪吗？

狗，和其他哺乳类动物一样，能够感觉到情感。这没什么好奇怪的。狗表达情感的一种方法似乎就是摇尾巴。狗在快乐的时候，如果看到自己的主人，它会向右侧摇尾巴；狗伤心的时候，如果它看见一条陌生的狗，就会向左摇尾巴。尾巴摇摆的方向可能和狗的大脑的活动有关：摇向右边据说意味着大脑左侧活动相对活跃，反之亦然。

狗之间感知情感似乎也是通过看尾巴摇动。对心率和其他因素的测量结果表明，当它们看到对方尾巴向右摇时，就会放松；如果看到对方尾巴向左摇，就会紧张。狗似乎也可以从人的面部表情和声音中感知到情感。我从来没看到过任何关于狗脑成像的实验，但是如果它们有情感，就应该有内感受网络。狗的情感空间有多大，没有人知道，但是鉴于它们的社会性，我敢说，在某些方面，狗情感空间的大小一定和它们的主人有关。

狗也可以学习概念。这同样没什么值得震惊的。经过训练，狗可以区分照片中的狗和其他动物。它们需要经过上千次的训练才可以掌握窍门，而人类婴儿只需要几十次就可以完全掌握。但是狗学习后，识别的准确率超过 80%，即使照片中的狗是一只从没见过的新品种，或者这只狗处于十分复杂的环境。这对狗的大脑来说，是相当不错的结果。

狗也可以形成嗅觉概念。狗通过把一个人身体各部分不同的气味组合在一起，形成了这个人独有的味道，通过这个味道把这个人和其他人区分开。当然，我们知道经过训练，狗可以通过嗅觉追踪不同类别的物体。在机场，经常有人在箱子里藏食物或者毒品，但一般都难逃狗的鼻子。

有一点我想说明，狗似乎可以推断人类的某些意图。在感知人类姿态和跟随人类视线方面，狗比大猩猩做得好。在索菲亚还小的时候，她非常喜欢一只叫哈罗德的狗。她和这只狗经常在沙滩上玩。当她和哈罗德想去远一点儿的地方玩时，通常都会盯着人看，希望获得允许：索菲亚盯着我，而哈罗德则看着它的主人。狗用人类的凝视告诉我们，它们想要什么。狗把这个技巧运用得非常熟练，似乎能够通过我们的眼睛读懂我们的想法。更令人称奇的是，狗会跟随彼此的目光去获取周围环境的信息。例如，当罗迪想要知道发生了什么时，它会不由自主地去看它的妹妹饼干，一只金毛猎犬，然后跟随它的目光。当两只狗互相沟通时，它俩会一动不动，然后……它俩会突然采取行动，就好像在演无声电影一样。

但是我不觉得狗可以根据自己的目的进行推理，它们只能很好地感知人类的行动。因为，老实说，它们之所以对我们的一切这么敏感，都是我们驯养的结果。

狗似乎明白人类用符号来表示目的。例如，在一项研究中，一位实验人员把狗玩具放在不同的房间里，然后用这些玩具的小型复制品作为符号。受试者（边境牧羊犬）知道实验人员想让它们根据这些小型复制品从其他房间找出匹配的玩具。这比单纯的"接球游戏"要复杂得多。很多研究也表明狗会用不同的咆哮和吠叫来相互交流，尽管它们发出的声音信号可能只是在传达唤起（影响）。有一项研究甚至表明，一只名叫索菲亚的狗可以像我们的黑猩猩朋友一样，经过培训，它能按下键盘上的符号和人类交流一些简单的基本概念：走路、玩具、水、玩、食物以及它的笼子。

显然，狗非常聪明。尽管如此，科学家至今还没有发现狗有情绪概念。事实上，尽管狗的很多行为很情绪化，但依然有相当多的证据表明狗没有情绪概念。当狗主人认为他们的狗隐藏了什么（例如，避免眼神交流）或表现得十分顺从（如垂下耳朵，躺下，露出肚皮，或者夹着尾巴）时，他们就会推断狗感觉愧疚了。但是，狗真的有愧疚感吗？

有一项研究十分巧妙地调查了这个问题。在每次实验中，狗主人都会给狗一块可口的饼干，然后明确告诉狗狗不许吃，随后狗主人立刻离开房间。狗主人不知道的是，在他离开后，会有一个实验人员进入房间，影响狗的行为——他要么把饼干喂给狗（它会吃了饼干），要么把饼干拿走。事后，实验人员可能会告诉狗主人事实，也可能不会。狗主人被分成了两组，一组被告知，他们的狗很听话，要友善温和地对待他们的狗。另一组被告知他们的狗吃了饼干，要谴责他们的狗。这就创造了四个场景：听话的狗被主人友好对待；听话的狗被冤枉，被谴责；吃了饼干的狗被友好对待；吃了饼干的狗被谴责。结果怎么样？不管狗吃没吃饼干，一旦受到谴责，都表现出了更多的人类常见的典型的内疚行为。这表明，在违反主人的指令时，狗并不会体验到愧疚；相反，当它们的主人认为狗吃了饼干后，是它们的主人认为它们应该愧疚。

还有一项研究调查了狗的忌妒心理。研究人员请狗的主人和玩具狗交流，而他们的狗在旁边看着。玩具狗会叫，会发出呜咽声，还会摇尾巴。研究发现，在这种情况下，狗会咬玩具，发出呜咽声，推玩具和自己的主人，试图把自己插入玩具和主人之间，这比主人和一个不同玩具（如南瓜灯）交流时或者读一本书时更常见。研究人员指出，这些发现意味着狗会忌妒，特别是许多参加测试的狗嗅了嗅玩具狗的肛门。可惜的是，实验人员并没有验证，如果狗的主人采取不同的方式对待这三个事物（玩具狗、南瓜灯和阅读），狗是否还会有这样的行为。他们假设狗的主人的行为完全相同，狗也明白只有一种情况下才需要忌妒。因此，即使很多狗的主人认为，他们的狗可以体验到忌妒，我们也没有科学证据证明这一点。

时至今日，科学家仍在探索狗的情绪表现的极限。在某些方面，狗的情绪空间比人类更宽广，因为它们的嗅觉和听觉非常灵敏；但在另一些方面，它们的情绪空间又比人类狭窄，因为它们无法走出当下，想象一个未来的世界。评估了这些证据后，我认为，狗不具有人类的情绪概念，如愤怒、愧疚和忌妒。你可以想象，狗可以形成它自己的类似于情绪的、和它主人相关的概念，但和人类的情绪概念完全不同。没有语言，狗的情绪概念范围就必然远远小于人类，狗也无法把概念教给其他的狗。因此，狗体验普通的"愤怒"

情绪

（或其他类似概念）的可能性微乎其微。

即使狗没有人类的情绪，但狗和其他动物仅通过情感就能完成许多事，这也足以引起人们的注意。当一只动物遭受痛苦时，它附近的其他动物都会体验到不愉快的情感。第一个动物的身体预算会被第二个动物的不舒服感觉影响，因此第一个动物就会努力改变现状。[①] 例如，即使是一只老鼠，当它看到另一只老鼠处于不幸中时，它也会提供帮助。人类婴儿也会安慰另一个遭遇痛苦的婴儿。这种能力，不需要情绪概念，这是内感受神经系统产生的情感。

越来越多的证据表明，狗有一些非凡的技能，但我们严重误解了狗。我们利用过时的人性本质论把狗和我们自己相提并论，而不是根据它们的实际情况看待它们。《狗之常情》（Dog Sense）一书的作者约翰·布雷萧解释说，我们误认为狗内心深处狼性未泯，需要经受文明的力量——狗的主人——的驯服。（这和我们内在的神秘的"兽性之心"很类似，我们同样需要理性的驯服。）狗是社会性很强的动物，布雷萧继续解释说，它们就像生存在野外的狼一样，如果你不是把它们和一群陌生人扔进动物园。如果有几只狗在公园里相遇，很快它们就会玩到一起。据布雷萧所说，在狗身上，占主导的似乎是"焦虑"，就是我们所说的身体预算失衡。思考一下：我们选取了一种有亲和力的、感情丰富的生物，我们可以调节它们的身体预算，那么我们一天的大部分时间都不用太管它。（你能想象这样对待一个人类小孩吗？）当然，它们的身体预算会出现混乱，它们会

[①] 我一直在刻意回避"同理心"这个词。对一些科学家来说，同理心意味着简单的情感同步；对另一些科学家来说，同理心是一个复杂的、源于社会现实的纯心理概念。非常不幸的是，这两种完全不同的概念在英语中均使用了同一个词。

感觉高度唤醒，感受到不愉快的情感，它们对我们的感情依赖是我们培养的。因此，主人必须关心狗的身体预算。狗不可能感受到恐惧、愤怒以及其他人类情绪，但它们能够体验到愉快、痛苦、依恋和其他情感。狗作为一个物种来讲是成功的，与它们的人类同伴生活在一起，拥有情感可能就足够了。

• • •

现在，我们来总结一下。动物会通过内感受网络调节它们的身体预算吗？虽然不能说整个动物界都可以，但至少哺乳动物——如老鼠、猴子、类人猿以及狗——我认为我们的回答是肯定的。动物可以体验感情吗？基于一些生物学和行为线索，再一次，我认为我们可以给出相当自信的答案。动物可以学习概念吗？它们可能根据这些概念进行预测分类吗？当然可以。它们可以学习以行动为基础的概念吗？毫无疑问是可以的。它们可以学习词汇吗？在某些情况下，一些动物能够学习一些词汇或者其他符号。从某种意义上说，这些符号成了统计模式的一部分，大脑可以捕捉并储存以供日后使用。

但是，动物可以超越统计规律的限制，利用词汇，以目的为基础，创造相似性，将视觉、听觉或感觉都不相同的行为或物体联系起来吗？动物可以利用词汇形成心理概念吗？它们能够知道它们需要的关于外界的部分信息存在于它们周围其他生物的大脑中吗？它们可以对行为进行分类，使之成为具有一定意义的心理活动吗？

可能不行。至少动物不会和人类完全一样。例如，类人猿可以构建分类，和我们所做的非常相似，远超我们的想象。但是现在并没有明确的证据表明，在地球上，有任何非人类的动物可以拥有和人类一样的情绪概念。只有我们拥有创造和传播社会现实所需的所有材料，其中就包括情绪概念。即使对人类最好的朋友来说也是如此。

因此，我们再来看一下罗迪，当它吼叫、跳向那个男孩时，它是在生气吗？根据我们前面的讨论，罗迪缺少情绪概念，因此，你可以猜到，我的答案是否定的。

嗯，这样说不确切。（回顾一下我在本章开头提到的那个烦恼吧。）

根据情绪建构论，"一只咆哮的狗生气了吗？"首先，这个问题就是错误的，或者至少是不完整的。它假设从某种客观意义上来看，狗生气或者不生气是可测量的。但是正如你所了解的，情绪类别没有统一的生物指纹。情绪是从感知者的角度构建的。因此，从科学的角度来看，这个问题"罗迪生气了吗？"可以分成两个问题：

在男孩看来，罗迪生气了吗？
对罗迪来说，它自己生气了吗？

这些问题有很多不同的答案。

第一个问题问："通过罗迪的行动，这个男孩可以构建一个愤怒感知吗？"当然可以。我们观察狗的行为，我们用自己的情绪概念预测，构建感知。从人类的角度看，如果男孩构建了一个愤怒感知，那么罗迪就是生气了。

男孩的评估是正确的吗？你可能还记得，社会现实分类准确性是一个共识问题。举例来说，我和你一起路过罗迪的窝，它大声咆哮。你觉得它生气了，而我并不这样认为。准确性可能是：我们达成一致了吗？我们的体验和罗迪的主人安琪的体验一致吗？安琪最了解罗迪了。我们对罗迪的体验是否符合这个情境下的社会规范?因为这毕竟是一个社会现实。如果我们达成一致,那么我们的构建就是同步的。

现在关于罗迪的体验,我们来看一下第二个问题:"当它咆哮时,它生气了吗?罗迪可以从感觉预测中构建愤怒体验吗?"答案几乎可以肯定是"不"。狗没有人类的情绪概念,去构建愤怒的实例。由于缺少西方文化中的"愤怒"概念,狗无法把它们的内感受感觉信息和其他感觉信息分类,也就无法创造情绪实例,它们无法感知其他狗和人的情绪。不过,狗的确可感知痛苦和快乐等少数几个情感活动。

狗可能会有一些类似情绪的概念。例如,一些科学家怀疑,很多社会性动物(如狗和大象)知道死亡的概念,它们能够体验到某种类型的悲痛。这类悲痛和人类的并不完全一样,但两种悲痛来源类似:依恋、身体预算和情感的神经化学基础。对人类来讲,失去父母、爱人或者亲密朋友会对你的身体预算造成严重破坏,会给你带来巨大的痛苦,其程度和戒除毒瘾非常相似。当一个生物失去另一个帮助维持其身体预算的生物时,第一个生物将会因为预算失衡而感觉很痛苦。就像洛克西音乐团的布莱恩·费瑞说的那样:"爱是毒药。"

罗迪的不幸有一个背景故事,这可能影响了它在那个灾难性的日子里的行为。那周早些时候,在它被抓捕前,罗迪失去了它的姐姐莎蒂。莎蒂是一只金毛猎犬,它因为年老而死去了。它们的主人安琪认为,这就是罗迪扑向那个男孩的原因。安琪说,罗迪很伤心,它失去了一个帮助自己控制身体预算的同类,它暂时忘记了自己曾接受过的训练。罗迪知道自己不应该跳起来,但可能在那一天,它不是它自己了——一只狗也可能拥有多个自我。

经常有一些报道称，当某人家里有一只狗去世后，其他的狗就会绝食或者变得特别没精神，对什么都不感兴趣。一些人认为这就是狗悲伤的证据，但是它们的这些行为也可以更简单地理解为身体预算失衡带来的影响，它们产生了不愉快的情感。毕竟，安琪自己可能就对莎蒂的死感到很伤心，罗迪对它的主人的行为十分敏感，它可能探测到安琪的某些情感变化，这导致了它身体预算的不稳定，甚至更糟的情况。

把"咆哮的狗"分成两个问题，分别反映了人类和狗的感知，这并不是在玩什么小把戏。我得承认，我在这里所做的区分是非常精细的。人们经常有一个错误认知，即情绪建构论认为"狗没有情绪"（有时甚至会出现"人类也没有情绪"的说法）。这些过于简单的陈述毫无意义，因为它们假设情绪有本质，所以情绪才可以独立于任何感知者而存在，或者不存在。但是情绪是感觉，每一种感觉都需要一个感知者。因此，每一个关于情绪本质的问题都必须从特定的角度来提出。

· · ·

如果类人猿、狗和其他动物无法体验人类的情绪，那为什么会有那么多的报道说，在动物甚至是昆虫身上发现了情绪？这一切都因为一个错误，一个在科学中反复出现的小错误，这个错误很难发现，也很难被克服。

设想一下：一只老鼠被放在了一个有电网的小盒子里，盒子被放到了地板上。实验人员弄出一声巨响后，电击老鼠。遭受电击的老鼠浑身僵硬，心率和血压升高，因为电击刺激了杏仁核内和关键神经元相关的回路。实验人员多次重复这个过程，巨响后电击老鼠，都得到相同的结果。最后,实验人员只给出巨响,不再电击老鼠,由于巨响预示着电击,即使没有电击,听到巨响后,老鼠也会浑身僵硬,心率和血压升高。老鼠的大脑和身体的反应就好像它们经历过电击似的。

坚信传统情绪观的科学家认为,老鼠已经学会了害怕那个声音,这种现象被称作"习得性恐惧"。(在第1章中,我们介绍过一个叫SM的女性,据说因为没有杏仁核,所以她无法学习恐惧,这个实验和当时对SM女士所做的实验是一样的。)几十年来,世界各地的科学家一直在对老鼠、苍蝇和其他动物进行电击,试图确定杏仁核内的神经元是如何让它们学会身体僵硬的。科学家已经确定了这个"僵硬"回路,然后推断认为杏仁核包含了一个恐惧回路,即恐惧的本质。据说心率加快、血压上升、身体僵硬代表了一个恐惧的生理指纹。(我一直都不知道他们怎么确定那就是恐惧,难道不可能是习得了惊奇、警觉,或者只是因为疼痛吗?如果我是那只老鼠,那些电击会让我非常愤怒,所以,为什么这些反应不能是"习得性愤怒"呢?)

无论如何,这些科学家坚持认为,他们不仅分析了老鼠的恐惧习得,还分析了人类的恐惧习得,因为杏仁核内的相关恐惧回路已经随着哺乳动物的进化传给了我们。这种说法是根据"三重脑"学说得出来的。这些恐惧习得研究的目的是把杏仁核确定为恐惧在大脑中出现的位置。

在心理学和神经科学中,所谓的恐惧习得已经成为一个产业。科学家用它解释焦虑症,如创伤后应激障碍(PTSD)。恐惧习得还应用到了制药行业,帮助新药研发和治疗睡眠障碍。在谷歌上,"恐惧习得"的点击量超过10万次,是心理学和神经科学中最常被用到的词语之一。恐惧习得听起来是一个很唬人的专业术语,其实揭开这些表象,它只不过是一种十分常见的现象:经典条件反射,或者叫巴甫洛夫条件反射。该反射是根据生物学家伊万·巴甫洛夫命名的。巴甫洛夫通过摇铃引起狗分泌唾液的实验发现了条件反射理论。① 经典恐惧习得实验表明了一种良性的刺激,如音调,可以在预料到不确定的危险时获得触发某个杏仁核回路的能力。科学家已经花费了数年时间来精细地绘制这个回路。

现在我们来看一下我提到的那个细微错误。僵住是一种行为,而恐惧是一种十分复杂的心理状态。研究恐惧习得的科学家把僵住的行为回归到"恐惧"这个类别,并把潜在的僵住回路看作恐惧回路。就像豚鼠纸杯蛋糕自己无法构建快乐体验一样,是我认为它感觉到了快乐,这些科学家不知不觉中应用了自己的情绪概念,构建了恐惧感知,然后把这种恐惧赋予了老鼠。我把这种常见的科学错误叫作"心理推理谬误"。

心理推理很正常,我们所有人每天都会自动进行推理。当你看见一个朋友微笑时,你可能会立刻推断:她很高兴。当你看见一个男人喝了一杯水时,你可能会推断:他很渴。当然,你也可能推断他因为焦虑而心慌气躁,或者他要发表一个看法,想喝口水停顿一下。如果你正在午餐约会,你感觉浑身燥热,满脸通红,那么你可能会推断是因为浪漫的情感,但也可能是流感引起的。

当然,孩子们可以在玩具和安全毛毯中感知情绪,并与它们进行有趣的双向对话,但成年人在这方面也毫不逊色。20世纪40年代,

---

① 狗吃东西时会分泌唾液。在喂狗前摇铃,每次喂狗前都重复摇铃的动作。重复达到一定次数时,即使不给狗喂食物,狗听到铃声也会分泌唾液。1904年,巴甫洛夫因此项发现获得了诺贝尔奖。

心理学家弗里茨·海德尔和玛丽-安·西梅尔共同进行了一个著名的实验：他们创造了一个简单的几何形状的动画，目的是看看观众是否能进行心理推理。动画中，两个三角形和一个圆围绕一个大矩形移动。整个动画没有声音，他们也没有对运动做任何解释。即使如此，观看者在观看这些形状时还是出现了某些情绪和其他一些心理状态。一些人说，大矩形正在欺凌无辜的小三角形，而勇敢的圆形正赶来营救小三角形。

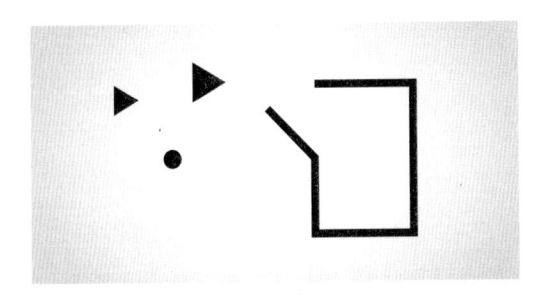

图 12-2　海德尔－西梅尔动画中截取的静态图像

注：观看动画可登录 heam.info/heider-simmel。

　　作为人类，科学家在解释他们自己的实验结果时会进行心理推断。实际上，每当科学家记录物理测量结果，然后为其指定心理原因时，他们都会犯心理推理谬误："那个心跳变化是由兴奋引起的。""那个皱眉表示愤怒。""前脑岛的活动是由厌恶引起的。""因为焦虑，受试者按电脑键的速度有点快。"情绪让这些行为不可能客观，也不可能完全独立于感知者。这些行为本身确定无疑地表明了某种心理活动正在发生，但科学家给出的结论也是猜测的。科学家所做的是：我们先进行测试，然后通过推理将数字模式转化为有意义的东西。但是，当科学解释是你的目的时，有些推论比其他的更好。

情绪

在情绪科学中,恐惧学习现象是心理推理谬误方面最引人注目的例子。[①] 恐惧学习的研究人员模糊了运动、行为和经验之间存在的重要区别。肌肉收缩是一种运动。僵硬不动是一种行为,因为它涉及多块肌肉的协调运动。恐惧的情感是一种体验,发生时可能会伴随行为,例如僵硬不动或没有明显行为出现。控制僵硬行为的回路和引发恐惧的回路并不是同一个。出现这样的科学误解令人震惊,因为这个误解和"恐惧学习"学说造成了数十年的混乱现象,生生地把有效的经典条件反射实验变成了一个恐惧行业。

恐惧概念包含了很多其他问题。面对威胁,老鼠并不总是僵硬不动。当你把老鼠放到一个小盒子里,不定时地给出声响和电击,老鼠的确会僵硬不动。但如果你把老鼠放在一个较大的空间内,老鼠就会逃跑。如果它们被逼得走投无路,就会主动攻击。如果在给出声响的时候,你控制住了老鼠(这时声响并不重要,不管怎样它都会僵硬不动),那么老鼠的心率不会增加,反而会下降。另外,并不是所有的行为变化都需要杏仁核。迄今为止,据说科学家至少已经确定老鼠的大脑中有3个恐惧回路,每一个都与一个具体行为有关,这3个都是心理推理谬误的产物。事实上,一个简单的行为(如僵硬不动)是由一个分散式网络内的多个回路支持的,这个网络并不仅限于僵硬不动和恐惧。

简而言之,你不能通过电击老鼠研究恐惧,除非你一开始就把恐惧回路定位为"一只被电击的老鼠的僵硬不动反应"。

人类和老鼠一样,在受到威胁时会采取各种方式。比如,我们

[①] 如果科学家正在写关于恐惧学习的论文,那么当他们描述老鼠因恐惧而浑身僵硬时,对他们的大脑进行扫描,我们可能会看到内感受网络和控制网络结点处正变得活跃。

可能会僵硬不动、逃跑，可能会发动攻击，也可能会讲笑话、晕倒，或者无视正在发生的事情。这样的行为可能是由大脑中不同的回路引起的，所有哺乳动物大脑中都具有这样的回路，但并不能说它们就是情绪，它们也无法证明情绪有生物本质。

尽管如此，一些科学家坚持称他们已经在动物身上分离出高度复杂的精神状态。例如，小老鼠在出生时如果强行让它们和妈妈分离，它们就会发出类似于哭泣的刺耳尖叫声。一些科学家推断，大脑中负责哭泣的回路一定是痛苦回路。但实际上这些小老鼠并不伤心，它们很冷漠，尖叫声只是小老鼠试图调节体温的副产品——这是它们身体预算的一部分——通常是由它们的妈妈完成的，这和情绪没有任何关系。这又是一个心理推理谬论。

从现在起，你每读一篇关于动物情感的文章，都可以关注一下这个模式。如果一个科学家用一个心理状态词汇（如"恐惧"）标记一个行为（如僵硬不动），那么你应该意识到："啊哈，又一个心理推论谬论！"

平心而论，科学家很难不陷入心理推理的陷阱。资助机构更愿意资助与人类直接相关的研究。科学家还必须认识到，他们一开始就在进行心理推理，这是内感受网络的伟大壮举。然后，他们必须勇敢地面对来自同事的各种批评和指责。

神经系统科学家约瑟夫·E. 勒杜曾在《情绪化的大脑》(*The Emotional Brain*) 中普及了恐惧学习的概念，但现在再谈及老鼠时，他反对使用"恐惧"这个说法。在这一立场上，他是一个少见的智慧和勇气并存的科学家。针对恐惧学习，勒杜发表了数百篇文章，还包括一本关于大脑杏仁核恐惧的通俗读物，但是他后来仔细考虑各种反证，又修正了自己的观点。在他看来，动物在面对威胁时，僵硬不动有助于保证它们自身的安全，这是一种求生行为。勒杜的经典实验指出，他所说的生存回路可以控制僵硬不动行为，而不是一种心理状态，如恐惧。勒杜的理论转变只是心灵和大脑新科学革命的又一个例子，他引导这个领域向着更科学、更合理的情绪理论发展。

尽管勒杜和其他志同道合的科学家已经做出了改变，但在优兔视频以及 TED 演讲中，你依然可以发现很多研究动物情绪的专家已得出了大量的心理推论谬论。演讲者会给你展示一部引人注目的电影或者一幅动物进行某种行为的照片："看，当你给老鼠挠痒的时候，它多么高兴；那只呜呜叫的狗多么伤心；那只老鼠吓得一动不动，它多么的恐惧。"但是你要记住，情绪无法被观察到，情绪是构建的。当你看视频时，你并没有意识到你在用自己的概念知识做推理。在第 2 章中，你可以把那些毫无规律的斑点看成蜜蜂。这两个过程没有什么不同。所以对你来说，动物似乎是有情绪的。

在第 4 章中，我解释说，每一个所谓的情绪反应性大脑区域都在发布预测来调节身体预算。再加上心理推论谬论，好好融合一下，你就得到了一个关于情绪如何在大脑中运行的伟大神话。有一件事需要注意，当一只啮齿动物感到疼痛时，另一只在旁边的啮齿动物的前扣带皮质活动会增加。换句话说，这是啮齿动物的同理心作用。更简单一些的解释是，和很多生物一样，这两只动物正在互相影响彼此的身体预算。

当涉及的动物和你越接近时，你就越有可能进行心理推理。相比一只快速爬行的蟑螂，我们更容易从一只奔跑的狗的身上感知到快乐。一只母兔和兔宝宝一起睡觉，一只蚓螈（像蠕虫一样的两栖动物）用自己身上的肉喂食它的孩子，前者应该更容易让你感知到爱。奥斯卡提名的科幻电影《第九区》(District 9)为这一现象提供了一个极好的例子。电影中外星生物乍一看就像是一种令人厌恶的、人类大小的昆虫，但一旦我们看见外星生物也有家人和爱人，我们就会和它们产生共鸣。甚至我们认为海德尔-西梅尔几何图形看起来像人，只是因为它们的速度和轨迹让人联想到人们的互相追逐。我们开始感知到它们的行为是由心理原因引起的，它们进入了我们的道德圈。

对动物的心理推理本身并不是一件坏事，这很正常。每天，我开车都会路过一个广告牌，上面有一只可爱的小猩猩。每天，当我接近广告牌时，我都面露微笑，不管我在想什么，即使我知道小猩猩没有对我微笑，它也不会和我分享我的想法。坦白来说，如果每个人都能因动物出现心理推理谬误，并在这个过程中承认这些动物进入了我们的道德圈，也许就不会有那么多人为了大象和犀牛的长牙而猎杀它们，也不会有那么多人猎杀大猩猩和倭黑猩猩作为食物了。如果让人们在观察自己的同伴时，进行更多的心理推理，也许世界就会少一点残酷的暴行和战争。但是当我们以科学家的身份说话时，我们必须坚决抵制心理推理的诱惑。

我们习惯于用自己的方式来思考动物：它们和我们多么的相似，它们让我们更加了解我们自己，它们对我们多么有用，我们如何比它们优越。我们可以把动物比作人，如果这能保护它们的话。但是当我们站在自身的角度去看待动物时，我们可能正在以自己都没有意识到的方式在伤害它们。当狗非常焦虑、想要和我们亲近的时候，我们会觉得它"占有欲太强"，这时我们本应该给予它们关爱，却做了相反的事情，惩罚了它们。例如，小猩猩在5岁之前都要吃妈妈的奶，要在妈妈的怀抱中感受妈妈的温暖，但我们却强行把它们和妈妈分开。

我们面临的挑战是从动物的利益出发,了解动物的思想,而不要认为它们低人一等。认为动物低人一等的想法源于人性古典观理论,该理论认为黑猩猩和其他类人猿是人类进化不完善的低级版本。实际上它们不是,黑猩猩已经适应了它们所居住的生态环境。黑猩猩必须寻找食物,而现代人类基本不需要,因此黑猩猩的大脑天生具有确定和记住细节的能力,而不是构建心理相似性。

最后,如果我们站在动物的立场了解动物,我们就会从中受益,因为我们和它们的关系会变得更好。如果我们人类减少对它们的伤害,我们也是在保护自己的生存环境。

• • •

动物是情绪化生物,至少就人类感知是如此。这是我们创造的社会现实的一部分。我们把情绪赋予了汽车、室内植物,甚至是动画中看到的小圆圈和三角形。此外,我们也把情绪赋予动物。但这并不意味着动物可以体验到情绪。动物的情感空间很小,无法形成情绪概念。狮子虽然会把斑马当作食物捕杀,但它不是因为憎恨斑马。这就是为什么我不会认为狮子的行为不道德的原因。当你在读一本关于动物体验人类情感的书或新闻故事时(简讯:猫对老鼠的遭遇幸灾乐祸),保持这种心态,你很快就会发现在你眼前出现的心理推理谬论。

一些科学家仍然认为所有的脊椎动物共享核心情感回路,并以此来证明动物和人类一样具有情感。著名神经科学家雅克·潘克塞普为了证明这种回路的存在,经常邀请他的观众观看狗咆哮和猫嘶嘶叫的照片,以及小鸟"哭着找妈妈"的视频,但动物的大脑中是否存在这样的情感回路仍值得怀疑。你的确拥有生存行为回路,如著名的"4F's"(即战斗、逃跑、觅食和交配)。它们由你的内感受网络中的身体预算分配区域控制,在体验感情时引起你的身体变化,但它们并不是专用于情绪的。就情绪而言,你也需要对情绪概念进行分类。

科学家对动物大脑中情绪能力的搜寻一直在继续。正如我们所知,倭黑猩猩和黑猩猩作为我们人类的近亲,可能它们的大脑回路中有特定的联结,形成了它们自己的某种情绪概念。大象存在另一种有趣的可能性,大象是一种长寿的群居性动物,它们在紧密联系的群体中形成牢固的纽带。海豚也是一样。在经过人类数千年的驯化后,狗(如罗迪)也可能具有情绪能力。即使不是人类的情绪,在这些动物身上可能发生的事情也有很多。包括实验室的老鼠、豚鼠纸杯蛋糕,以及其他很多我们觉得有情绪的动物,它们都不可能构建情绪,因为它们没有必要的情绪概念。非人类的动物可以感受到情感,但是,它们的情绪的现实状态,目前,还只存在于我们的内心。

第 13 章　关于情绪的新探索

人类大脑是一个骗术高手——它像魔术师一样创建体验，引导行动，却从来不透露它是如何做到的。大脑总是给我们一种虚假的自信，认为它的产品——我们的日常体验——揭示了其内部工作原理。快乐、悲伤、惊讶、恐惧和其他情绪看起来很独特，似乎是天生的，以至我们认为它们在大脑内具有单独的成因。当你的大脑具有本质属性时，你很容易得出一个错误的心智理论。毕竟，我们的大脑正在试图弄清楚这些大脑是如何运作的。

千百年来，这种欺骗在很大程度上是成功的。每隔一两个世纪，心理的本质就会改头换面，但在大多数情况下，心智器官的概念却毫无进展。① 摒弃这些本质在今天仍然是一个挑战，因为大脑会进行分类，而分类容易导致本质论。虽然我们的本意并非如此，但我们说出的每一个名词都给本质创造了机会。

渐渐地，思维科学最终移除了它的辅助轮。和过去不一样，人类的头骨不再是一个阻碍，因为现代脑成像技术可以对人类的大脑

---

① 简言之，概念依赖于体验（经验主义）的想法一直被"概念是天生的"观点所压制，这可能是因为你"天生就有概念"（先天论），也可能是因为"概念源于直觉或逻辑"（理性主义）。经验主义的每一次尝试都以失败而告终，从 17 世纪的联想主义者到 20 世纪的行为主义者，都因这样或那样的原因失败了。

进行无害的观察。新的可穿戴测量设备正在将心理学和神经科学从实验室转移到现实世界中。当我们用 21 世纪的高科技手段收集海量大脑数据时，媒体、风险投资家、大多数教科书，还有一些科学家仍在用 17 世纪的心智理论（从柏拉图 1.0 版本升级到颅相学的一个奇特版本）来解读这些数据。神经科学对大脑及其功能的理解远比我们自己能够体验到的要深刻得多，不仅是对情绪，对所有的心理事件都是如此。

你现在会发现，在教科书和大众媒体中，许多关于情绪的事实都非常值得怀疑，必须重新思考。通过本书，你已经了解到情绪是人类大脑和身体的生物组成部分，但并不是因为每个情绪都有特定的回路。情绪是进化的结果，但不是从原始动物遗传下来的。你无须刻意努力，就可以体验到情绪，但这并不意味着你是在被动地接收这些体验。你无须正规指导，就可以感知情绪，但这并不意味着情绪是天生的或独立于学习之外的。人类天生具有情绪是因为人类可以利用概念构建社会现实，反过来，社会现实又联结着大脑。情绪是社会现实的真实产物，不同的人类大脑彼此相呼应、协调一致才会创造出情绪。

在最后一章，我们将以情绪建构论为指导，着重讨论一些与大脑和思维相关的重要问题。我们会仔细研究大脑的预测以及我们了解到的每一件和大脑相关的事情，如简并、核心系统、概念发展的联结，来阐明这种大脑中最有可能出现的思维方式。我们将看到思维的哪些方面是普遍的或不可避免的，哪些不是，以及这对于你深入理解自己和他人有什么意义。

• • •

只要我们一直在写关于人类的文章，"人类的思维是由某种强大的力量创造的"这个假设就会一直存在。对于古希腊人来讲，这个力量是自然，其代表人物是诸神。基督教将人性从大自然中分离出来，将其置于一个全能的上帝的手中。达尔文再次将这种强大力量回归自然，并将其归为一种自然的特性，即进化。突然间，你不再是一个不朽的灵魂，你的心灵不再是善与恶、正义和罪恶的战场。相反，你变成了一个由进化塑造的特殊内在力量的集合体，你在努力控制自己的行动。据称，你的大脑会与你的身体战斗，理性在对抗情绪，大脑皮质与下皮质战斗，外部力量正在对抗你的内心力量。据说，因为你的动物性大脑被包裹在理性皮质之下，因此你才和自然界其他动物完全不同，并不是因为你有灵魂，其他动物没有灵魂，而是因为你处于进化的顶峰，天生具有洞察力和理性。因此，你来到这个世界前，你就以一种特定的方式，即你的基因（而不是上帝）对它所提供的东西予以了回应。情绪这样的体验被看成一个证据，表明你完完全全是一个动物。但在整个动物王国，你又是特殊的，因为你能够克服内心的兽性。

正如你在本书中所了解到的，关于大脑的新发现已经彻底改变了我们对人类意义的理解。

毋庸置疑，你的思维是进化的产物，但是它不是由基因单独塑造的。没错，你的大脑是由网络神经元构成的，但这只是人类思维发展的一个因素。同时，你的大脑的发育也会受你周围其他人的大脑的影响，他们通过行动和词汇扩展你的情感空间，平衡你的身体预算。

你的思维不是内在对立力量——激情和理性——对抗的战场，以期确定你对自己的行为承担多大的责任。相反，在你不停进行预测的大脑中，你的思维时刻在进行运算。

你的大脑会用它的概念来预测，虽然科学家一直在争论某些概念是先天的还是后天习得的，但毋庸置疑，当你的大脑和周围的物理和社会环境建立连接时，你会学到很多东西。这些概念来自你的文化，可以帮助你协调在群体生活中遇到的困境——努力造福自己还是和他人和谐共处。这场拉锯战远不止一种解决方法。总而言之，有些文化偏爱努力奋进，取得成功，有些文化喜欢随遇而安。

所有这些发现都揭示了一个重要的观点：在人类文化的背景下，人类的大脑进化出了不止一种人类思维。例如，在西方文化中，人们认为思想和情绪从根本上来讲是不同的，有时还存在冲突。巴厘岛和伊隆戈文化，以及某些佛教哲学文化，并没有明确区分思想和情感之间的不同。

相同的大脑、相同的网络结构，怎么会出现各种不同的思维？同样一个大脑，如何创造了这么多不同的思维，而且每一个都和周围的物理和社会环境契合？我有我的情绪概念和体验，你有你的情绪概念和体验，即使我们的情绪概念和体验相同实例也会不同，有时我们也会有一些不同的情绪概念，而巴厘岛人的思维中甚至不区分思想和情感。

从表面来看，所有正常发育的大脑看起来都十分相似，尤其当你不戴有色眼镜认真观察时。所有大脑都有两个半球。大脑皮质最多有6层，每个皮质都有5个脑叶。每个大脑皮质的神经元都被联结起来，将信息压缩成有效的总结，创造一个概念系统，塑造行动和体验。这些特征，很多其他哺乳动物也都具有，在你的神经系统中，有一些非常古老的神经甚至是和昆虫共享的。（例如，同源基因，它将脊椎动物全身的神经系统组织起来。）

尽管如此，人的大脑还是有很大的差异，主要体现在：每个皮质的沟回位置，特定皮质或者皮质下神经元的数量，神经元之间的微联结，大脑网络内的联结强度。当你考虑这些细微细节时，即使是同一物种，也不存在两个完全一样的大脑。

而且，在一个单一的大脑内，比如你的大脑，联结也不是静态的。就像一棵树春天发芽生长，秋天落叶枯萎一样，随着年龄的增长，神经的轴突和树突之间的相互联结会增加和减少。在某些脑区，你甚至会长出新的神经。这种变化也会随着经验发生，解剖学上称之为"可塑性变化"。你的体验会被你的大脑联结记录下来，最终会改变联结，增加你再次经历相同体验的机会，或者利用以前的体验创造一个新体验。

在你的大脑中，数十亿神经元时时刻刻都在进行着重组，从一个模式重新组合成另一个模式。这一切都是因为一种叫作神经递质的化学物质的存在。神经递质使信号可以在神经元之间传递，它们在瞬间打开或者降低神经联结，这样信息就可以传向不同的通路。因为神经递质的存在，单个的大脑利用单一网络可以构建各种各样的心理事件，创造出比各部分之和更大的东西。

当然，我们的大脑具有简并性：不同神经元可以产生相同的结果。另外，不管你是认真观察了大脑组织，还是粗略一看——作为大脑网络、脑区或单个神经元——它们都不止创造出一类心理事件，如愤怒、注意，甚至是视觉或者听觉。

微联结、神经递质、可塑性、简并性、多用途回路——神经系统科学家把大脑称之为一个"复杂的系统"，并以此来总结大脑令人难以置信的变化。我所说的复杂并不是随便说的"哦，那个大脑的确非常复杂"，而是更为正式的内容。复杂性是一个衡量标准，用来描述任何可以有效创建和传递信息的结构体系。一个高度复杂的系统可以通过组合旧模式的零星碎片创建许多新的模式。在神经科学、物理学、数学、经济学和其他学科领域，你都可以找到复杂的系统。

人类的大脑是一个超级复杂的系统，因为在一个物理结构中，它可以重新配置数十亿的神经元，构建一个庞大的体验、感知和行为系统。大脑通过一种极其高效的沟通安排实现了其高度的复杂性，这种沟通安排是以我们第 6 章提到的关键"枢纽"为中心建立的。凭借这种组织，大脑把多种来源的信息有效地组合在一起，从而支持意识。与此相反，传统情绪观所假设的大脑模型——具有不同功能的独立区域——是一个低复杂度的系统，因为每个小块都可以独立完成自己的功能。

一个具有高度复杂性和简并功能的大脑优势非常明显。它不仅可以创建并携带更多信息，而且更强大、更可靠。它可以通过多条路径实现同一目标，而且对伤害和疾病的抵抗力也更强，双胞胎杏仁核受损的例子（第 1 章）以及罗杰大脑回路受损的例子（第 4 章）都可以证明这一点。因此，这样的大脑使你更有可能存活下来，并将你的基因传递给下一代。

自然选择倾向于复杂的大脑。是复杂性而非理性让你有可能成为自己体验的建筑师。基因让你和其他人一起重塑你的大脑，以及你的思维。

复杂性意味着大脑的联结图不是通用心智器官发出的单一思维指令集合。但人类大脑几乎不会预设心理概念，例如愉快和不愉快（效价）、激动和冷静（唤醒）、响亮和轻柔、明亮和黑暗，以及其他意识属性。相反，变异性是常态。人类大脑构建的目的是为了学习不同的概念，创造大量社会现实，而这取决于它所面临的突发事件。

这种可变性不是无限的，也不是任意的。这种可变性不仅受限于大脑对效率和速度的需求，还要受外部环境，以及人类进退两难的境地的制约。为了解决这个困境，你的文化赋予了你一个包含概念、价值和实践的特殊系统。

并非只有统一的思想、一套统一的概念，才能证明我们是同一个物种。我们所需要的是一个异常复杂的人类大脑，它可以将自身与它的社会和物理环境连接起来，最终产生不同的思维。

• • •

一个人类大脑可以创造出多种思维，但是所有人类思维都有一些共同的成分。几千年来，学者们一直认为思维不可或缺的是本质，但其实不是。思维必不可少的三个成分本书已做过介绍，即情感现实、概念和社会现实。根据结构学和大脑的功能，这三方面（可能还有其他）才是不可或缺的，而且是普遍存在的，当然患病的人除外。

情感现实，即你体验到的你所相信的那些现象是不可避免的，因为你的思维方式。内感受网络中的身体预算分配区域（你内心深处的大嘴巴科学家，自带扩音器，它多数时候都装聋作哑）是你大脑里最强大的预测者，是你的主要感官区域里最热切的听众。身体预算的预测满载的是情感，而非逻辑和理性，这些预测是你的经验和行为的主要驱动力。我们都认为食物"是美味的"，就好像味道存在于食物中一样，事实上，味道是构建出来，美味存在于我们的情感中。在战区，若某个人手中没有枪，但有的士兵却会感知到他有枪支。这个士兵可能真的看到了枪，那不是错觉，而是真实的感知。又如，在假释听证会期间，饥饿的法官更容易做出不予假释的决定。

没有人能完全摆脱情感现实主义。你自己的感知不可能和拍摄的照片一样，甚至都无法和一幅高逼真的油画相比，如维梅尔的作品。你的感知更像是梵高和莫奈的画作。（如果在糟糕的日子里，你的感知甚至可能像美国抽象派画家杰克逊·波洛克的作品。）

但是，你可以通过感知的效果认识情感现实主义。任何时候，只要你凭直觉认定某件事是真的，那就是情感现实主义。当你听到某条新闻，或者读到某个故事，立刻就相信了，那也是情感现实主义。或者如果你刚一听到某个消息就不屑一顾，甚至讨厌发消息的人，这也是情感现实主义。我们都喜欢那些支持我们观点的东西，通常会讨厌那些和我们观点不一致的东西。

即使证据显示某事存在重大疑点，但情感现实主义依然让你相信它。这不是因为无知或者恶意——这仅仅是大脑如何联结和运作的问题。你所相信的一切，以及你所看到的一切，都会受到你的大脑预算平衡行为的影响。

情感现实主义，如果任其发展，就会使人变得认死理，不知变通。当两个对立的群体都深信自己是对的时，他们就会参与政治冲突，意识形态斗争，甚至战争。在本书中，你所看到的关于人性的两种观点，即传统情绪观和构建理论，二者之间的斗争已经持续了几千年。

在这场持续的战斗中，因为情感现实主义，双方都对对方的观点产生了刻板印象。传统情绪观被讽刺为生物决定论，根据该观点，文化没有任何作用，基因决定命运，为当今世界贫富分化的社会秩序做出了辩护。传统情绪观描绘了一种极端倾向，支持人们"努力造福自己"而不是"和谐共处"。另一方面，构建主义被批评为绝对的集体主义，是以牺牲个人为代价的，或者被视作一种错误的观点，认为人类是一个巨大的超级有机体，就像电影《星际迷航》（*Star*

Trek）里的博格人，大脑就是一个"均质肉块"，每个神经元都具有同样的功能。这夸大了与他人"和谐共处"而看低了"努力造福自己"。在这场战斗中，双方都忽视了在科学界必然出现的微妙之处和变化。读到这里，你会发现证据指向了一个十分微妙的结论：生物和文化之间的边界是可渗透的。文化源于自然选择，当文化对你产生影响，进入你的大脑，它就会帮助你塑造下一代人。

情感现实主义是不可避免的，但对它你并不是无能为力的。对情感现实主义最好的防御就是好奇心。我告诉我的学生，当你们读到自己喜欢的或者讨厌的内容时，尤其要注意，这些情感可能意味着你所读到的想法正好位于你的情感空间。因此，要保持开放的心态。你的情感并不能证明这件事的好与坏。生物学家斯图亚特·费尔斯坦在他的著作《无知》（*Ignorance*）一书中鼓励人们在了解世界时，要把好奇心当作一种方法。他建议，努力适应不确定性，在神秘中寻找乐趣，用心培养怀疑精神。这些实践将有助于你冷静地审视那些违背你自己根深蒂固的信念的证据，体验寻找知识的乐趣。

思维的第二个必然性是你有概念。因为人类大脑通过联结构成一个概念系统，你可以为最小的物理细节构建概念，比如短暂的光和声音，也可以为极其复杂的想法构建概念，如"印象主义"和"禁止带上飞机的东西"。（后者包括上了膛的枪、成群的大象，以及你那烦人的艾德娜阿姨。）你的大脑中的概念是一个世界模型，它能让你充满活力，满足你身体的能量需求，最终决定你如何更好地传播你的基因。

但特定的概念不具有必然性。当然，每个人都可能有一些基本的概念是天生就有的，如"积极的"和"消极的"，但并不是每个人都有独特的"感情"和"思想"。就大脑而言，任何一套帮助你调节身体预算并保持活力的概念都是好的。例如你在童年时学到的情绪概念。

概念并不仅仅存在于你的大脑中。如果我和你正在喝咖啡聊天，我说了一些机智的话，你会微笑，并点头。如果我的大脑预测到你会微笑、点头，并且我的大脑的视觉输入证实了这些信息，然后我自己的预测——向你点头——就变成了我的行为。反过来，你可能也预料到了我的点头，以及一系列其他可能的情况，它们会改变你的感觉输入，与你的预测相互作用。换句话说，你的神经元不仅是通过直接的联系相互影响，还通过外部环境间接地与我进行互动。我们的预测和行动实现了同步，也调节了彼此的身体预算。这种同步是社会联系和同理心的基础，人们因此相信和喜欢彼此，这对亲子关系同样至关重要。

你的个人经历是由你的活动主动构建的，你在改变世界，世界也在改变你。确切来说，你是你自己的环境和经验的建筑师。你的运动和其他人的运动轮流影响你自己传入的感觉输入。这些传入的感觉和任何一种体验一样，会为你的大脑重新布线。因此你不仅是你的体验的建筑师，你也是一个电工。

概念对人类的生存至关重要，但是我们也必须小心，因为概念开启了本质主义的大门。概念鼓励我们看一些不存在的东西。费尔斯坦用一句古老的谚语开始《无知》一书："在黑暗的房间里很难找到一只黑猫，尤其是在没有猫的情况下。"这句话很好地总结了寻找本质的过程。历史上有许多科学家一心寻找本质，最后却徒劳无功，因为他们用了错误的概念指导他们的假设。费尔斯坦以发光的以太为例，以太是一种神秘物质，存在于整个宇宙中，因为它的存在，光才有了介质可以通过。费尔斯坦写道，以太就是一只黑猫，物理学家在一个黑暗的房间里进行了理论研究，做实验，寻找黑猫存在的证据，其实它根本不存在。传统情绪观正是如此，根据该观点，心智器官是人类的发明，错误地把问题当成了答案。

概念也会鼓励人们忽视眼前的事物。彩虹的一个虚幻的条纹，包含无限多的光频率，但是你对"红色""蓝色"以及其他颜色的概念会导致你的大脑忽略这种变化。同样，一谈到"悲伤"这个概念，人们就想到眉头紧锁，这个刻板印象淡化了情绪类别的巨大变化。

我们谈论的第三种必然性是社会现实。在你出生时，你无法调节自己的身体预算，但其他人会帮助你。在这个过程中，你的大脑进行统计学习，创造概念，并将自己连接到周围的环境中，这个环境充满了其他人，他们以特定的方式构建他们的社交社会。这个社交社会对你来说也是真实的。社会现实是人类的超级力量，我们是唯一可以彼此之间交流纯心理概念的动物。没有什么特定的社会现实是不可避免的，只有对群体有效的社会现实（并且受到物理现实的制约。）

在某些方面，社会现实是一种浮士德交易。对于一些至关重要的人类活动，如建筑文明，社会现实具有明显的优势。如果我们信任我们的心理创造物，如金钱和法律，而我们自己并没有意识到我们这样做了，那么文化会发展得更顺畅。在这些构建过程中，我们并不怀疑自己的手（或者神经，似乎是）参与了这些构建，所以，我们只是把它当作现实。

然而，这个超级力量让我们成了高效的文明建造者，但同时它也阻碍了我们对创建文明方法的理解。我们经常错误地把依赖于感知者的概念（如花朵、野草、颜色、金钱、种族、面部表情等）当成感知独立的现实。一些人会把依赖于生理的感念看成纯生理概念，如情绪；还有人误把社会概念看成生物概念；甚至某个看起来很明显的生物现象，如失明，在生物学上也不是客观存在的。这些失明的人不认为自己是盲人，因为他们在这个世界上生活得很好。

如果你创造了社会现实却没有意识到，结果就是一团糟。例如，许多心理学家并没有意识到每个心理学概念都是社会现实。我们讨论"意志力"、"坚毅"和"决心"之间的区别，就好像它们在本质上存在不同，并不是通过共享的集体意向性构建出来的。我们把"情绪""情绪调节""自我调节""记忆""想象力""感知"，以及其他几十种心理类别分开，所有这些都可以认为是来自内感受和来自己周围环境的感觉输入，在控制网络的帮助下，经分类获得意义。显然，这些概念都是社会现实，因为它们并不是所有文化共有的，而大脑只是大脑。因此，作为一个领域，心理学家不断地重新发现相同的现象，然后赋予它们新的名字，并在大脑中为它们寻找新的位置。这就是我们拥有上百个"自我"概念的原因，甚至连大脑网络本身也有多个名字。默认模式网络是内感受网络的一部分，也有人称它为"夏洛克·福尔摩斯"，除此之外，它还有很多其他的别名。

当我们把社会误解为物理环境时，我们也就误解了我们的世界和我们自己。就这一点而言，只要我们知道自己拥有社会现实，社会现实就会成为一种超级力量。

• • •

从思维的三个必然性中，我们看到，构建理论教会了我们提出疑问。你的体验并不是通向现实的窗口。相反，你的大脑通过联结塑造了你的世界，由与你的身体预算相关的东西驱动，然后你会把这个模型当作现实来体验。你每时每刻的体验可能感觉就像是一个又一个不连续的心理状态，犹如一串珠子，但正如你在这本书中所了解到的，你的大脑活动具有连续性，贯穿大脑内在的核心网络。你的体验似乎是由头骨之外的世界触发的，但实际上，你的体验是由连续的预测和校正构成的。讽刺的是，我们每个人都有一个能够创造思维的大脑，但创造的思维却会误解自己。

构建主义主张怀疑论，本质主义则对确定性坚定不移。本质主义认为，"你的大脑就是你的思维"。你有想法，因此，在你的大脑中，必然有一块儿地方是专门用于想法的。你体验到了情绪，那么在你的大脑中必然也有一块是用于情绪的。你可以在世界各地的其他人的身上看到思想、情绪和感知的证据，所以对应的大脑区域必然具有普遍性，每个人都必须有相同的精神本质。据称，因为基因创造了思维，所以所有人拥有共同的思维。你在这种或那种动物身上看到了情绪——达尔文甚至在苍蝇身上看到了情绪——所以这些生物必然和你拥有相同的普遍情绪。就像接力赛中的赛跑者传递接力棒一样，神经活动从一个区域传递到另一个区域。

本质主义不仅提出了对人性的看法，也呈现了一种世界观。本质主义暗示，你在社会中的地位是由你的基因决定的。因此，如果你比其他人头脑聪明、行动迅速或者更强大，你就可以在别人无法做到的地方取得成功。人们得到应得的东西，也有权得到该得到的。这种观点坚信基因才是公正的，这是一种听起来很科学的意识形态。

我们所体验到的确定性——了解我们自己、彼此和我们周围世界的真实感受——是一种错觉，是大脑创造出来帮助我们度过每一天的错觉。偶尔放弃一点这种确定性无疑是一个好主意。例如，我们总是考虑自己和他人的特征。他"很大方"，她"很忠心"，你的老板是个"混蛋"。我们自己的确定性驱使我们把"大方、忠心和混蛋"这类说辞安放到了别人的身上,就好像这是他们的本质,看似可以通过客观标准探测和衡量一样。这不仅决定了我们对待他们的行为,我们也觉得这种行为是合理的——即使那个"大方的"家伙只是想奉承你,那个"忠心的"女士私底下非常自私,你那个"混蛋"老板心里正想着家里生病的孩子。因为确定性,我们忽视了其他可能的解释。我并不是说我们愚蠢,没有能力,无法理解事实。我要说的是,我们不能只抓住一个现实去理解。对周围的感觉输入,你的大脑可以创造多种解释——虽然不是无限的现实,但肯定不止一个。

健康的怀疑论产生的世界观与古典世界观完全不同。你在社会中的地位不是随机的,但也不具有必然性。想象一下,一个出生在贫困家庭的非洲裔美国孩子。在她大脑发育的早期阶段,她可能无法得到充足的营养——这种情况尤其会对她的前额皮质(PFC)的发育产生负面影响。前额皮质的神经对学习(如处理预测误差)和控制能力特别重要,前额皮质的大小和功能与许多在学校表现出色所需的技能息息相关。营养不良就等于前额皮质变薄,前额皮质变薄与学习成绩变差有关,而教育程度降低,比如没有完成高中学业,又会导致贫穷。在这个循环中,社会对种族的刻板印象,即社会现实,可能会变成大脑联结的物理现实,从而让贫穷的根源看起来仅仅是基因导致的。

一些研究似乎表明,这种刻板印象比我们想象的更为准确。心理学家斯蒂芬·平克在《白板》(*The Blank Slate*)一书中指出,当与人口普查数据相比时,"那些认为非洲裔美国人比白人更可能享受社会福利的人……并不是他们不理性或心存偏见。这些理念是正确的"。他和其他一些人认为,许多科学家认为的刻板印象是不准确的，因为我们不得不严格避免任何歧视的态度，必须对普通人谦逊有礼，不能因为我们对人性的混乱假设而产生偏见。但是，正如你刚才所看到的，还有一种可能性是，官方的福利统计数据是真实的，因为作为一个社会，我们是这样做的。

由于我们的价值观和实践，我们限制了一些人的选择，缩小了一些人选择的可能性，而扩大另一些人选择的可能性，然后我们说刻板印象是准确的。只有在集体概念最初产生的共享社会现实中，刻板印象才会正确。人的大脑不是一堆互相碰撞的台球，我们的大脑聚在一起，可以调节彼此身体预算，构建概念和社会现实，帮助构建彼此的心理，决定彼此的结局。

有些读者可能会认为，这种建构主义的世界观就是一种关在象牙塔里只说不做的自由主义，其根源在于相对论。实际上，这种观点跨越了传统的政治界线，你是由你的文化塑造的这一观点是典型的自由主义。同时，正如我们在第6章所讨论的，从广义上来讲，你对你所拥有的概念负责任，因为这些概念最终会影响你的行为。个人责任是一个非常保守的说法。从某种程度上来说，你也需要为他人的概念负责——这不仅包括那些不幸的人，也包括未来的几代人，因为你影响到了他们的大脑联结方式。你如何对待别人是很重要的，这是一个基本的宗教观念。传统意义上的美国梦是指："只要你努力工作，一切皆有可能。"构建主义理论承认你确实是你自己命运的代理人，但要受周围环境的限制。你的大脑联结，部分取决于你的文化，会影响你以后的选择。

我不了解你，但这些不确定性让我感觉舒适。对我们的概念提出质疑，并好奇哪些是物理的，哪些是社会性的，这种说法令人耳目一新。通过分类创造意义，这是我们的自由。意识到这一点，你就有可能通过再分类改变意义，不确定性意味着事物可能不只是表面的样子。认识到这一点，你才能在困难时不放弃希望，在美好的时刻心存感恩。

・・・

现在是时候来总结一下我的观点了。预测、内感受、分类以及我曾向你描述的各种大脑网络的作用都不是客观事实。它们是科学家发明出来的概念，用来描述大脑中的物理活动。我认为，这些概念是理解神经元执行某些计算指令的最好的方法，但是还有很多其他的方法可以解读大脑的接线图（其中一些方法并不把大脑联结叫作接线图）。与所谓的思维本质论或者心智器官说法比起来，情绪建构论和大脑之间的联系更为密切。在未来，如果出现作用和功能更为强大的概念，我一点都不奇怪。正如在费尔斯坦在《无知》一书中所说的，没有了事实，"使用新一代工具的新一代科学家就不会受到伤害"。

然而，科学的历史一直在向着构建主义理论方向发展，虽然缓慢，但一直在平稳前进。物理、化学和生物始于直觉的本质论，根源于素朴现实主义和确定性。我们超越了这些想法，因为我们注意到旧的观察结果只有在特定条件下才成立。因此，我们必须替换我们的概念。科学革命把一种社会现实变成了另一种社会现实，就像政治革命是新的政府和社会秩序取代原有的政府和秩序一样。在科学领域，我们的新概念一次又一次带领我们不停地向着变化和构建主义靠近，渐渐远离本质主义和朴素现实主义。

虽然情绪建构论为情绪、思维和大脑的预测和匹配提供了最新的科学证据，但关于大脑仍然有许多未解之谜。我们发现，神经元并不是大脑中唯一重要的细胞；长期被忽视的神经胶质细胞作用也十分强大，甚至可能在没有突触的情况下相互交流；控制肠胃运动的肠神经系统对理解思维也变得越来越重要，但由于很难测量评估，因此基本上没有被探索过。我们甚至发现胃里的微生物对人的精神状态也会产生很大的影响，但没人知道为什么以及它们是如何发挥作用的。如此多的新研究正在进行中，10年内，面对这些创新研究，今天的科学家会感觉非常的不可思议，就像柏拉图看到脑成像仪一样。

随着我们的工具的改进和知识的增加，我相信，我们对大脑结构的了解会更加深入，远超我们现在所知道的一切。也许有一天，我们的核心成分，比如内感受和概念，也会被视为太过本质主义，因为我们发现了一些被隐藏起来的更为精细的东西。科学故事一直处于发展中，有新的发现没什么好奇怪的。科学的进步并不总是要找到答案，而是为了提出更好的问题。今天，这些问题已经迫使情绪科学以及更广泛的思维和大脑科学的范式发生了根本性的改变。

今后，我们希望那些关于"某些脑部区域是处理人类、老鼠或者果蝇情绪"的报道越来越少，关于大脑和身体如何构建情绪的文章越来越多。无论何时，当你看到有关情绪本质论的新闻报道时，哪怕你只是感到一丝怀疑，那么你就在这场科学革命中便贡献了一分力量。

就像科学中最重要的范式转变一样，情绪科学理论的转变有可能给我们的健康、我们的法律以及我们自己带来变化，创造一个新的未来。如果通过阅读本书，你能够明确知道你是你自己的体验——以及周围人的体验——的建筑师，那么我们就是在一起构建新的未来。

致　谢

有人说过，养育一个孩子需要全村人的努力，我的这本书也不例外——我女儿管它叫"小弟弟"。在过去三年半的时间里，无数人对本书给予了指正批评，并提供了科学支持，其中包括我的朋友、家人和同事，认识他们是我最大的荣幸，这么多人提供帮助同时也证明了这个学科领域的丰富性。

本书出自一个非传统家庭，由多个父母孕育而成。本书最开始由霍顿·米夫林·哈考特（HMH）出版集团的考特尼·扬和安德里亚·舒尔茨两位编辑负责，但18个月后，两人另谋高就离开了。随后有几个月的时间，我成了一位单亲妈妈，独自负责本书，其间，我得到了霍顿·米夫林·哈考特出版集团出版商布鲁斯·尼科尔斯的支持，他实际上是本书的高曾祖父。后来，霍顿·米夫林·哈考特出版集团聘请了亚历克斯·利特菲尔德作为本书的新编辑，在养育孩子（本书）的方式上他与我有着截然不同的看法（导致了暴风雨般的青春期），但这很正常，最好的想法往往源于激烈的辩论。非常感谢亚历克斯，因为他，本书才能以今天这种更精练、更强大的面貌出现在世界读者的面前。

我也要感谢本书的"收养"叔叔,《纽约时报》的杰米·赖尔森,在紧急关头,他伸出援助之手,对书中三章过于冗长、专业性过强的内容进行了删减。杰米对材料的精简润色手法精湛,不仅必要内容一分不少,还保留了原文的风格和表达方式。他可能看起来像一个温文尔雅的编辑,但在任何有需要的地方,都可以看到他身上的骑士之光在闪耀。

我的代理人马克斯·布鲁克曼就像村庄里的一名巫师,为本书的成功问世立下了汗马功劳。他不仅让我了解了书籍出版的相关事宜,而且在漫长的写作过程中,每当我遇到困难,他总是能提供明智的意见。谢谢你,非常感谢,谢谢。

没错,本书的写作倾注了我大量的心血,但是我并不是世界上唯一一个进行情绪研究的人。比如在传统情绪观领域,许多有创造力的成绩斐然的科学家对我提到的很多理论都表示赞同,其中包括我的很多亲密的同事。因此,我们必然会存在冲突和对抗,但我们也会聚餐讨论。在这里我要感谢詹姆斯·格罗斯和乔治·博纳诺与我二十年的热烈讨论和亲密友谊。同时也要感谢保拉·尼丹瑟尔,是他让我对体验认知有了一定了解,尤其感谢他让我有机会拜读拉里·巴萨卢的文章。我还要感谢安德里亚·斯克兰顿、迪萨·A.索特(她为我提供了辛巴族研究的详细信息)、拉尔夫·阿道夫斯以及斯蒂芬·平克,谢谢他们为我提供了大量信息。我也要感谢雅克·潘克塞普,谢谢他多年前欣然接受我和吉姆·罗素的邀请,来到波士顿就他的理论进行了为期一个月的毕业生研讨会。

同样,我也要特别感谢我杰出的同事鲍勃·利文森。每次在与他开诚布公的交谈中,他截然不同的观点都让我受益匪浅,每一次见面,我都能从他身上感受到真正的科学探索精神。鲍勃旺盛的好奇心和敏锐的观察力每次都鞭策着我，他是对我帮助最大的同事之一。我也要向保罗·艾克曼致以真挚的谢意，在过去的 50 年里，他绘制了情绪研究的线路图。虽然我们在某些细节问题上观点不同，但我佩服他勇于坚持的毅力。20 世纪 60 年代，当保罗开始公布他的发现时，他在会上经常被其他人大声抵制，人们称他为"法西斯主义者"和"种族主义者"，因他与当时流行的态度不符，他通常不受人尊重。①

再次回到情绪建构论的村庄，我要衷心感谢美国东北大学和麻省总医院的跨学科情绪科学实验室，该实验室由我和凯伦·奎格利共同负责。作为一名科学家，在我的职业生涯中，我们的实验室是我获得持久快乐和自豪感的源泉。在我的实验室中，勤奋、有才华的研究助理、研究生、博士后研究员和科研人员为本书的结集出版做出了不可估量的贡献。在 affective-science.org/people.shtml 上可以看到每个成员（包括过去和现在的）的介绍。本书中很多有价值的内容多亏了如下各位的帮助：克里斯汀·林德奎斯特、伊莱扎·布利斯-莫罗、玛丽亚·金德伦、亚历山德拉·图尔图格卢、克丽丝蒂·威尔逊-门登霍尔、阿杰伊·萨特普特、艾丽卡·西格尔、伊丽莎白·克拉克-博尔纳、詹妮弗·富盖特、凯文·比卡特、玛丽安·维恩米赫、苏珊娜·奥斯特维克、洛雷娜·查恩、埃里克·安德森、张佳和（音）以及 Myeong-Gu Seo。除了感谢他们做出的重要科学贡献，我还要谢谢实验室所有成员给予我的无尽耐心和鼓励。他们从未因为我的长期缺席而抱怨（至少我没有听到过），甚至有时为了完成本书的进度，还会耽误他们的工作进度。

---

① 在传统情绪观的探索中，他展现出极大的毅力，最终他把情绪科学带入了公众的视野。

特别感谢我的合作者们的友谊和承担,当我们讨论本书的研究内容时,他们贡献突出,为讨论提供了很多深刻见解。首先,我要向拉里·巴萨卢表达最真挚的谢意,谢谢他在概念方面的基础性研究,拉里是他那一代人中最具创造力和最严谨的思想家之一,我将永远感激有机会与他共事。对吉姆·罗素的感谢无以言表,在我还是一个年轻的助理教授时,我的很多同事认为我是一个疯子,但他非常重视我的看法。他对情感的环状模式的研究获得了广泛的认可,但却几乎无人因此赞扬他。拉里和吉姆最大的追求是对科学的发现和探索,而不是名和利,这让我备受鼓舞。(因为在科学上,有时名利会干扰科学的发现和探索。)他们的言行让我想起了我的论文导师,迈克·罗斯和埃里克·伍迪,我永远感激他们。

在本书的写作过程中,布拉德·迪克森帮助我消除了情感和认知之间的错误界限;摩西·巴尔在情感如何影响视觉(和其他很多课题)方面为我提供了帮助;托·韦格提供了元分析合作信息;保拉·彼得罗莫纳科在情绪关系的研究上和我保持了长期合作。我尤其要感谢黛比·罗伯逊,因为与她的合作,我们实验室才能够研究纳米比亚的辛巴族;同时也要感谢阿莉沙·克里滕登,因为与她的合作,让我们有机会研究坦桑尼亚的哈扎人的情绪感知。

在本书的完成过程中,我还得到很多新合作伙伴的帮助。在这里,谢谢和我一起研究预测大脑的结构和功能的凯尔·西蒙斯;谢谢马基恩·范·登·赫维尔倾听了我关于网络连接和大脑中枢的想法,事实证明这些想法其实并不疯狂;感谢维姆·范德菲尔和但丁·曼特尼和我们一起研究了猕猴的大脑网络;谢谢塔尔马·亨德在我们观看情绪视频的同时,与我们在网络动态方面的合作;谢谢魏高允许我参与新生婴儿大脑研究;感谢蒂姆·约翰逊,在和他的合作中，我们知道了模式分类无法证明神经指纹的存在；谢谢史黛西·玛塞拉，她开阔了我的眼界，让我有机会利用虚拟现实中的计算模型来研究模拟和预测；最后要感谢美国东北大学 B/SPIRAL 团队的达纳·布鲁克斯、丹尼斯·埃尔多穆什、詹尼弗·迪、萨拉·布朗、若姆·卡尔-丰特和其他成员，谢谢他们为本书付出的耐心，感谢他们支持构建理论，感谢他们为测试情绪建构论精心设计的计算框架。

在本书的创作过程中，从临床心理学到神经科学领域，以及社会心理学、心理生理学、认知科学等方面，都有很多同事慷慨分享了他们的专业知识，如果没有他们的帮助，本书不可能完成。我的朋友吉姆·布拉斯科维奇和凯伦·奎格利在周围神经系统方面给予了我很多指导，凯伦让我了解了脸部肌电图。我对神经科学的了解始于迈克尔·纽曼，他不仅鼓励我，还帮我解决了很多问题；在我刚开始对情绪的大脑机制感兴趣时，得到了理查德·兰恩的鼓励，他还帮我引荐了麻省总医院的斯科特·劳赫。斯科特非常热心，他给我机会学习大脑成像，在当时我对大脑成像还一无所知。我也要感谢克里斯·怀特，是他帮助我完成了我的第一次脑成像研究，也正是因为与他的合作，我首次获得了美国国家老龄化研究所的支持。我衷心地感谢那些慷慨体贴的同事，谢谢他们花时间回答我的各种问题。在和霍华德·菲尔茨讨论伤害感受、奖励以及内感受之间的关系时，我总能够获得很大的启发；维贾伊·巴拉萨布拉曼尼恩对我在视觉系统方面提出的大量问题给予了非常有用的解释；托姆·克莱兰德热心分享了他在嗅觉系统研究方面的成果；莫兰·塞尔夫为我提供了一些活人脑电记录的内部信息；意外收到卡尔·弗理斯顿的邮件，让我备受鼓舞，信中他讨论了预测编码，给出很多有见地的看法。还有其他一些人通过邮件和网络电话对我的问题给予了有益的解答，其中包括林大禹，她利用光遗传学对她的研究进行了详细的阐述；马克·布顿让我了解了哺乳动物情境学习的基础知识；厄尔·米勒解释了他的单细胞记录研究对猕猴分类学习的影响；马修·鲁希沃斯提供了很多他绘制前扣带皮质地图的细节信息。

我还要向我的神经解剖学领域的一些同事表示真挚的感谢，对我提出的问题，不管多么的晦涩难懂，他们都及时给予了解答：巴布·芬利将她知道的一切都与我分享；海伦·巴巴斯的大脑皮质信息流模型是我研究预测性大脑的基石；米格尔·安赫尔·加西亚·卡韦萨斯从细胞层面对神经解剖学进行了详细解释；巴德·克雷格对脑岛的了解无人能比；拉里·斯汪森对我的提问知无不言，言无不尽，并为我介绍了很多神经科学家，其中默里·谢尔曼为我解答了丘脑的问题，乔治·斯特里特为我提供了大脑进化方面的专业知识。

感谢琳达·卡姆拉斯和哈里特·奥斯特和我分享发展心理学的专业知识，在她们的帮助下，我对婴儿的情绪能力有了深入了解。我也要感谢许飞、苏珊·A.格尔曼、桑迪·韦克斯曼帮助我修订第5章的内容，感谢他们愿意打破认知和情绪发展之间的传统科学界限，帮助我探索词汇对婴儿时期情绪概念发展的影响。同时我也要感谢苏珊·凯瑞和我探讨先天概念。

如果没有我的好友朱迪·爱德生和阿曼达·普斯蒂尼克的支持和鼓励，第11章情绪和法律的讨论就无法完成，我们就心理学、神经科学和法律进行了长时间的讨论，他们提出了很多深刻见解。这一章可以是说我们三个合作完成的。我还要感谢前联邦法官南希·盖特纳，谢谢她邀请我参与她在哈佛大学法学院开设的法律和神经科学课程。我也要感谢麻省总医院法律、大脑和行为中心的诸位同人，谢谢他们邀请我了解他们的研究领域。同样要感谢在第 11 章中为我提供 DNA 案例的生物伦理学家妮塔·法拉哈尼。

本书的结集出版，离不开其他很多同人的慷慨帮助，他们的研究给予了本书莫大的帮助。感谢伊莱扎·布利斯 – 莫罗、赫布·特勒斯和松泽哲郎在灵长目动物认知方面提供的帮助。感谢阿涅塔·帕伦考、巴塔·梅斯基塔、蔡珍妮、米歇尔·盖尔芬德以及里克·史威德提供的文化方面的深刻见解。感谢科林·琼斯和玛丽·比尔德给予的微笑历史研究。感谢吉莉安·苏利文、马修·古德温和奥利弗·王尔德 – 史密斯给予的自闭症专业指导。感谢苏珊·A. 格尔曼、约翰·高利、马乔里·罗德斯给予的本质论知识的帮助。感谢马歇尔·索恩赛恩在情感现实主义和经济学方面给予的指导。感谢克丽丝蒂·威尔逊 – 门登霍尔、约翰·邓恩、拉里·巴萨卢、保罗·康登、温迪·哈森坎普、阿瑟·扎伊翁茨和托尼·巴克在冥想哲学和修行方面给予的帮助。还要对杰瑞·克罗尔表达真挚的谢意，谢谢他一直以来的体贴周到和对我工作的支持；感谢海伦·S. 梅伯格多年来为我解答抑郁症课题上遇到的困惑；感谢约瑟夫·E. 勒杜，他给我提供了很多帮助，在这里尤其感谢他无人能及的坦率。在和其他同人的探讨中我也收获颇丰，他们为本书的完成提供了宝贵意见，他们包括：阿米塔伊·舍恩霍、达格玛·施特纳德、戴夫·德斯迪诺、戴维·博苏克、德里克·伊莎柯维塔兹、艾丽萨·艾培尔、埃姆雷·德米瑞普、爱丽思·贝伦特、乔 – 安妮·巴罗夫斯基、已逝的迈克尔·奥伦、乔丹·斯莫勒、菲利普·许恩斯、蕾切尔·杰克、约瑟 – 米格尔·费尔南德斯 – 多尔、凯文·奥克斯纳、科特·格雷、琳达·巴托斯萨克、马特·利伯曼、玛雅 – 塔米尔、内奥米·艾森伯格、保罗·布鲁姆、保罗·惠伦、玛格丽特·克拉克、彼德·萨洛维、菲尔·鲁宾、史蒂夫·科尔、塔尼亚·辛格、文迪·曼德斯、威尔·坎宁安、比阿特丽斯·德·杰尔德、利亚·萨默维尔和乔舒亚·巴克赫兹。

早期一些读者对本书做出的评论和批评让我受益良多，他们包括：亚伦·斯科特（他是一位杰出的平面设计师，本书大部分图片都是由他设计的）、安·克林（他是我最忠实的读者，他对每一份草稿都出了宝贵的建议），阿杰伊·萨特普特、阿列亚·华莱士、阿曼达·普斯蒂尼克、安尼塔·尼斯亚斯－华莱士、安娜·诺伊曼、克丽丝蒂·威尔逊－门登霍尔、达纳·布鲁克斯、丹尼尔·伦弗洛、黛博拉·巴雷特、伊莱扎·布利斯－莫罗、埃米尔·摩尔多瓦、埃里克·安德森、艾丽卡·西格尔、许飞、弗洛兰·卢卡、比布·巴克伦、赫布·特勒斯、伊恩·克莱克纳、张佳和（音）、朱莉·沃尔伍德、朱迪·爱德生、凯伦·奎格利、克里斯汀·林奎斯特、拉里·巴萨卢、洛雷娜·查恩、尼科尔·贝特、保罗·康登、保罗·盖德、桑迪·韦克斯曼、希尔·阿特兹尔、斯蒂芬·巴雷特、苏珊·A.格尔曼、汤娅·勒贝尔、维克托·丹尼尔琴科和扎克·罗德里格。

我也特别感谢美国东北大学心理系主任乔安·米勒和该系的其他同事，谢谢他们在我完成本书的过程中给予的大力支持和无限耐心。

我也要感谢资助机构提供的资金支持以及研究基金，因为有了这些支持，我才能心无旁骛地完成本书。为我提供资金支持的机构主要包括：美国哲学会和来自美国心理科学协会的詹姆斯·麦基恩·卡特尔基金，以及美国陆军行为与社会科学研究所。我尤其要感谢保罗·盖德，他是我在ARI的项目主管，谢谢他一直以来给予我的鼓励和精神支持。正是在项目组工作人员的努力下，本书中记录的研究才能获得各个单位的资金支持。感谢国家科学基金会，尤其要感谢史蒂夫·布莱克勒，他给了我第一笔神经科学研究经费；感谢美国国立精神卫生研究院，尤其要感谢苏珊·布兰登，经她审查，我获得K02独立科学家奖，同时也要感谢该机构的凯文·奎恩和亚尼内·西蒙斯；感谢国家老龄化研究所的利斯·尼尔森；感谢美国国家癌症研究所的佩奇·格林和贝基·费勒；感谢美国国立卫生研究所主任先驱奖；感谢国家儿童健康和发展研究院；感谢美国陆军行为与社会科学研究所，尤其要感谢保罗·盖德、杰伊·古德温和格雷格·鲁阿克；感谢精神与生命研究所，尤其要感谢温迪·哈森坎普和亚瑟·扎荣茨。

在这里，我也要对那些负责本书法律、行政以及后勤事宜的工作人员致以真挚的谢意，他们主要包括：弗雷德·博尔纳（我的律师）和迈克尔·希利（公司律师）；艾玛·希契科克和张佳和（音）负责了本书部分大脑图像。露丝玛丽·马罗来自雷杜图片（Redux Pictures）工作室，克里斯·马汀和埃琳娜·安德森来自保罗·艾克曼团队；贝弗利·奥恩斯坦、罗纳·梅纳什以及迪克·古德曼经允许可以使用马丁·兰道的照片；尼科尔·贝特、安娜·诺伊曼、柯尔斯顿·伊班克斯和萨姆·莱昂斯按要求搜索和检索研究论文的速度超快。杰弗里·尤金尼德斯能够把提供的情绪概念进行非常奇妙的组合。

我也要感谢联邦调查局的特工朗达·海里戈的调查，以及彼得·迪多米尼克，在波士顿洛根国际机场担任安全政策主任期间，他通过观察技术程序（SPOT）为美国运输安全管理局（TSA）开发了一项筛查乘客技术，感谢他和我探讨了传统情绪观在各机构培训中的应用。

感谢霍顿·米夫林·哈考特团队的其他成员，包括内奥米·吉布斯、泰伦·罗德尔、艾莎·米尔扎、利拉·梅格里奥、罗莉·格莱泽、皮拉尔·加西亚-布朗、玛格丽特·霍根和雷切尔·德沙诺。

我知道，这听起来很奇怪，但是我不得不承认，互联网在我此次的写作中发挥了重大作用，互联网可以把各个领域的大量材料迅速整合到一起。当我有了一个想法后，我几分钟之内就可以下载相关资料对我的想法进行研究，而且也可以通过网络购买任何想要的书，第二天就可送达。因此，真心感谢那些为我们带来谷歌、亚马逊（我在上面花了很多钱，他们应该感谢我）的工程师以及很多科学期刊网站，很多论文在网上就可以看到。本书在创作过程中使用到了一些开放源码软件，如 Subversion 和一套基于 Linux（一种可免费使用的操作系统）的操作系统工具。

我也不会忘了写作本书期间帮助我保持身体预算平衡的人。很多人在此期间给予了我很多鼓励和无限关心，如安·克林、巴塔·梅斯基塔、巴布·弗雷德里克森、詹姆斯·格罗斯、朱迪·爱德生、凯伦·奎格利、安琪·霍克、蔡珍妮。在漫长的写作过程中，他们不仅为我提供了智力上的挑战和安慰，还为我提供了各种食物以补充能量，如咖啡、巧克力和其他美食。在这里，要特别感谢弗洛林、玛格达莱娜·卢卡和卡门·巴伦西亚至关重要的社会支持。感谢我的家人给予我的支持。感谢我的嫂子路易丝·格林斯潘和黛博拉·巴雷特给予的支持；感谢我的教女奥利维亚·艾利森；感谢我的外甥扎克·罗德里格；当然还要感谢凯文·艾利森叔叔，在第 6 章和第 7 章我们曾提到过他。我也把我最真挚的谢意送给杰出的教练迈克·阿尔维斯以及手艺高超的理疗师巴里·梅克尔，因为他们的帮助，我才能在一天连续坐着工作 16 个小时后依然可以走路和打字；同时也感谢维多利亚·克格坦,她的按摩技术无与伦比。

在这三年里,我的女儿索菲亚所表现出来的理解和宽容远超她这个年龄的孩子。我每天早出晚归,即使周末也不休息,全部心力都奉献给了她的"小弟弟"(更不用说我偶尔发作的坏脾气了)。如果说什么叫兄弟姊妹间的敌对,那我想就是这个了。索菲亚,你是我的天使! 本书是为你而作的。我希望你能够明白你思维的强大力量。在你很小的时候,你经常因为噩梦而惊醒。我们在你床的周围摆上一圈毛绒玩具保护你,然后我撒下"仙尘",你会再次进入梦乡。值得注意的不是你相信魔法,而是你不信魔法。我们都知道这是假的,但是它起作用了。你4岁时那个充满活力的小小自我拥有一种超能力,可以和我一起创造社会现实,就像现在十几岁的你一样,现在的你勇敢、风趣、富有洞察力。你是你自己的体验的建筑师,即使你在生活中遭遇挫折时也一样。

如果索菲亚是我创作本书的初衷,那么我的丈夫丹,就是我完成它的理由。丹总是能够让焦躁的我恢复镇静。自从我认识他,他就对我的能力充满信心,坚信我能力非凡。丹逐字逐句地阅读了我的每一份草稿,经常读好几遍,如果没有他的帮助,单凭我自己,本书可能达不到现在的水平。虽然我现在想起来,只是会微笑一下,但当时我满脑子都充斥着他时常问我的那个问题:"这是为那1%的人准备的吗?"(他指的是我的科学同人,而不是普通大众。)丹就像一个拥有多种超能力的超人,在帮助我编辑本书的同时,在我心烦时抚慰我的忧虑,按摩我的后背给我做饭,为了本书,他暂停了一切社交活动,不带一丝抱怨,在本书写作的最后几个月,他更是收集了足够的外卖菜单,保证我们的正常饮食。他遇事从不退缩,一次也没有,即使因为我的缘故,让我们面对了意料之外、前所未有的挑战，他也从不退缩。丹的另一种超能力（超过了他每次都能选择大小正好的塔珀家用塑料制品的能力）是，当其他人都无法让我笑的时候他可以让我笑，因为他比其他人都了解我。每天醒来，我都心怀感激和敬畏，因为他就在我身旁。

附录 1
有关大脑的基本知识

每年万圣节,我都会用明胶制作一个和真实大脑一样的大脑模型。我把沸水倒入桃子味道的明胶内,加入炼乳混合在一起,使混合物变得不再透明,然后加入绿色的食用色素,让大脑模型变成不稳定的灰色。在 2004 年的一场慈善活动上,我的家人和实验室同事一起,为一个鬼屋精心设计了这个大脑模型,从那以后,我们一直在这样做。凡是成功闯过鬼屋的人(当他们可以正常说话的时候)都惊叹:"大脑太真实了!"这很有趣,因为真实的大脑和一团明胶一点儿也不像——真实的大脑是一个由数十亿个大脑细胞组成的庞大网络,这些网络联结在一起,互相传递信息。

为了更好地理解本书的内容,你需要知道一些人类大脑的基础知识。在我们的讨论中,最重要的脑细胞就是神经元。神经元种类繁多,总的来说,每个神经元都由一个细胞体、多个树突和一个轴突构成。树突位于顶部,形状如树枝分支。轴突位于底部,形状如树根,轴突末端有轴突终末。完整神经元如图 A1-1 所示。

一个神经元的轴突终末接近其他神经元的树突——通常数千个——相互接触,形成突触。神经元通过发送一个电信号到轴突的轴突终末,释放出一种被称为神经递质的化学物质进入突触,然后

情绪

神经递质被其他神经元的树突接收。神经递质会激活或抑制突触另一端的每一个神经元，改变它的放电频率。通过这个过程，一个单独的神经元影响其他数千个神经元，数以千计的神经元也同时对一个神经元产生影响，这就是大脑的活动。

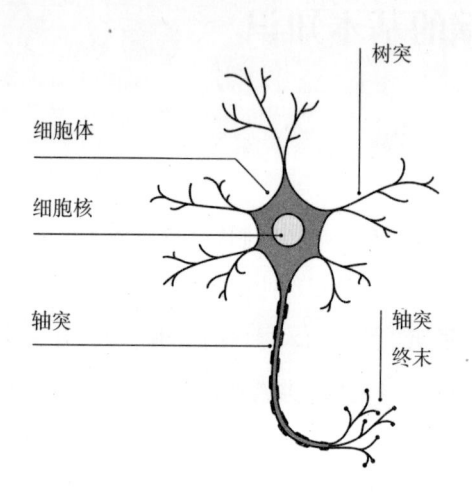

图 A1-1 神经元都有不同的形状，但它们都有一个细胞体、一个长轴突和树突

在更宏观的层面上，根据神经元的排列方式，大脑被分成了三个主要部分。[①] 大脑皮质由神经元分层排列构成，一般 4 至 6 层不等（如图 A1-2），形成回路和网络。观察大脑横切面可以看到，神经元呈圆柱形排列。在同一个皮质柱形内，神经元彼此之间形成突触，也和其他柱形内的神经元形成突触。

---

① 人们根据需要以不同的方式划分大脑，如根据空间（从上到下，从后到前，从外到内），根据解剖学需求（分为脑叶、脑区和网络），化学物质（神经递质），功能（如不同部分的作用），等等。因为在情绪发展史上，皮质和皮质下区域的划分十分重要，我将用这些简化的术语来讨论大脑。

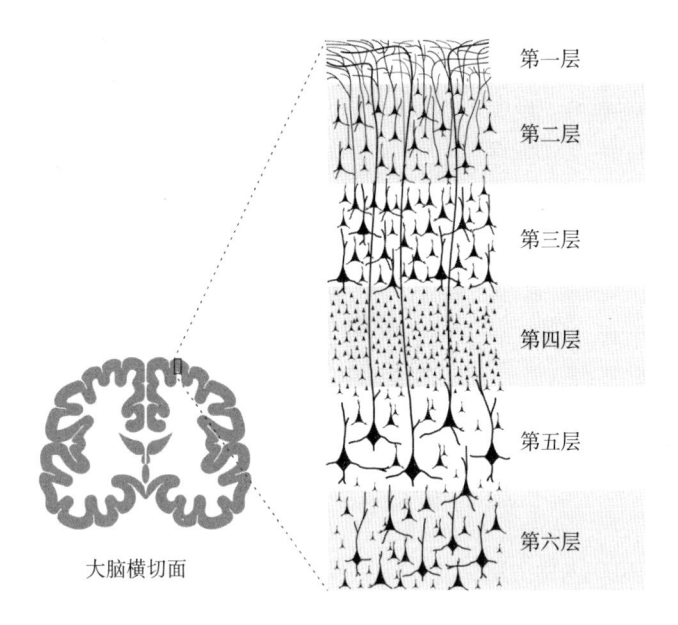

大脑横切面

第一层
第二层
第三层
第四层
第五层
第六层

图 A1-2　六层大脑皮质横切面

大脑皮质被折叠在皮质下区域，与层状皮质相反，由神经团组成，如图 A1-3 所示。例如，曾经被广泛接受的杏仁核就是一个皮质下区域。

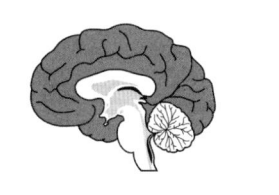

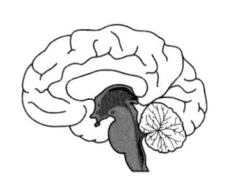

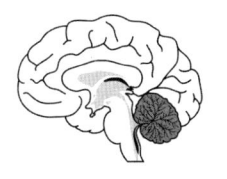

大脑皮质　　　　皮质下部　　　　小脑

图 A1-3　大脑的三个主要部分

大脑的第三个部分是小脑。小脑位于大脑的后下方，是重要的运动调节中枢，可以把整合后的信息传给大脑的其他部分。

科学家必须指出不同的神经元集合，也就是说，必须指出"脑

情绪

区",因此他们设计了一些术语。① 皮质,本书多次提到,主要划分为不同的脑叶,就像大脑中不同的大陆一样(如图 A1-4)。

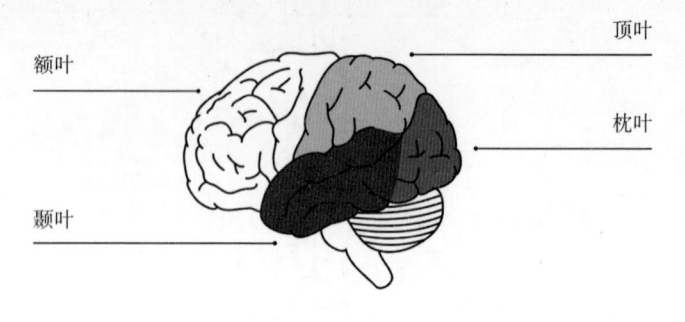

图 A1-4 大脑额叶

在整个大脑中航行时,科学家常使用的词语是"背前"(上前)或者"内侧"(内壁),不是东或西北这样的方位词。图 A1-5 标明了各种记号,帮助你在大脑中辨明道路。

人体神经系统由中枢神经系统和周围神经系统组成,大脑属于中枢神经系统。因为历史原因,虽然有时没有必要,但这两个系统多数时候是被分开研究的。你的脊髓(中枢神经系统的一部分)在你的身体和大脑之间传递信息。

你的自主神经系统是大脑调节身体内部环境的一个途径,它将你大脑的指令传递给身体的内部器官,即内脏,然后再把内脏的感觉返回大脑。这个过程会控制心率、呼吸频率、汗液分泌、消化吸收、饥饿感、瞳孔扩张、性唤起等身体功能。它也负责告诉你的身体,在做出"战斗或者逃跑"反应时,身体要消耗能量资源,在

---

① 不同的神经科学家会通过不同的方式对大脑进行切片和划分,并用不同的术语来满足他们的目的和偏好。我仅为大家介绍一些最传统的区别。

"休息和消化"时，补充消耗的能量资源。自主神经系统也会帮助你控制新陈代谢、水平衡、体温、盐分、心肺功能、炎症和所有身体系统的其他资源，比如预算。躯体神经系统把大脑和肌肉、关节、肌腱和韧带连接起来。

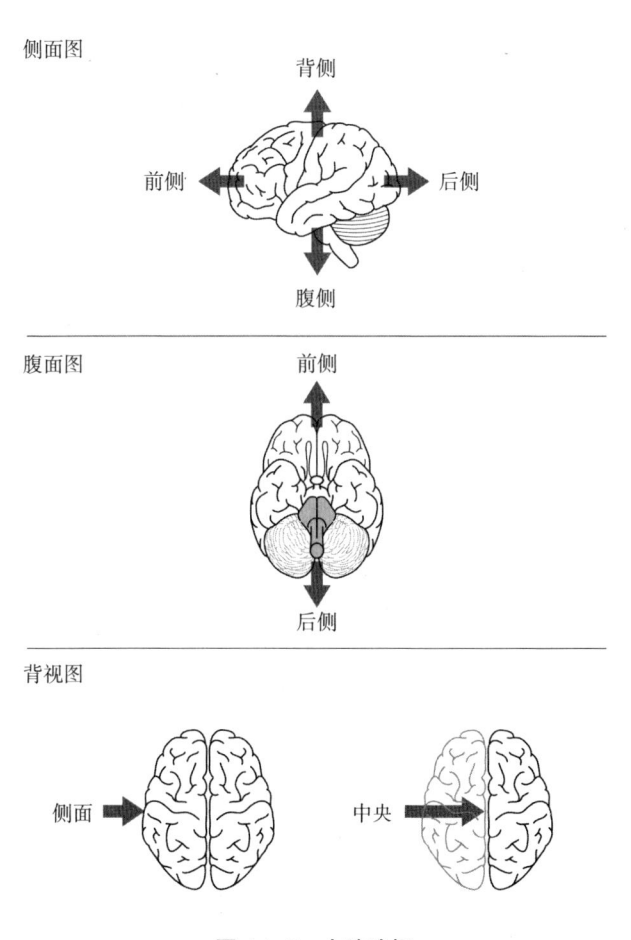

侧面图　　　　　背侧　　　前侧　　后侧　　腹侧

腹面图　　　　　前侧　　　后侧

背视图　　　侧面　　　中央

图 A1-5　大脑路标

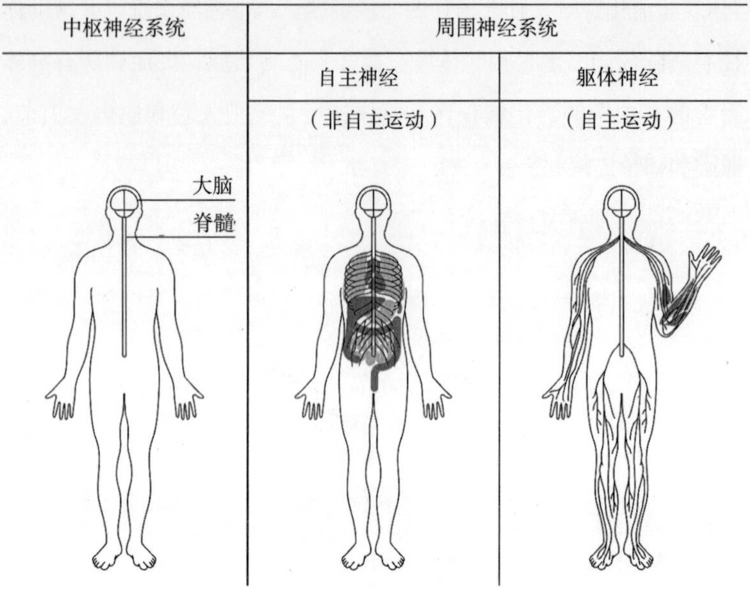

情 绪

中枢神经系统	周围神经系统	
	自主神经 （非自主运动）	躯体神经 （自主运动）
大脑 脊髓		

图 A1-6　人类神经系统的组成部分

附录 2
第 2 章补充说明

不要动！在翻阅此页前，请先阅读第 2 章开头部分。

情绪

图 A2-1　图片揭秘

附录 3
第 3 章补充说明

不要动！在翻阅此页前，请先阅读第 3 章开头部分的内容。

情绪

图 A3-1　2008 年美国网球公开赛决赛中，塞雷娜·威廉姆斯击败了她的姐姐大威廉姆斯后，她欣喜若狂

附录 4
概念级联的证据

在描述大脑时，我使用了两种方法，这两种方法看起来像分层结构。(这个比喻有助于理解大脑活动，神经元没有严格的层次结构。)我们在第6章介绍了第一个层次结构，该结构说明了大脑是如何利用感觉输入形成概念的，这是一个包含相似性和差异性的层次结构，是一个自下而上的层次结构，神经科学家应该很熟悉。你的初级感觉区位于底层，它们的神经元发出信号，代表了不同的身体感觉的细节，如光波长度的改变，空气压力的变化，这些都构成了一个特殊的例子。位于顶层的神经元代表了该实例的最高水平、最高效的多种感觉的总结。

第二个层次结构出现在第4章，这一层次结构说明了根据大脑皮质结构，概念是如何形成预测的。它的结构是自上而下的，其中结合了我的一些发现。身体预算回路(通常称作内脏运动边缘回路)，大脑的大嘴巴科学家位于最上层，它发出但不接受预测。初级感觉区在底层，它们只接受预测，不发送预测给其他大脑皮质区。通过这种方法，身体预算分配区域推动全脑的预测，并把更为精准的预测传给初级感觉区。

这两个层次代表了同一个回路，但方向相反。前一个层次负责学习概念，而后一个——我称之为概念级联——负责应用概念，构建你的体验和感知。以这种方式，分类成了一个全脑活动，其预测从模拟相似性到模拟差异性，而预测误差的过程完全相反，先找差异性，再模拟相似性。

概念级联涉及一些合理的推测，这些推测在神经科学上可以找到一致的证据。目前，我们有科学证据表明，所有的外部感官系统（如视觉、听觉等）都是通过预测来运行的。我的同事凯尔·西蒙斯是一名神经系统科学家，我们一起发现，内感受网络也是通过预测来运行的。

现在，科学家已经掌握了视觉系统中概念级联的具体细节。在本书中，我概述的更广泛的概念级联主要基于三条确凿的证据：(1) 第 4 章中关于预测和预测误差是如何在大脑皮质中传送的解剖学证据，(2) 第 6 章中关于大脑皮质压缩差异性，形成多感觉总结的解剖学证据，(3) 证明几个大脑网络功能的科学证据。我们现在就来讨论。

预测源于一个多感官的总结，它代表了这个概念的目标，在内感受网络中被称为"默认模式网络"。注意，我并没有说概念"存储"在默认模式网络中。我特意使用了"源于"这个词。在默认模式网络或其他任何地方，概念都不会大规模地存在，好像它们是实体一样。这个网络仅仅模拟了概念的一部分，即概念实例的高效、多感官总结，不包括概念的感觉细节。当你的大脑构建了一个飞行中的"快乐"概念，并在特定情况下使用，这时就需要简并发挥作用了。每个实例的构建都有自己的神经元模式。实例在概念上越相似，在默认模式网络中用到的神经模式就越接近，一些甚至会重叠，使用相同的神经元。不同的表征在大脑中虽然可分离，但无须分离。

默认模式网络是一个固有的网络。实际上，它是第一个被人们发现的固有网络。科学家注意到当受试者躺着休息时，大脑中有一组区域的活动增加了。他们把这样的脑区命名为"默认模式",因为在实验中,当大脑没有受到探测和刺激时,它们自发活动。在我第一次接触这个网络时,我觉得这个名字选择得特别不好,因为自从这个网络被发现后,又有很多固有网络被发现。不过这个名字很具有讽刺性:一开始,科学家认为大脑的"默认"活动是在任务之间漫无目的的走神。事实上,这个网络是大脑中每一个预测的核心。你大脑的"默认模式"带着你理解和畅游世界,即利用概念进行预测,这才是对这个网络名称最好的解读。

神经系统科学家已经明确表明默认模式网络在概念形成中的关键作用。这一发现源于一个巧妙的科学经验。你不能简单地要求一个受试者模拟一个概念,然后观察默认模式网络中的活动是否增加。那样单一的概念几乎不会对大脑内部活动产生丝毫的影响,就像在大海中扔入一颗小石子一样。幸运的是,认知心理学家杰弗里·R.宾德和他的同事设计了一个新颖的大脑扫描实验来解决这个问题。他们设计了两个实验任务,一个比另一个用了较多的概念知识,然后两个任务结果"相减",找出存在的差异。

在宾德的第一个实验任务中,受试者在进行大脑扫描时会听到动物的名字,如"狐狸""大象""奶牛",同时会被问到一个问题,回答这个问题需要丰富的心理相似性概念知识。(如"这种动物是在美国被发现并为人类所用的吗?")在第二个任务中,受试者在接受大脑扫描时,需要做出决定,这个决定根据感知相似性,需要的概念知识不多。(如他们被告知听音节,如"pa–da–su",然后在听到辅音"b"和"d"时给予回应。)这两个任务会增加感觉和运动网络的兴奋性,但只有前一个任务增加了默认模式网络的兴奋性。通过从一个大脑的扫描结果中"减去"另一个大脑的扫描结果,宾德和

情绪

他的同事去掉了与感觉和运动细节有关的大脑活动，观察默认模式网络活动的增强情况，和预测的一样。在一项元分析中，对 120 个类似的脑成像实验进行分析，实验再现了宾德的发现。

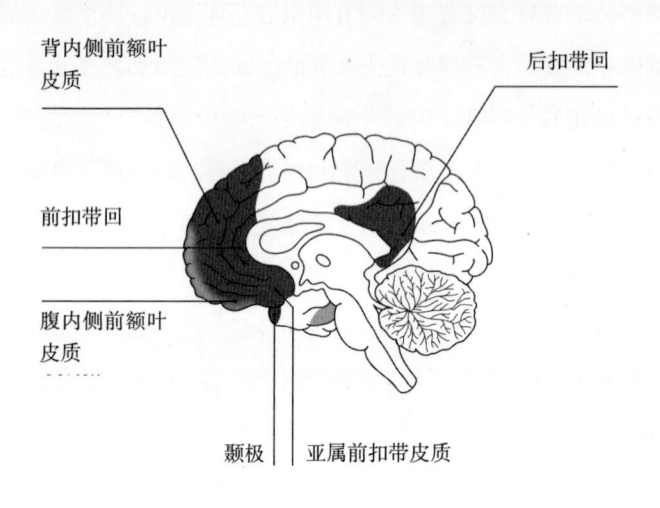

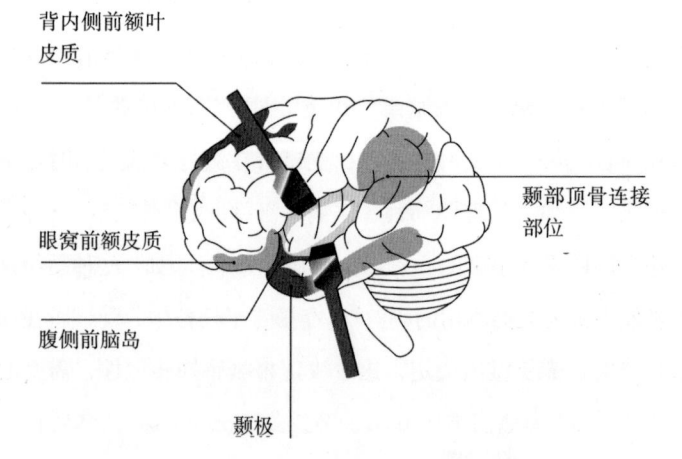

图 A4-1　默认模式网络，位于内感受网络内

注：它是身体预算的分配区域，发出预测，位于深灰色区域。身体预算分配区域发送指令给皮质下核，皮质下核控制身体的组织器官、新陈代谢和免疫功能。最上面是内腰视图，下面是侧面图。

默认模式网络支持心理推理，即用心理概念对另一个人的想法和感觉分类。在一项研究中，研究人员给受试者看一些行动的书面描述，如喝咖啡、刷牙和吃冰激凌。在一些测试中，研究人员请受试者描述人们是如何做这些活动的：用杯子喝咖啡，用牙刷刷牙，用勺子吃冰激凌。在描述时，受试者似乎在大脑的运动区域模拟了这些活动。在另一些实验中，受试者被问为什么做这些活动：喝咖啡是为了保持清醒，刷牙是为了防止蛀牙，吃冰激凌是因为它好吃。这些判断需要纯心理的概念，而且和默认模式网络中的活动关系更为密切。

越来越多的认知心理学家、社会心理学家和神经学家怀疑默认模式网络有一个通用功能：它允许你模拟出一个与现实不同的世界，这包括从不同的角度回忆过去和想象未来。这种非凡的能力有助于你处理人类面临的两大挑战，即与他人和谐相处和努力造福自己。社会心理学家丹尼尔·吉尔伯特著有《哈佛幸福课》（*Stumbling on Happiness*）一书，他是一个非常有幽默感的人，他把默认模式网络称为"体验模拟器"，类似于训练飞行员时的飞行模拟器。通过模拟未来世界，你就有能力更好地实现你未来的目标。

默认模式网络在分类中起着非常关键的作用，认识到这一点至关重要。默认模式网络启动预测，构建模拟，从而让大脑发挥出神奇的力量，塑造世界。这个"世界"包括外部世界、其他人的思维，以及支撑大脑的身体。当你构建情绪时，外部世界会对这个模拟进行修正，当你想象或者做梦时，则不会被修正。

当然，默认模式网络不是孤军奋战。它只包含了实现概念所需的部分模式，也就是说，只包含了以目的为基础的多感觉心理知识，这个知识能够启动概念级联。不管什么时候，当你思考事情或者走神时，或者你的大脑进行其他活动时，你也会模拟影像、声音、身体预算的变化以及其他感觉，它们属于感觉和运动网络。显然，默认模式网络应该与这些其他网络交互作用，构建概念实例。（的确如此，稍后你会看到。）

新生儿默认模式网络发育不完全，因此他们无法进行预测，他们的注意力就像一个散光的"灯笼"，新生儿的大脑需要花费很多时间从预测误差中学习。很可能是基于身体预算的对感官世界的体验为默认模式网络的形成提供了必要的信息输入。这一般发生在生命的最初几年，随着大脑把概念导入大脑联结，默认模式网络逐步形成。当你和外部世界建立联结后，"外部世界"就开始变成"内在心理"。

我的实验室从生物学角度研究概念和分类已有一段时间，我们发现了大量证据，证明了默认模式网络、其他内感受网络和控制网络的作用。当人们在体验情绪，或者通过眨眼、皱眉、肌肉抽搐和别人轻快的声音来感知情绪时，我观察他们的大脑，发现这些网络中的关键部分都在努力工作。首先，你可能还记得，我们在第1章提到过，我的实验室通过元分析研究了每一个发表的关于情绪的神经影像学研究。我们把整个大脑分成了一个个小立方体，即"体素"（类似大脑的"像素"），然后我们发现，在我们研究任何情绪分类时，这些体素活动都会显著增加。我们无法把任何单一的情绪类别定位到大脑的某个区域。这个元分析也为情绪建构论提供了证据。我们确定了很多体素组，它们同时激活的概率非常高，就像一个网络似的。这些体素组都位于内感受网和控制网内。

如果你知道我们的元分析涵盖了数百位科学家的150多个不同的独立研究，在这些研究中，受试者需要完成观察脸色、闻味道、听音乐、看电影、记住往事等其他情绪任务，那么这些网络的出现就尤为引人注目了。这些发现对我来说更有意义，因为元分析所涵盖的研究设计目的并不是用来测试情绪建构论的。绝大多数研究的灵感都来自传统情绪观，研究的目的是为了给每个情绪定位大脑区域。其中大多数实验只研究了情绪类别的最刻板的例子，并没有对现实生活中情绪的实例变体进行研究。

我们的元分析项目还在继续，到目前为止，我们已经收集了近400个脑成像研究。从这些数据中，我和我的同事利用模式分类分析（第1章）生成了5个情绪类别的总结，如图A4–2所示。在这5个总结中，内感受网络起了非常重要的作用。控制网络也在其中发挥了作用，但对快乐和悲伤情绪作用不是很明显。记住，这不是神经指纹，只是抽象的总结。没有一个愤怒、厌恶、恐惧、快乐、悲伤的实例和它的相关总结完全一样。每个实例都可以使用不同的神经元组合，这就是我们所说的简并原则。在元分析中，例如，在对愤怒进行研究时，愤怒时大脑活动更接近于愤怒的总结，而不是其他的总结，因此被认为是愤怒。我可以判断一个愤怒实例，但是我们不能确定哪些神经元是活跃的。换句话说，我们把达尔文的群体思维原则应用在愤怒构建上。我们研究的其他4种情绪类别也得到了同样的结果。

当我们专门设计实验来测试情绪建构论时，我们发现了相似的结果。其中一项研究是我和我的同事克丽丝蒂·威尔逊–门登霍尔以及劳伦斯·W. 巴萨卢共同进行的。当我们对受试者的大脑进行扫描时，我们请他们进行想象。扫描结果证明，感觉和运动区域的活动明显增加。同时我们也证实了他们的身体预算受到了干扰，这和内感受网络的变化关系密切。实验的第二步是，在想象后，我们给

情 绪

每个受试者一个词语,请他们按照"愤怒"或者"恐惧"的标准,对他们的内感受感觉进行分类。当受试者模拟这些概念时,我们发现内感受网络活动更加活跃。我们也发现,这些活动代表了低水平的感觉和运动细节,而且控制网络中的一个关键节点的活动也增加了。

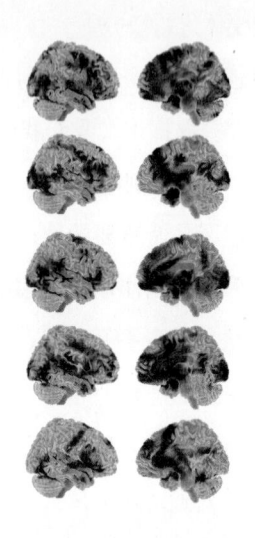

图 A4-2 概念的统计总结

注:从上到下依次为:"愤怒""厌恶""恐惧""快乐""悲伤"。这些不是神经指纹(见第1章)。左列是侧视图,右列是内腰视图。

在最近一项研究中,我们请受试者构建少见的非典型模拟,如乘坐过山车既兴奋又恐惧的情绪,或者虽然赢得比赛但自己受伤的痛并快乐着的情绪。我们假设,对不那么典型的情绪进行模拟需要内感受网络激发更大的活性,而对典型实例进行模拟,如快乐幸福和不愉快的恐惧,则不需要那么努力,因为已经形成了习惯。我们观察到的结果证实了我们的假设。

在最近的一组实验中,我们让受试者观看了令人回味的电影场面，我们观察到内感受网络同样会构建情绪体验。在以色列特拉维夫大学，塔尔马·亨德勒实验室请受试者观看了各种电影短片，这些短片可以激起不同的情绪体验，如悲伤、恐惧以及愤怒。例如，一些受试者观看了电影《苏菲的抉择》，这部电影的主演是梅丽尔·斯特里普，剧中女主人公在奥斯威辛集中营曾面临在自己的子女之间做出杀一留一的残酷选择。其他受试者观看了电影《继母》，观看的片段是由苏珊·萨兰登扮演的母亲向自己的孩子透露自己身患癌症的场景。在所有情况下，我们观察到，当受试者报告强烈情绪体验时，默认模式网络和内感受网络的其余部分同步激活增强，而受试者报告情绪体验不那么强烈时，激活减弱。

其他研究也都对情绪感知给出了类似的研究。在一项研究中，受试者观看电影，并明确将角色的身体动作归类为情绪表达。也就是说，他们对运动的意义进行了心理推理。心理推理需要概念才能完成。他们的大脑显示，在内感受网络、控制网络的节点以及视觉皮质中，大脑活动都增加了。

...

在讨论概念时，我们必须注意，不要把概念本质化，因为人们很容易就觉得概念是"储存"在自己的大脑里的。例如，你可能会认为概念只存在于默认模式网络中（好像概念总结可以脱离它们的感觉和运动细节存在一样）。但是大量证据表明（几乎不存在任何疑问），任何概念的任何实例都是由整个大脑共同完成的。当你看到图A4–3中的锤子时，你的大脑中控制手部运动的运动皮质神经元兴奋性会提升。（如果你和我有过同样的经历，模拟拇指疼痛的神经元也会迅速兴奋起来。）甚至当你读到这个东西（锤子）的名字时，神经元也会变得兴奋。看到锤子，你的手更容易做一个抓的动作。

同样地，当你读到如下词汇时：

- 苹果、西红柿、草莓、心脏和龙虾

在早期视觉皮质中处理颜色感觉的神经元也会提高它们的兴奋性，因为所有的物体都是典型的红色。因此在默认模式网络中，概念没有心理核心，概念遍布整个大脑。

图 A4-3　调整你的运动皮质

第二个对概念的本质论误解是，每个目的都有一组单独的神经元，就像一个小本质一样，即使这个概念的其他部分，如感觉和运动特征分布在整个大脑中。但这是不可能的，如果真的是这样，那么在进行大脑扫描时，不管在何种情况下，我们都应该首先看到这个"本质"活跃起来，因为它位于概念级联的顶端，随后才是取决于情境的不同感觉和运动差异，但是我们并未观察到任何类似的情况。

再次，本质论惜败于简并。每次你根据一个具体目的，如和一个亲密的朋友在一起,构建一个情绪实例,如幸福,神经激活模式都不同。甚至是对"幸福"的最高层次的多感觉总结,通过默认模式网络中的多组神经元展现出来,每次也会不同。这些实例都不需要物理上的相似性,但是它们都是"幸福"的实例。是什么把它们结合在一起的?什么都没有。它们不会以任何固定的方式"结合"在一起。但它们很可能作为预测同时启动。当你读到"幸福"或者听到这个词时,或者当你发现周围都是自己最喜欢的人时,你的大脑会发出各种预测,不管具体情况是什么,每个都可能带有先验概率。词汇的力量很强大。在我看来,这个猜测很合理,因为大脑依据简并性运作,词汇是概念习得的关键,默认模式网络和语言网络共享很多大脑区域。

第三个本质论错误是认为概念是"东西"。在我读本科时,我选修了一门天文学课程,在课上,我了解到宇宙一直在扩张。一开始,我很困惑:扩张成什么?我困惑是因为我存在一个错误的直觉,认为宇宙是向太空扩张的。经过一番思考后,我意识到,我对"太空"的理解局限在了字面意思上,认为"太空"就是一个巨大的黑色空桶。而实际上,"太空"是一个理论构想——一个概念——而不是一个具体的、固定的实体,太空总是和其他相关事物一起被考虑。("空间和时间由旁观者决定。")

当人们讨论概念时也会发生类似的事情。一个概念并不是储存在大脑中的一个"东西",它最多就和宇宙扩张形成的"太空"一样,只是一个理论构想。"概念"和"太空"都只是观念。说"一个"概念只是因为口头上的方便。实际上,你拥有的是一个概念系统。当我写"你拥有一个敬畏概念"时,实际上我是在说,"你拥有很多分好类的敬畏实例,或者很多实例被你划归敬畏类别,每个都可以作为一种模式在你的大脑中重组"。这个"概念"指的是你在概念系统中所构建的关于敬畏的所有知识。你的大脑不是装满各种概念的"容器"。大脑在一段时间内激发概念，瞬间完成。当你"使用一个概念"时，你实际上是在现场构建了那个概念的一个实例。在你的大脑中，并没有储存很多个如同小包裹一样的"概念"知识，就像你的大脑中不存在"记忆"小包裹一样。离开构建过程，概念并不存在。